상상하는 뇌

THE SHAPE OF THINGS UNSEEN
© Adam Zeman, 2025
All rights reserved

Korean translation copyright © 2025
This translation of THE SHAPE OF THINGS UNSEEN is published by NEXT WAVE MEDIA by arrangement with Bloomsbury Publishing Plc. through EYA Co.,Ltd.

이 책의 한국어판 저작권은 EYA Co.,Ltd.를 통해
Bloomsbury Publishing Plc.사와 독점계약한 흐름출판에 있습니다.
저작권법에 의하여 한국 내에서 보호를 받는 저작물이므로 무단전재 및 복제를 금합니다.

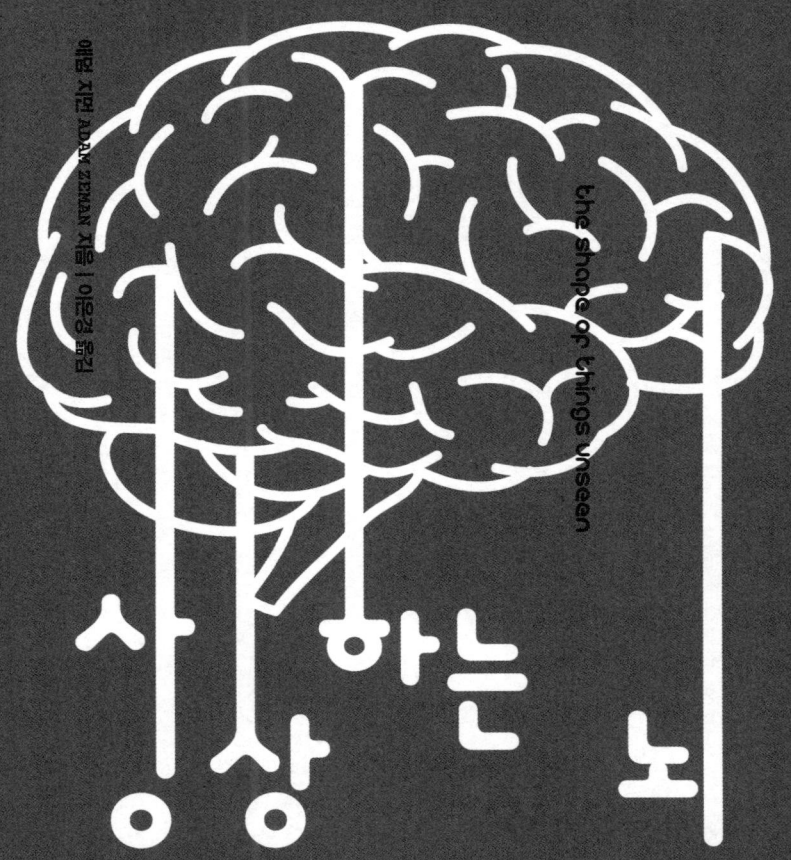

상상하는 뇌

애덤 지먼 ADAM ZEMAN 지음 | 이은경 옮김

the shape of things unseen

● 인간을 인간답게 만드는 단 하나, 상상에 관한 안내서 ●

흐름출판

일러두기

— 본문에 번호로 표기한 각주는 저자가 집필하며 참고한 자료의 출처를 밝히려는 것으로 368쪽 '자료출처'의 큐알코드를 통해 확인할 수 있다.
— 본문 하단의 각주는 이해를 돕기 위해 옮긴이와 편집자가 추가한 것이다.
— 단행본 및 정기간행물은 《 》, 논문, 영화, 노래 등은 〈 〉으로 묶었다.

"상상할 수 있는 모든 것은
현실이다."
- 파블로 피카소

"…나는 보았네, 깊은 베니스의 유리잔에 채운 물
나는 보았네, 슬퍼한 남자들의 눈물로 가득 찬 우물
나는 보았네, 불꽃으로 타오르는 눈동자
나는 보았네, 달만큼 크고 높은 집 하나
나는 보았네, 한밤중에 떠오른 태양
나는 보았네, 이 멋진 광경을 보는 사람"
- 저자 미상

"우리를 돋보이게 하는 것은…
마음속의 삶,
상상하는 능력이다."
- 로빈 던바

상상해 보자.

사과

천둥소리

공룡

주방의 모습

프랑스 지도

백리향의 향기

어머니의 눈

첫 입맞춤

벨벳의 감촉

다음 휴가 계획

복권 당첨

원자 내부

지구 내부

머리말

상상 여행자를 위한 안내문

눈에 보이지 않는 것들을 바라보는 마음의 눈, 상상imagination은 인간만이 가진 고유한 힘이다. 이 힘은 우리를 '지금 이곳'에서 벗어나게 하고, 시간과 공간의 제약을 넘어설 수 있게 한다. 우리는 상상을 통해 과거를 회상하고 미래를 내다본다. 소설가와 영화 제작자가 창조한 가상의 세계를 탐험하고 창조의 첫 순간에서 우주의 가장자리, 심지어 원자의 심연까지도 여행할 수 있다. 상상은 깨어 있는 낮뿐 아니라 꿈꾸는 밤에도 우리를 찾아온다. 때로는 창의력과 영감으로, 때로는 몽상과 환각으로 그 모습을 드러낸다. 그만큼 상상은 삶의 기쁨과 성취를 이끌어내는 동시에 고통과 어둠도 불러온다. 하지만 그 어둠이야말로 우리 자신을 이해하는 출발점이 된다.

인간을 인간답게 만드는 단 한 가지, 상상력

　이 안내서는 상상의 본질과 성취, 그리고 상상이 빚어내는 고통과 어둠을 함께 탐구한다. 또한 상상의 실체를 밝히기 시작한 현대 과학의 발견을 살펴본다. 오랫동안 상상은 과학의 바깥에 머물러 있었지만 최신 과학 기술과 네 가지 혁신적 통찰 덕분에 새로운 탐구의 길이 열렸다. 이 통찰은 인류의 기원, 마음, 뇌를 향한 연구의 최전선에서 탄생했다. 먼저 그 핵심 통찰을 하나씩 살펴보자.

　첫째, 상상은 인간 사고의 핵심 특징이다. 우리가 늘 창의적인 일을 하는 것은 아니지만 누구나 상상의 세계를 끊임없이 방문한다. 미래 가능성을 가늠하고 희미해진 경험을 되살리며 타인의 삶을 간접적으로 체험한다. 과학이 빚어낸 상상의 세계를 여행하기도 한다. 때로는 상상에 너무 몰두한 나머지 현실로 돌아와야 한다는 사실을 잊기도 한다.

　둘째, '현실'은 셀 수 없이 많은 가상 세계만큼이나 우리 상상력의 산물이다. 인간의 지각은 단순히 눈과 귀로 들어온 정보를 받아들이는 과정이 아니다. 뇌는 과거의 경험과 지식을 바탕으로 신호를 해석하고 빈틈을 스스로 채워 장면을 만들어낸다. 그래서 신경과학자들은 우리가 세상을 바라보는 방식을 제어된 환각controlled hallucination[1]이라고 부른다. 여기서 말하는 환각은 무질서한 착각이 아니라, 뇌가 질서를 부여해 만들어내는 조율된 상상이다. 심리학자 윌리엄 제임스가 말했듯 우리가 보는 법과 듣는 법을 배우지 않았다면 세상은 단지 난잡한 빛과 소리의 덩어리로 다가왔을 것이다. 우리가 경험하는 정돈된 현실은 뇌가 끊임없이 추측하고 보정하며 그려낸 결과물이다. 그러나 우리는 주변 환경과 자기 자신의 경험을 유지하는 데 필요한 경이로운 뇌와 인체의 작용을 거의 인식하지 못한 채 살아간다.[2]

셋째, 상상과 지각은 지식과 예측, 뇌의 자율적 작동으로 연결된다. 인간은 외부 자극 없이도 역동적인 경험 생성 신경계를 가동해 상상 세계에 들어갈 수 있다. 동물도 꿈을 꾸듯 상상을 하는 듯 보이지만, 인간만큼 '제어된 상상력'을 발휘하지는 못한다. 예를 들어 여름 해변의 모래 감촉, 피부에 닿는 햇살, 바람결에 실려 오는 짭조름한 내음을 상상하라고 하면 우리 대부분은 그렇게 할 수 있지만, 다른 동물은 그렇지 못하다.

넷째, 상상은 '지극히 사회적인' 인간 본성에 뿌리를 두고 있다. 수백만 년의 진화를 거치면서 우리 뇌와 행동은 근본적으로 변해 왔다. 그 결과 우리 인류는 언어와 상징을 활용하는 '문화적 생물체'가 됐다. 상징은 우리를 환경과 일정한 거리로부터 분리시킬 뿐 아니라, 마음속 이야기를 타인과 공유하게 한다. 좋든 싫든 우리는 상징을 통해 세상을 바꿔 왔다.

이 책은 이처럼 중요한 상상력을 과학적 관점에서 이해해 보려는 시도다. 과연 상상력을 과학적으로 설명할 수 있을까? 너무 막연하고 종잡을 수 없는 개념은 아닐까? 과학자이자 심리학자로서 나는 이 질문에 대한 나름의 답을 이 책에 담았다. 우선 맛보기로 인류가 상상이란 개념을 어떻게 이해해 왔는지 고대 언어에서 그 흔적을 찾아보자. 언어는 수많은 사람이 오랜 세월 사용하면서 다듬어 온 사고의 도구다. 때문에 언어의 뿌리를 이해하면 인간 사고 체계를 더 깊이 들여다볼 수 있다.

이마고, 이마기노르 그리고 상상

상상의 어원은 인류가 언어를 통해 어떻게 사고를 확장해 왔는지를 보여준다. 심상image과 상상이라는 단어는 결합 · 모방 등을 뜻하는 고대 소리 에임eym[3,4]에서 비롯됐다. 이 소리는 인도유럽조어부터 현대의 여러 언어(우르두어, 러시아어, 영어 등)에 이르기까지 약 6,000년 동안 이어져 왔다. 라틴어의 이마고imago는 유사성, 표현, 모방, 나아가 조각상 · 초상화 · 배우의 연기뿐 아니라 정신적 표현, 시각 심상, 생각을 뜻한다. 따라서 이마고는 공공 세계의 인공물과 마음속 내면 세계를 연결하는 개념이다.[6] 라틴어 동사 이마기노르imaginor 역시 조각가나 화가가 하듯 심상을 만들어 내거나 구상하는 것을 의미한다. 이런 의미는 오늘날 망막상retinal image, 지각 심상perceptual image 같은 과학 용어에도 담겨 있다.

'심상'이라는 단어는 내면과 외면을 잇는 다리다. 우리는 닮은 사람을 만나면 '닮은꼴'spitting image이라고 하고 삶 속에서도 '예술적 심상'을 논한다. 심상과 마찬가지로 '상상' 역시 몽상, 실험, 창조의 행위를 모두 포함한다. 상상은 이야기를 고안하고, 가설을 세우고, 새로운 것을 창조하는 과정이기도 하다. '나는 상상한다'라는 능동적 표현에서 알 수 있듯 상상은 언제나 창조 행위다. 상상은 과학 용어가 아니지만 수천 년 동안 집중적으로 사용되며 살아남았고, 이제는 심오한 심리학적 진리를 상징하는 여러 의미를 포함하게 되었다.[7]

현존하는 것을 지각하는 능력, 부재하는 것을 지각하는 능력, 한 번도 존재한 적 없는 것을 지각하는 능력, 세상을 폭넓게 이해하는 능력, 창조하는 능력 사이에는 깊은 연관성이 있다. 상상이라는 개념은 지각 · 인지 · 창의성 사이의 상호 연결을 보여준다. 이런 표현 과정은 머릿속에서도, 바깥세상에서도 일어난다. 이를 이해하려면 우리 뇌와 문화, 기원에 대한 통찰이 필요하며, 이 책은 그 길을 보여줄 것이다.

상상을 찾아 떠나는 항해

이제 상상의 바다로 뛰어들기 전, 앞으로 펼쳐질 항해의 개요를 소개한다. 이 책은 세 부분으로 나뉜다.

1부는 '상상이란 무엇인가'라는 근본적 질문에서 출발한다. 1장에서는 상상이 어떻게 끊임없이 일상 속에 스며드는지를 살핀다. 우리가 회상하고 계획하고 공상하는 순간마다 상상이 어떻게 얼굴을 드러내는지, 그리고 그것이 우리의 사고와 행동을 어떻게 지배하는지를 알아본다. 2장에서는 상상이 예술과 과학의 세계에서 창조적 원천으로 작동하는 방식을 탐색한다. 소설과 예술의 비유적, 상징적 언어, 실험실의 가설 속에서 상상이 어떤 역할을 해왔는지 살펴보고 창조적 사고와 상상의 관계를 조명한다.

2부는 상상의 과학을 본격적으로 다룬다. 3장에서는 눈앞에 없는 대상을 마음속에 되살리는 '재현적 상상'의 실체를 밝힌다. 우리의 뇌가 어떻게 경험을 재현하고 시뮬레이션하는지, 그 메커니즘을 자세히 들여다본다. 4장에서는 뇌 속에서 상상이 발생하는 과정을 신경과학적으로 분석한다. 뇌의 네트워크가 어떻게 활성화되고 과거 경험 · 기억 · 예측이 상상을 구성하는지를 다룬다. 5장에서는 상상이 어떻게 진화의 긴 여정 속에서 우리의 일부가 되었는지를 탐구한다. 이를 통해 우리는 상상이 단순한 개인적 기능이 아니라, 인간 종 전체의 적응과 발전을 이끈 문화적·생물학적 산물임을 알게 될 것이다. 6장에서는 아동 발달 과정에서 상상력이 어떤 방식으로 나타나고 성장하는지를 다룬다. 어린이가 어떻게 상상의 세계를 탐험하며 인지·언어·사회성 발달을 이루는지, 그리고 상상력이 평생 학습과 창의성의 기반이 됨을 설명한다. 1~2부를 통해 우리는 상상이 단순한 환상이나 공상이 아니라, 뇌와 문화가 빚어낸 가장 인간적인 능력임을 확인하게 될 것이다.

3부는 상상의 그림자를 정면으로 마주한다. 7장에서는 생생하면서도 두려운 환각의 세계를 여행한다. 환각이 어떻게 우리의 지각을 왜곡하고, 때로는 창의성·영감과 맞닿아 있는지를 탐색한다. 8장에서는 '지나친 상상이 불러온 질병'이 어떻게 개인을 사로잡고 파괴하는지를 살핀다. 정신적·신체적 증상 속에서 상상이 어떤 역할을 하는지, 그 위험과 가능성을 동시에 알아본다. 9장에서는 치료와 업무, 의사소통 속에서 심상이 지니는 놀라운 가능성과 위험을 탐구한다. 10장에서는 상상의 양극단에 선 사람들을 만난다. 심상을 전혀 떠올릴 수 없는 아판타시아aphantasia부터 실제 경험에 필적할 만큼 강렬한 심상을 가진 하이퍼판타시아hyperphantasia까지, '극단적 상상'의 스펙트럼이 인간 정신의 경이로움과 취약함을 동시에 드러낸다.

상상력은 예술가나 과학자 몇몇의 전유물이 아니다. 우리는 모두 일상의 기억과 계획, 꿈과 몽상 속에서 상상력을 끊임없이 사용하지만 그 방식과 강도는 사람마다 다르다. 어떤 이는 선명한 심상을 떠올리지 못해도 창의적인 삶을 살고, 어떤 이는 너무나 생생한 심상 속에 갇혀 고통을 겪기도 한다. 이렇듯 '보이지 않는 것의 형태'는 우리의 사고와 감정, 관계와 삶의 방향을 근본적으로 좌우한다. 상상은 눈에 보이지 않지만 언제나 우리 안에서 흐르며 가장 은밀하면서도 가장 보편적인 인간적 체험이다.

 이제 우리는 그 보이지 않는 세계로 들어가, 마음이라는 가장 경이로운 우주를 탐험하려 한다. 그 세계를 향해 첫발을 내디뎌 보자.

차례

머리말 – 상상 여행자를 위한 안내문 … 7

● 1부. 나는 상상한다. 그러므로 세상은 실체한다 ●

1장. 상상하는 인간, 호모 이미지난스 … 21
우리는 방랑하는 마음이다 … 21
상상에는 질감이 있다 … 24
마음의 눈, 마음의 귀, 마음의 다리 … 27
상상의 빛과 그림자 … 29
감각은 이성에 앞선다 … 33
감각을 벼르는 법 … 40
"우리는 꿈으로 빚어진 존재" … 42

2장. 상상의 쓸모 … 47
예술, 환기의 힘 … 47
미메시스와 두 번째 쾌락 … 61
과학, 설명의 힘 … 64
스키드스, 창의력 공식 … 69

● **2부. 상상력은 어떻게 의식과 현실을 지배하는가** ●

3장. 현실은 제한된 환각이다 ··· 79
심상, 존재하지 않으면서도 존재하는 것 ··· 79
심상을 측정하는 법 ··· 88
심상 논쟁, 심상은 이미지인가 언어인가 ··· 103
우리의 뇌는 미래로 향해 있다 ··· 109

4장. 뇌과학으로 풀어보는 상상의 기원 ··· 115
마음은 어디에 있을까 ··· 115
시냅스, 생각을 잇는 다리 ··· 117
시냅스의 리듬을 타고 ··· 122
뇌의 암흑 에너지 ··· 126
신경의 거미줄 ··· 129
뇌는 어떻게 창조하는가 ··· 133
뇌는 잠들지 않는다 ··· 136
아름다움의 과학 ··· 144

5장. 진화하는 상상, 루시에서 사피엔스까지 ··· 153
우리는 모두 자연의 아이들 ··· 153
DNA에 각인된 예측 시스템 ··· 156
돌과 뼈 그리고 염색체 ··· 160
공감, 호모 사피엔스의 경쟁력 ··· 166
솜씨 좋은 손 ··· 172

언어의 탄생 ··· 178
진화발생생물학 ··· 185
문화적 생물체 ··· 192

6장. 우리는 어떻게 상상을 배우는가 ··· 199
우리는 모두 단 하나의 세포였다 ··· 199
엄마의 뱃속에서 ··· 202
지식은 생명 그 자체다 ··· 206
공유 감각 ··· 214
놀이하는 인간 ··· 221
차우셰스쿠의 아이들 ··· 226

● **3부. 상상하는 그림자, 부유하는 뇌** ●

7장. 환영과 환청 : 너무나 특별한 그러나 평범한 ··· 235
어느 날, 정신병동에서의 호출 ··· 235
죽은 남편이 찾아왔다 ··· 237
꿈의 과학 ··· 245
뇌전증, 엄마가 들려주던 노래 ··· 251
파킨슨병, 루이 소체, 섬망 ··· 255
내 귀에 도청장치 ··· 261
전쟁터에 갇힌 사람들 ··· 266
나를 잃어버리다 ··· 270

8장. 망상과 히스테리 : 뇌의 반칙 ··· 277
"제 뇌는 불타버렸습니다." ··· 277
예측 오류로 시작되는, 조현병 ··· 284
히스테리를 둘러싼 논쟁들 ··· 293
땅에 발을 붙인다는 것 ··· 304

9장. 뇌를 조각하는 법 ··· 311
생각만 해도 근육이 생겨난다 ··· 312
뇌 해킹 ··· 318
PTSD에는 테트리스를 ··· 325
사회화된 상상 ··· 330

10장. 불타는 뇌 : 아리스토텔레스는 틀렸다 ··· 337
불타는 숲 ··· 337
마음의 눈이 없는 사람들 ··· 342

맺음말 – 우리는 왜 상상하는가 ··· 355
부록 ··· 365

# 1부

나는 상상한다
그러므로
세상은 실체한다

"사람의 본질이 곧 그의 시각입니다."

윌리엄 블레이크,

1799년 8월 23일
트러슬러 박사에게 보낸 편지 중에서

1장.
상상하는 인간, 호모 이미지난스

우리는 방랑하는 마음이다

나는 런던에서 자랐지만 몇 해 전에 그 도시를 떠났다. 런던으로 돌아올 때면 이 멋진 도시의 잊지 못할 경치가 내려다보이는 가파른 푸른 언덕을 달리곤 한다. 맑은 새벽녘이나 장밋빛으로 물드는 해질녘, 프림로즈 힐◐에는 다양한 국적의 사람들이 모여든다. 조깅하는 사람, 지도를 뚫어져라 들여다보는 관광객, 개를 데리고 산책 나온 사람과 손을 맞잡은 연인들도 보인다. 프림로즈 힐을 찾은 사람들 사이에는 기묘한 친밀감이랄까, 아름다운 광경을 눈앞에 둔 유대감이 맴

◐ 런던 북서부에 위치한 공원으로 런던 동물원이 있는 리젠츠 파크와 이어진다.

돈다. 시인 윌리엄 블레이크도 2세기 전에 같은 감정을 느꼈던 모양이다. 프림로즈 힐 정상에는 윌리엄 블레이크가 남긴 이런 말이 새겨져 있다.

"나는 영적 태양과 대화를 나눴다. 나는 그를 프림로즈 힐에서 만났다."

1757년에 태어나 생애 대부분을 런던 중심부에서 살았던 블레이크는 신비주의 시인이자 화가, 그리고 상상을 열렬히 옹호하는 사람이었다. 블레이크는 자신의 작품이 상상 속에서나 나올 법한 내용이라고 불평하는 독자에게 이렇게 편지를 썼다. "제가 보기에 이 세상은 온통 공상이나 상상으로 쭉 이어진 환상입니다."¹ 블레이크의 상상은 일상과 거리가 멀었다. 시인 윌리엄 워즈워스를 비롯해 블레이크와 동시대에 활동한 작가 중에는 아예 그를 미치광이라고 여기는 이들도 있었다. 블레이크는 너무 자주 상상의 나래를 펼치는 바람에 가정에서도 불화를 일으켰다. 그의 아내는 친구에게 이렇게 털어놓았다. "남편과 시간을 보내는 일은 좀처럼 없어. 그이는 늘 천국에 있거든."² 하지만 현대 심리학자이자 마음 방랑mind-wandering◐ 전문가 조너선 스몰우드의 말을 빌리자면, 블레이크가 느끼는 '당면한 현실에서 벗어나려는 욕구'는 인간이라면 누구나 가진 특성이다.³

2010년 《사이언스》에는 하버드대학교 심리학자 두 명이 피험자

◐   현재 하고 있는 작업과 관련 없는 생각을 하는 현상.

2,250명으로부터 수집한 25만 건의 표본을 분석한 논문이 실렸다. 2,250명의 참가자들은 스마트폰에 무작위 간격으로 알림이 뜨면 자신이 하고 있는 활동과 경험을 즉시 기록했다.[4] 이렇게 수집된 표본 중 46.9퍼센트에서 마음 방랑 현상이 뚜렷하게 나타났다. 마음 방랑이 발생한 비율은 성관계 중일 때를 제외한 모든 활동에서 최소 30퍼센트에 달했다. 전 세계에서 실시된 유사한 연구들은 우리가 대체로 평소 활동하는 시간 중 4분의 1에서 절반 정도는 몽상에 잠겨 있다는 결론을 내렸다.[5]

우리는 과거보다 미래에 대해 더 자주 몽상한다. 과거를 떠올리면 슬픔에 젖기 쉬우니, 이는 어쩌면 다행이라 할 수 있다. 하버드대학교 연구진은 마음이 다른 데 있을 때, 그 주제가 중립적이거나 부정적이면 기분이 평균 이하로 떨어진다는 사실을 발견했다. 결국 "방황하는 마음은 불행한 마음"이라는 결론에 이르렀다.[6] 극단적으로 병적인 수준에 이른 마음 방랑은 임상 우울증으로 이어질 수 있다. 임상 우울증은 상실감, 무가치함, 죄책감과 같은 감정을 더욱 증폭시키는 과거의 사건을 통제하지 못한 채 끊임없이 반추하는 상태를 말한다.

우리는 때때로 스스로 몽상하고 있음을 의식하고 그 상태를 지속할지 말지 선택할 수 있다. 하지만 마음은 우리가 깨닫지 못한 채 자주 어딘가로 방랑하는데 이렇게 무의식적으로 일어난 방랑이 가장 강렬한 감정을 불러일으킨다. 나 역시 내가 얼마나 앞서가는 사람인지 깨닫기 전까지는 나에게 몽상하는 습관이 있다고 생각하지 못했다. 나는 새로운 일자리를 제안받을 가능성만 보여도, 이력서를 보내기도 전에 직장 동료들에게 작별 인사를 써두고 첫 출근 날짜를 상상한다. 심지어 가상의 연봉 협상을 벌이고 새 도시에서 살 집까지 골라놓는다. 당연하게도 내 머릿속의 상상은 언제나 현실보다 훨씬 더 생생하다.

지금 여기에 있는 순간에도 나와 당신은 자주 딴생각을 한다. 친구나 가족과 담소를 나누다가도 재미있었거나 가슴 뭉클했던 순간을 떠올린다. 배우자나 동료와 함께하는 편안한 자리에서도 앞으로 있을 골치 아픈 행사를 계획하거나 학회 참석 중에 정치적 사건에 정신이 팔려 하루를 보내기도 한다. 소파에 웅크리고 앉아 소설이나 영화에 푹 빠져든다. 정신이 딴 데 팔려 있을 때는 자신도 모르게 위험에 빠지기도 한다. 별을 올려다보다 구덩이에 빠지곤 했던 고대 철학자 탈레스처럼 말이다.

우리는 모두 '당면한 현실'에서 멀어지려는 강력한 본능을 가지고 있다. 영적 태양에 이별을 고하고 프림로즈 힐을 내려가기 시작하면, 운하를 건너고 동물원 옆을 지나 공원을 가로질러서 집으로 가는 길이 기다려진다. 운동을 하면 몸은 활력을 되찾는다. 하지만 솔직히 고백하건대, 동물원을 지날 즈음이면 내 마음은 이미 딴 곳에 있다.

상상에는 질감이 있다

런던에서 보낸 어린 시절, 할아버지는 월리스 컬렉션, 덜위치 픽처 갤러리, 켄우드 하우스처럼 비교적 덜 알려졌지만 멋진 미술관에 나를 데려가셨다. 할아버지의 열의가 조금은 전염된 모양인지, 나도 할아버지만큼 미술관 중독 증상을 갖고 있다. 청소년 시절에는 특히 내셔널갤러리에 푹 빠져 살았다. 이 미술관은 지금도 런던에 특별한 선물 같은 존재로 트래펄가 광장을 지나는 사람이라면 누구나 들러 이탈리아 르네상스 시대 작품부터 존 컨스터블❶의 장엄한 구름 풍경화에 이르기까지 유명한 그림을 무료로 감상할 수 있다. 나는 내셔널갤러리를 족히 수백 번은 찾았다. 그런데 전시실과 감상했던 그림은 생생하게 떠올릴 수 있는 반면, 특정한 세부 사항에 초점을 맞추려고 하면 좀처럼 기억이 나지 않았다. '그곳에 있었던' 경험은 어렵지 않게 떠오르지만 내가 기억하거나 상상해낸 장면은 충실하고 정밀한 복사본과는 거리가 있었다.

40년이 지난 후에 나는 이 현상을 좀 더 잘 이해하게 됐다. 상상의 강도와 유형은 개인마다 놀라울 정도로 차이가 있다. 계몽주의 철학자 데이비드 흄의 예로 들어보자. 흄은 이렇게 설명했다. "눈을 감고 서재를 생각할 때 떠오르는 관념은 내가 서재에 있을 때 느끼는 인상을 정확하게 나타낸다. 인상의 세부 사항은 관념에서도 찾아볼 수 있다."[7] 흄은 '관념'이 감각 경험의 '희미한 심상'이라고 보았다. 흄에게는 이런 심상이 실제 경험보다는 희미하더라도 신뢰할 수 있고 구체적이었다. 연구에 따르면 전체 인구 중 3~11퍼센트가 마음속으로 장면과 물체를 떠올릴 때 그 심상이 '실제로 보는 것만큼 생생하다'고 보고했다.[8] 이 정도로 상상력이 풍부한 사람은 꿈에서 겪은 일과 실제로 일어난 일을 구별하기 어렵다고 말하는 경우가 많다.

❶ 영국의 낭만주의 풍경화가.

우리 뇌의 약 절반은 시각 처리에 관여한다. 그래서 상상은 풍부한 시각 경험을 불러일으킨다. 하지만 다른 감각 영역에서도 시각만큼 생생한 심상을 보고하는 사람도 있다. 한 바이올리니스트는 항상 머릿속에 곡조가 흐른다고 말했다. 모차르트는 마음의 귀로 협주곡 전체를 듣고 이를 서둘러 악보로 옮기느라 안달했다고 한다.[9] 일상의 경험 중 무작위로 선택한 순간들 가운데 약 4분의 1에서는 내면에서 스스로에게 말을 거는 내적 언어inner speech가 발생한다.[10] 소수이기는 하지만 미각이나 후각, 촉각의 심상을 생생하게 묘사하는 사람도 있다.[11]

그러나 심상은 오감에 국한되지 않는다. 온라인에서 경험할 수 있는 거의 모든 것을 어느 정도까지 상상할 수 있다. 사람들은 대부분 '운동' 혹은 운동감각 심상kinaesthetic imagery 덕분에 버스를 타려고 뛰어가거나 설거지하는 모습을 쉽게 상상할 수 있다. 딱히 시각이 아니라, 좀 더 추상적이거나 도식적인 감각을 바탕으로 하는 경우도 있다. 이들은 공간 속에서 사물이 어떻게 연결되어 있는지 감지할 수 있다. 또한 우리는 슬픔에서 환희, 배고픔에서 아픔에 이르기까지 다양한 감정을 상상을 통해 어느 정도 다시 경험할 수 있다. '상상만 해도 괴로울 지경'인 일도 있다는 사실을 생각하면, 상상한 감정이 정서적으로 얼마나 큰 타격을 줄 수 있는지 알 수 있다. 폐결핵으로 죽어가던 시인 존 키츠는 연인 패니 브론을 떠올리며 애통한 심정을 남겼다. "내가 상상하는 그녀의 모습은 지독하게 선명합니다. 눈에 보이고 귀에 들리죠… 그녀를 떠올리게 하는 모든 것이… 마치 창처럼 나를 꿰뚫습니다."[12]

마음의 눈, 마음의 귀, 마음의 다리

하지만 심상이 아예 결여된 2~3퍼센트의 사람들은 키츠의 예민한 감수성을 결코 이해할 수 없을 것이다. 빅토리아 시대의 저명한 심리학자 프랜시스 골턴은 1880년대에 시각화 능력이 전혀 없는 사람의 존재를 언급했다.[13] 하지만 골턴은 물론 그 제자들도 이 흥미로운 단서를 본격적으로 탐구하지는 않았다. 2015년, 나는 에든버러에서 동료들과 함께 마음의 눈이 없는 사람 21명을 연구하며 이런 현상을 가리키는 아판타시아aphantasia라는 용어를 만들었다.[14] 아리스토텔레스가 시각화하는 능력을 가리킨 용어인 판타시아phantasia를 빌려와 부재를 나타내는 접두사 a를 붙여서 만든 신조어다. 이 용어가 발표됐을 때, 세간의 관심은 예상보다 훨씬 뜨거웠다.

아침 텔레비전 프로그램에 출연해 우리 연구를 5분 동안 소개한 이후 나는 엄청나게 많은 이메일을 받았다. 그중에서도 파이어폭스의 공동 개발자 블레이크 로스에게 받은 이메일이 가장 기억에 남는다. 그는 자신이 아판타시아 상태라는 사실을 깨닫고 페이스북에 이런 글을 남겼다.

"당신은 해변을 상상하라고 하면 금빛 모래와 청록색 파도를 떠올릴 수 있을 것이다. 빨간 삼각형을 떠올리라고 하면 머릿속으로 그리기 시작할 것이다. 엄마의 얼굴은? 당연히 떠올릴 수 있다. 물론 사람마다 경험하는 양상은 다를 수 있다. 사진처럼 실감 나는 해변을 떠올리는 사람이 있는가 하면, 흐릿한 만화 같은 장면을 떠올리는 사람도 있다. 존재하지 않는 해변도 만들어낼 수 있는 사람도 있고, 가봤던 해변만 상상할 수 있는 사람도 있다. 머릿속 캔버스에 그림을 그리려면 좀 더 애써야 하는 사람도 있다. 캔버스를 오랫동안 붙들고 있기가 힘든 사람도 있다. 하지만 웬만한 사람들은 다 머릿속에 캔버스가 있다. 그러나 내게는 없다. 나는 지금까지 살면서 그 무엇도 시각화한 적이 없다. 아버지의 얼굴도, 튀어 오르는 파란 공도, 어린 시절에 쓰던 침실도, 10분 전에 뛰었던 달리기도 볼 수 없다. 머릿속으로 '양을 세다'라는 말은 그냥 은유인 줄 알았다. 서른 살을 먹은 지금까지 인간이 이런 일을 할 수 있다는 사실을 나는 전혀 몰랐다. 충격 그 자체다."[15]

내가 받은 메일들도 비슷한 내용을 담고 있었다. 한 사람은 "처음으로 아판타시아에 대해 들었을 때 놀라운 깨달음을 얻었습니다"라고 썼다. 아판타시아를 가진 많은 사람이 이 독특한 심리적 상태를 설명하려 오랫동안 애써 왔다. 이제 이를 명확히 부를 수 있는 이름이 생겼다는 사실에 크게 기뻐했다.

블레이크 로스처럼 의식적인 감각 심상을 전혀 떠올릴 수 없는 사람도 아무런 문제 없이 살아간다는 사실은 우리가 경험하는 상상과 내면의 삶이 얼마나 다양할 수 있는지를 잘 보여준다. 이는 내가 청소년 시절에 방문했던 미술관의 기억이 생생하면서도 동시에 어딘가 흐릿하게 느껴져 당혹스러웠던 이유를 설명하는 데 도움이 된다. 내 머릿속 심상은 평균적인 수준이지만, 감각의 전체 스펙트럼에 걸쳐 작동한다. 나는 마음의 눈으로 볼 수 있고, 마음의 귀로 들을 수 있으며, 마음의 다리로는 비교적 편안하게 걸을 수 있다. 미술관을 떠올릴 때면, 나는 정확히 '그곳에 있는 상태'를 상상할 수 있다. 그림들은 물론이고 발로 밟는 바닥재의 느낌, 고요한 미술관 공기, 캔버스가 풍기는 냄새, 특유의 분위기도 떠올린다. 이처럼 경험 전체를 통합적으로 다시 떠올릴 수 있는 능력은 우리가 실제로 겪은 일 못지않게 회상하거나 상상한 기억 역시 '실감 나는 감각'을 만들어내는 중요한 원천임을 보여준다.

지금까지 살펴본 것처럼 인간은 의식적이든 무의식적이든 지금 여기를 벗어난 다른 곳에서 많은 시간을 보낸다. 몽상을 하거나 꿈을 꾸기도 하고, 과거를 회상하거나 미래를 예상하며, 허구와 가상 세계에 푹 빠져들기도 한다. 이렇게 시간을 보낼 때 대개 감각을 경험하는데, 이는 현실의 지각과 매우 비슷하다. 하지만 지금 현재에서 벗어나는 습관이 일상을 영위하는 데 과연 바람직할까?

상상의 빛과 그림자

방랑하는 마음에는 위험이 따른다. 인간은 누구나 현재에서 벗어나 과거로 회귀하려는 본능이 있다. 과거에 겪었거나 저질렀던 트라우마, 불운, 실수에 쉽사리 사로잡힌다. 그 결과로 빚어지는 후회는 우울한 옛일을 상상하게 하고, 정신을 지배하기도 한다. 끔찍한 참사의 순간이나 장면이 갑자기 생생하게 떠오르는 플래시백flashback은 외상 후 스트레스 장애post-traumatic stress disorder, PTSD의 핵심 증상이다. 인간이 느끼는 가장 파괴적인 정서 중 하나인 원한은 역사의 흐름을 바꾸기도 한다. 원한은 수많은 반란과 내전, 집단 학살의 도화선이 됐다.

과거에 겪은 불상사와 부당함을 곱씹지 않더라도 때론 우리는 앞으로 닥칠 위협만으로도 불안에 떨기도 한다. 나쁜 소식을 어떻게 전해야 할지, 마감 기한은 지킬 수 있을지, 청구서를 지불할 수 있을지 걱정한다. 무엇보다도 무서운 위협은 죽음이 찾아오리라는 상상이다. 햄릿처럼 "죽음 후에 닥칠 미지의 두려움"[16]을 무서워하는 사람도 있다. 아담과 이브가 에덴동산에서 선악과를 먹고 쫓겨난 이야기는 인간이 현재의 순간을 순수하게 인식하지 못하고 그 순간과 일정한 거리를 둘 때 느끼게 되는 소외감을 상징한다.

우리가 느끼는 소외감은 인간의 가장 두드러지고 강력한 특성인 상상력의 또 다른 얼굴이다. "한때는 상상이 제 전부였습니다." 심상과학학회에서 저녁 식사를 마치고 함께 거리를 걷던 중에 한 참석자와 이야기를 나눈 적이 있다. 그는 과학자는 아니었지만 나는 심상에 대한 그의 강렬한 관심에 흥미를 느꼈다. "상상이 없었다면 저는 그곳에서의 오랜 세월을 견딜 수 없었을 겁니다." 그 말을 듣고 나는 그가 감옥살이를 한 것 같다고 추측했다. 아니나 다를까 그는 화이트칼라 범죄에 가담해 6년 동안 교도소에 있었다고 했다. 그는 비록 신체는 구금 상태였지만 마음은 도처로 돌아다녔다고 말했다. 구금 기간 동안 그는 열심히 공부한 끝에 영화 제작자가 됐다.

구금 생활은 상상력의 중요성과 잠재력을 극명하게 보여준다. 빅터 프랭클❶은 아우슈비츠의 공포에서 벗어나는 데 상상력이 얼마나

---

❶ 오스트리아의 신경정신과 의사이자 심리학자로, 아우슈비츠 수용소에서 경험을 바탕으로 《죽음의 수용소에서》를 집필했다.

중요했는지 설명했다. "수감자는 내면 세계를 극대화하면서 공허함과 황량함, 자기 존재의 영적 빈곤함에서 벗어나는 피난처를 찾을 수 있었다. 상상 속에서 나는 버스를 타고 내가 사는 아파트 현관문을 열고 전화를 받고 전등을 켰다. 이런 기억이 눈물을 자아냈다."[17]

예기치 못한 사고로 자신의 몸이라는 벽 안에 갇히는 경우도 있다. 패션 잡지 편집장이자 《잠수종과 나비》 저자 장-도미니크 보비는 뇌간brainstem에 손상을 입은 뇌졸중으로 잠금 증후군Locked-in Syndrome을 겪었다. 뇌간은 말을 하고 팔다리를 움직이는 근육에 신호를 전달하는 뇌의 부위다. 기억과 상상을 제외한 모든 것이 마비된 보비는 기억과 상상에 온 마음을 집중했다. "사랑하는 여성을 찾아가 그 옆에 슬며시 앉아서 아직 자고 있는 얼굴을 쓰다듬을 수 있다. 떠도는 내 마음은 수천 가지 프로젝트로 바빴다."[18]

상상은 감금이나 질병으로 인한 구속의 족쇄에서 우리 마음을 해방시킨다. 그뿐만이 아니다. 상상은 생각을 자유롭게 할 뿐만 아니라 기적과 같은 '다른 존재의 가능성'[19]을 열어 주어, 다른 사람의 마음과 세계를 이어주는 특별한 능력을 선사한다. 우리는 친구의 지난 경험담을 듣거나 소설을 읽거나 영화를 볼 때마다 타인의 세계로 스며든다. 17세기 의사 토머스 브라운은 화가였던 누이 베티에게 이런 편지를 썼다. "나는 여행을 많이 다니지만 누이의 펜과 종이가 훨씬 더 훌륭한 여행자라고 확신해. 그 펜과 종이가 얼마나 많은 평원을 누비고, 얼마나 많은 언덕과 숲, 바다를 그렸을까? 누나에게는 세계를 볼 뿐만 아니라 만들어내는 훌륭한 수단이 있어."[20] 이런 식으로 다른 사람의 경험을 공유할 때 우리는 대륙과 시대를 뛰어넘을 수 있고, 우리를 가르치고 위로하는 동지를 발견할 수 있다.

상상을 통해 '지금 여기'에서 벗어나는 능력은 두 얼굴을 가진 야누스와 같다. 상상은 우리를 다른 존재들과 떼어놓고 현실에서 고립시킨다. 동시에 상상한 경험을 공유하는 능력이 우리를 하나로 묶기도 한다. 이것은 인간이 살아가며 마주하는 가장 큰 역설 중 하나다. 이 역설은 상상력의 작용을 둘러싼 두 가지 상반된 욕구 사이에서 끊임없는 긴장을 만들어낸다. 하나는 상상력이 앗아간 경험의 생생한 감각을 되찾으려는 욕구이고, 다른 하나는 상상이 제공하는 감각에서 벗어나려는 욕구다. 우리는 과연 스토아 철학자이자 로마 황제였던 마르쿠스 아우렐리우스의 조언처럼 "지금 이 순간의 삶을 완성하는 일만을 추구"해야 할까?[21] 아니면 과거와 미래, 그리고 수많은 가능성 속에서 살아가려는 인간다운 바람을 따라야 할까?

앞으로 살펴보겠지만 상상력은 우리의 타고난 권리이자 인간 고유의 인지적 통제와 상징화 능력이 결합한 결과이며 인간만이 유일무이하게 가진 창의성의 원천이다. 상상 없이는 살아갈 수 없다. 하지만 때로는 지나친 상상의 나래(망상, 공상 등)에서 벗어나고 싶거나 벗어나야 할 때도 있다. 그 방법에는 여러 가지가 있다. 마음챙김, 명상, 여행, 춤, 스포츠, 공연, 환각제, 성관계 등은 모두 아담과 이브가 선악과를 먹은 원죄로 인류가 타락하기 전에 겪은 경험의 생생한 감각을 잠시나마 되찾을 수 있는 방법들이다.

좋든 나쁘든 상상은 우리 삶에서 많은 부분을 차지한다. 아판타시아와 하이퍼판타시아라는 양극단에서 알 수 있듯이 사람마다 상상 경험의 강도와 질에서 큰 차이가 있다. 하지만 사람들이 현관문의 외관을 떠올릴 때나 고양이가 가르랑대는 소리를 상상할 때 그 경험은 미묘하지만 중요한 감각 성질을 띤다. 즉 어느 정도 지각하는 것처럼 경험된다. 지각과 상상의 관계는 양방향으로 작용할까? 지각과 상상은 서로 영향을 주고받을까? 이 질문에 대한 답은 상상이 어떻게 작동하는지를 이해하는 데 중요한 실마리를 제공한다.

감각은 이성에 앞선다

상상이 감각의 탈을 쓰듯, 감각 역시 상상에 영향을 받아 때로는 잘못된 결론을 도출하기도 한다. 거미를 싫어하는 사람이 바닥에 굴러다니는 실뭉치를 보고도 거미로 착각하는 것처럼 말이다.

십대 시절 어느 날 밤, 자다가 깬 나는 침대 발치에 서 있는 줄무늬 셔츠를 입은 남자를 보고 겁에 질렸다. "대체 누구…"라고 소리친 후에야 강도의 정체가 사실은 옆집 정원에서 들어온 빛줄기가 울타리를 통과해 만든 그림자였음을 깨달았다. 얼핏 봤을 때 그 침입자는 너무나 명백한 진짜였다. 왜 그런 착각을 했을까? 그 당황스러운 순간, 나의 눈과 뇌는 정확도는 떨어지더라도 빠른 해석을 내리기 위해 제한된 정보와 기존 지식을 바탕으로 즉각적으로 '의미를 추론'했다. 만약 진짜 강도가 있었더라면 그런 반응으로 강도를 쫓아낼 수 있었을지도 모른다.

이런 착각은 잠깐이며 쉽게 고칠 수 있다. 자세히 살펴보면 금세 사라진다. 반면에 고치기 어려운 착각도 있다. 어떤 착시는 그것이 착시라는 것을 알면서도 아무리 노력해도 극복할 수 없다(그림 1a, b).

그림 1a: 뛰어가는 세 사람의 크기는 동일하다

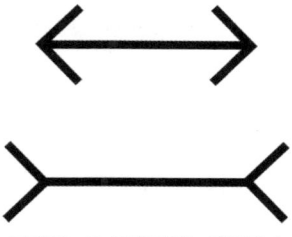

그림 1b: 두 선의 길이는 동일하다

철학자 프랜시스 베이컨은 "감각은 이성이 판단하기 이전에 상상에 전달된다."²²라고 말했다. 이는 시각 경험이 단순히 주어진 정보를 그대로 받아들이는 과정이 아니라, 이성의 판단에 앞서 상상에 의해 먼저 해석되고 구성된다는 뜻이다. 다시 말해, 지각은 겉으로는 이성이 주도하는 지적 활동처럼 보이지만 실제로는 이성의 통제를 넘어선 과정이다.

착각은 지각이 물리적 현실을 있는 그대로 전달하지 않는다는 사실을 잘 보여준다. 우리는 세상을 아무런 노력 없이 바라보는 것처럼 느끼지만, 실제로는 우리 마음과 뇌 속에서 매우 복잡한 시스템이 활발하게 작동하고 있다. 예컨대 정지된 형태가 움직이는 것처럼 보이는 착시는 지각 과정에 뇌가 능동적으로 관여함을 보여준다. 그림 2a와 2b를 보자. 자극 자체는 그대로지만, 우리가 인식하는 대상은 시시각각 달라진다. 변화는 외부에서가 아니라 우리 내부에서 일어난다.

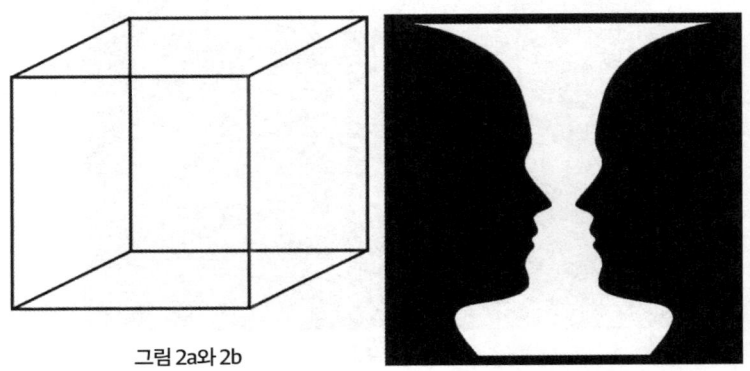

그림 2a와 2b

초보 선원인 내 누이는 열정적인 항해사를 만나 결혼했다. 튀르키예 해안선을 따라 항해할 때면 누이는 긴장을 풀려고 바닷가 언덕으로 눈을 돌리곤 했다. 해안에서 800미터 떨어진 곳에서 바라본 나무와 덤불은 멋진 행렬처럼 보인다. 이쪽에는 낙타, 저쪽에는 기린, 타조

그림 3

뒤로 가젤이 보인다. 이러한 현상은 아무런 의도가 없는데도 인간이 무의식적으로 의미와 패턴을 읽어내려는 심리를 잘 보여준다. 이를 심리학에서는 파레이돌리아pareidolia라고 부른다. 파레이돌리아는 문자 그대로 '심상image 옆'이라는 뜻으로, 무작위적이거나 무의미한 자극 속에서 익숙한 형상이나 의미를 인식하게 되는 현상을 말한다.(그림 3) 윌리엄 셰익스피어는 파레이돌리아를 이렇게 표현했다.

> 때로는 구름이 용처럼 보이고,
> 때로는 곰이나 사자처럼 보이기도 하지.
> 탑이 우뚝 솟은 성채, 불쑥 튀어나온 바위,
> 뾰족뾰족한 산, 나무로 뒤덮인 푸르른 벼랑으로도 보이네.
> 그런 수증기가 세상을 내려다보며,
> 공기로 우리 눈을 속인다네.…[23]

파레이돌리아는 흥미롭고, 보는 사람의 시선을 단번에 사로잡는다. 일단 눈에 들어오고 나면, 그렇게 보이기 시작한 형상을 무시하기란 쉽지 않다. 우리가 인식하는 패턴 속으로 스며들어 고정되기 때문이다. 그런데 파레이돌리아로 인식된 형태는 대부분 평면적이고 깊이감이 없다. 시각 과학자 벨라 율레스는 양안시兩眼視의 생물학적 특성●을 이용해 '무작위 점 스테레오그램'을 만들어냈는데, 이는 시각이 지닌 창의성을 가장 인상적으로 보여주는 사례다.[24] 언뜻 보기에 색깔 있는 점들을 무작위로 늘어놓은 듯한 그림을 색이 들어간 한 쌍의 필터로 보면 어떻게 될까? 처음에는 아무런 일도 일어나지 않는다. 그렇게 10초에서 20초 정도 계속 바라보면 꼬인 나선이나 안장처럼 생생하게 입체로 느껴지는 형체가 그림에서 떠오른다. 이 놀라운 현상은 우리가 의식적으로는 결코 접근할 수 없는 시각 피질에서 이루어진 정교한 계산의 결과다.

이 사례는 뇌의 시각 영역이 능동적으로 해석하며 기능한다는 사실을 보여준다. 시각은 사회적 관계 속에서도 능동적으로 작용한다. 타인의 얼굴 표정을 보면서 마음을 읽어 고통이나 분노, 기쁨을 함께 나누려고 할 때 우리는 자연스럽게 일상적으로 상상력을 발휘한다. 형이상학파 시인 존 던이 400년 전에 썼듯이[25], 새로 알게 된 지인의 얼굴에서 오랜 친구의 모습이 보일 때 과거가 현재에 살아난다.

> 그대의 얼굴과 이름을 알기 전에
> 두 번인가 세 번인가 그대를 사랑한 적이 있소

스테파니라는 환자는 항생제를 정맥 주사로 맞고 폐렴에서 회복한 뒤에 겪은 기이한 경험을 이해하고자 하는 희망으로 내게 편지를 썼다.

"처음 주사를 맞은 뒤, 시야에 들어오는 모든 물체 주변으로 진분홍색(마젠타색) 테두리가 보였고 이어서 마젠타색 물감이 폭발하듯이

◗ 양안시. 두 눈을 동시에 사용하여 하나의 입체적이고 정합된 시각 경험을 만드는 능력.

터졌습니다. 눈을 감으면 수학적으로 정확한 인공물이 늘어선 모습이 보였습니다. 모두 마젠타색으로 광택이 돌고 휘어져 구불구불하고 삐죽삐죽한 물체들이 회전하는 정교한 물레 위에 놓여 있었죠. 파도 형태를 띤 것도 있고 이중 나선 구조를 닮은 것도 있었습니다. 저는 잠을 잘 수 없었어요. 그 모습이 너무 흥미진진했거든요."

나중에 그 심상은 점점 더 악몽 같은 여러 심상으로 대체됐다. "서커스 단장이 제 두개골 안쪽 윗부분을 차지한 듯 했습니다. 제 눈앞에는 동물, 인간, 혼종 등 다채로운 생명체로 꽉 차 있었죠."

시각은 단순히 '반응'하는 과정이 아니라 '생성'하는 과정이다. 의식 전문가 아닐 세스는 "우리는 대체로 지각이 외부에서 내부로 일어난다고 생각하지만 사실 지각은 대부분 내부에서 외부로 일어납니다"라고 말했다. 세스는 보통의 지각을 가리켜 제어된 환각controlled hallucination[26]이라는 표현을 즐겨 쓴다. 이처럼 시각은 끊임없는 '예측'에 의존한다. 우리 뇌에 방대하게 축적된 시각 지식은 지금 우리가 무엇을 보고 있고 앞으로 무엇을 보게 될 것인지 예측하는 가설을 뒷받침하는 마르지 않는 원천이다. 이런 축적 지식의 도움으로 우리는 '의미를 예측'한다. 이런 예측은 눈으로 수집하는 비교적 제한된 정보보다 오히려 더 강력한 역할을 한다. 눈으로 수집한 정보는 이러한 예측을 수정하고 미세 조정하는 데 쓰인다.

따라서 인간의 시각 경험 대부분은 '존재하지 않으면서 존재'한다. 다시 말해 상상의 산물이다. 상상은 항상 지각에 영향을 미친다. 프랜시스 베이컨이나 윌리엄 셰익스피어도 이 말에 동의할 것이다.

감각을 벼르는 법

　인간은 본래 이름을 붙이고 설명하기를 좋아하는 존재다. 우리는 호기심이 많고 독창적이며, 자기 자신과 주변 세계를 분석하고 이해하는 데 열의를 쏟는다. 활발한 세 살배기 아이가 끊임없이 "왜?"라고 묻는 순간부터 질문으로 가득한 삶이 시작된다.

　그러나 때로는 이러한 끊임없는 분석에 지치기도 한다. 그래서인지 우리 문화 전반에는 이해하려는 노력을 멈추고 의미를 찾는 일을 잠시 내려놓고자 하는 욕구가 존재한다. 반항심으로 술을 진탕 퍼마시고 밤새도록 춤을 추거나 카니발이나 극기 체험, 번지 점프 같은 행사에 참여하기도 한다. 우리 삶에는 냉정한 이성만으로는 포착할 수 없는 부분이 있다.

　이처럼 우리는 때때로 이성적인 사고에서 벗어나기 위해 바쁘고 정신없는 활동에 몰두하는데, 이런 활동은 세상에 대한 우리의 감각을 무디게 한다. 지나친 노동이나 과도한 집중, 혹은 너무 익숙한 일상은 우리 주변에 존재하는 아름다움과 신비를 더 이상 느끼지 못하게 한다. 그래서 때로는 평가의 칼날을 다시 연마할 필요가 있다. 그 방법으로는 몇 가지 선택지가 있다.

　새로운 것을 접할 때 우리는 멈칫하게 된다. 이는 여행이 기분을 전환하는 데 효과적인 이유이기도 하다. 낯선 환경에 있으면 평소의 감각 예측이 자주 빗나가기 때문에 우리는 더욱 집중하게 된다. 운동 역시 감각을 되살리는 데 유용하다. 거센 바람이 부는 날에 빠르게 걸으면 지금 이곳에 정신을 집중하게 된다. 명상이나 마음챙김 수련을 활용해서 현재에 주의를 기울이는 훈련을 할 수도 있다.

약물 사용도 꼽을 수 있다. 스위스 화학자 알베르트 호프만은 1943년 베른에서 곡물에 기생하는 균류인 맥각균에 있는 화학 물질을 합성하던 중에 우연히 LSD를 발견했다. 호프만은 봄비가 내린 후에 정원에서 LSD에 취했던 경험을 이렇게 묘사한다. "모든 것이 생생한 빛 속에서 반짝이고 빛났다. 세상이 마치 새로이 창조된 듯했다."[27]

화가는 감각의 최전선에 있는 전문가다. 1895년 클로드 모네는 이렇게 말했다. "다른 화가들은 다리, 집, 배를 그린다. 나는 다리, 집, 배를 둘러싼 공기, 그것들이 존재하는 빛의 아름다움을 그리고 싶다."[28] 이는 예술이 경험으로 얻은 지식이 아니라는 선언으로, 있는 그대로의 경험에 주목해야 한다는 인상주의 신조를 되새기는 발언이었다.

하지만 있는 그대로의 경험은 마치 수줍음 많은 생명체와도 같다. 우리가 '본다'고 느끼는 결과는 단순한 사실이 아니라, 수백만 년에 걸친 진화의 산물인 감각 기관, 특정한 방식으로 세상을 보도록 형성된 문화적 유산(언어와 상징 체계), 그리고 현재를 강하게 지배하는 개인의 경험이 복합적으로 얽혀 만들어낸 것이다.[29]

우리는 어느 정도까지는 말 많은 내면을 잠재우고, 예측하려는 습관을 잠시 내려놓고 세상에 더 열린 마음으로 다가갈 수 있다. 그러나 우리가 세상을 이해하는 핵심 도구인 상상에서 완전히 벗어나는 일은 불가능하다.

"우리는 꿈으로 빚어진 존재"

지각은 세상이 감각을 통해 드러나는 수동적인 과정이고, 상상은 우리가 기획해야 하는 능동적인 과정이라고 생각하는 사람들이 많다. 하지만 심리학과 신경과학 전문가들은 인간은 경험하는 세상을 끊임없이 만들어낸다고 말한다. 우리는 우리가 상상한 세계에서 살아가고 있으며, 지각은 '외부에서 내부로' 일어나는 만큼 '내부에서 외부로도' 일어난다.

앞에서 언급했듯이 프랜시스 베이컨은 "감각은 이성이 판단을 내리기 전에 상상력에 먼저 전달된다"[30]라고 말하며, 우리가 '본다'고 인식하는 과정에 상상력이 얼마나 깊이 관여하는지를 지적했다. 그는 파레이돌리아와 같은 사례를 통해 감각이 단순한 수용이 아니라 상상과 해석을 수반하는 능동적 과정임을 보여주고자 했다. 같은 시대를 살았던 윌리엄 셰익스피어 역시 《템페스트》에서 "우리는 꿈으로 빚어진 존재"라고 쓰며, 인간의 연약함과 필멸성은 물론 우리의 삶 자체가 상상으로 이루어져 있다는 사실을 상기시켰다.[31]

이후 시인 새뮤얼 테일러 콜리지는 '일차적 상상'을 "무한한 신의 영원한 창조 행위를 유한한 인간이 반복하는 것"[32]이라고 설명하면서 존재하는 경험 그 자체가 곧 창조 행위라는 생각을 전하고자 했다. 심리학의 창시자 윌리엄 제임스는 같은 주장을 좀 더 현실적인 언어로 표현했다. "우리 지각의 일부는 눈앞의 대상을 감각하는 데서 비롯되지만 나머지 부분(아마도 더 큰 부분)은 언제나 우리 머릿속에서 나온다."[33] 동시대 독일 생리학자 헤르만 폰 헬름홀츠는 이와 관련된 '무의식적 추론'이라는 개념을 연구했다. 헬름홀츠는 의식적인 지각이 감각

뿐만 아니라 세상에 관한 기존 지식에 기초한 자동적 해석 과정의 산물이라고 보았다.

가장 인상적인 설명은 프랑스 역사학자, 비평가, 심리학자인 이폴리트 텐이 150년 전에 쓴 글이다. 그는 이 글에서 지각과 예측 처리 과정을 설명하는 21세기 최신 이론을 예견했다. "외부 지각은 외부 사물과 조화를 이루는 내부의 꿈이다. 환각을 가짜 외부 지각이라고 부르는 대신 외부 지각을 진정한 환각이라고 불러야 한다."[34] 이처럼 19세기의 여러 사상가들은 각기 다른 분야와 관점에서 출발했지만, 지각(감각을 통해 세상을 인식하는 것)은 단지 외부 자극을 수동적으로 받아들이는 것이 아니라, 매우 적극적이고 능동적인 과정이라고 생각했다. 다시 말해 지각은 우리가 오랜 시간 경험을 통해 쌓아온 기대와 예측에 크게 영향을 받는다고 보았다.

지난 세기 들어 사람들은 낯선 상황을 이해하기 위해 활용하는 축적된 기대와 기존의 세계 지식을 '모델'model[35]이라는 개념으로 부르기 시작했다. 사이버네틱스cybernetics('키잡이'를 뜻하는 그리스어 쿠버네티스kubernetes에서 유래)라는 통제 시스템 연구 분야에서는 유명한 논문 제목을 인용해 "우수한 시스템 조정자는 그 시스템의 모델이어야 한다"[36]는 원리를 제시했다. 공항 상공을 선회하는 비행기에서든, 무용수가 댄스 플로어 위에서 몸을 움직일 때든 효과적인 통제를 위해서는 그 안에서 작동하는 핵심 요소들을 정확히 표현할 수 있어야 한다. 뇌는 그 모든 시스템을 조정하는 궁극적인 키잡이다. 앞서 언급한 논문은 다음과 같은 단호한 결론에 이른다. "뇌가 환경을 모델링하는지 여부는 더 이상 논쟁거리가 아니다. 뇌는 반드시 환경을 모델링한다."37

최근 지각 이론의 바탕에는 이런 개념이 깔려 있다. 우리 뇌에는 환경과 자신의 몸에 대한 모델이 있어서 앞으로 어떤 일이 일어날지 끊임없이 예측한다. 평소에는 만사가 순조롭게 흘러간다. 내 뇌는 당신이 지금 읽고 있는 문장을 치기 위해 손가락을 어떻게 움직여야 하는지 정확하게 예측한다. 물론 그러다가 실패해 오타가 발생하면 '예측 오류 신호'가 발생하면서 멈칫하게 되고 틀린 부분을 바로잡게 된다.

우리 행동을 통제하는 데 사용하는 내부 모델에는 여러 이점이 있다.38 내부 모델은 우리가 예기치 못한 일에 집중하도록 돕는다. 우리 주변과 내부에서 일어나는 예측 가능한 일들은 무시해도 괜찮기 때문이다. 또한 감각 기관으로 쏟아져 들어오는 감당하기 힘든 정보량에 대처할 수 있도록 해준다. 느릿한 신경계 작동으로 인한 한계를 보완해 사건을 미리 예측하도록 돕는다. 세상에서 들어오는 신호의 모호함도 해결한다.

뇌를 예측하는 기관으로 보는 관점이 타당하다면 상상은 지각의 이웃사촌이다. 일단 뇌 속에 세상의 모델을 구축하고 나면 그 모델을 지각과 상상에 똑같이 활용할 수 있다. 블레이크는 과학에 회의적이었지만 현대 과학자들의 발견을 알았더라면 분명히 흥분했을 것이다.

한때 노예 같은 컴퓨터에 비유되던 뇌는 이제 쉴 새 없이 역동적인 생성 시스템, 가설과 예측을 끊임없이 생성하는 원천으로 받아들여지고 있다. 지각, 기억, 몽상, 계획 등 다양한 경험 형태는 모두 같은 맥락이다. 예측하는 뇌라는 개념의 선구자이자 정신과 의사 겸 신경과학자인 칼 프리스턴은 뇌를 '환상의 기관phantastic organ[39]'이라고 표현한다. 프리스턴은 시인 윌리엄 블레이크가 했던 "만물은 인간의 상상 속에 존재한다"[40]라는 말에 분명히 맞장구칠 것이다.

"상상력이 알려지지 않은 것들의 형태를 그리면

　　　　　　　　시인의 펜이 그것을 구체화하고

아무것도 아닌 공허한 대상에

　　　　　　주소와 이름을 부여하는 꼴이지."

윌리엄 셰익스피어
《한여름 밤의 꿈》, 5막 1장

＃ 2장.
상상의 쓸모

예술, 환기의 힘

나는 내셔널갤러리 전시실에서 렘브란트의 〈헨드리케 스토펠스의 초상〉[1]을 바라보고 있다. 텅 빈 미술관에는 스토펠스와 나만 있다. 눈물이 흘러내린다. 그림을 보고 눈물을 흘리는 일은 거의 없는데 이 그림을 볼 때면 나도 모르게 눈물이 난다. 캔버스에서 내다보는 듯한 스토펠스는 입술을 살짝 벌리고 검은 눈동자로 지긋이 나를 바라본다. 얼굴 절반에는 밝은 빛이 비치고 절반에는 그림자가 드리워져 있다.

◐ 〈헨드리케 스토펠스의 초상〉은 렘브란트가 1650년경에 그린 미완성 초상화로 그의 동반자였던 헨드리케 스토펠스를 모델로 한 작품이다.

눈물방울 모양 진주가 늘어진 귀걸이가 빛을 받아 반짝인다. 목에 건 금목걸이 두 개가 눈길을 끈다. 스토펠스는 놀랍도록 가만히 있다. 그림을 보면서 굳이 이런 말을 하다니 정말 기묘한 느낌이다. 하지만 금방이라도 움직일 듯하다. 스토펠스는 고요하게 숨을 쉬고 있다. 그녀는 살아있다.

시벨리우스 교향곡 제5번은 음표 하나하나마다 신선한 공기를 가슴속으로 불어넣는다. 하지만 그 신선한 공기 속에는 슬픔, 승리, 부드러움의 기운이 서려 있다. 처음에는 희미하게 스쳐 지나갈 뿐이지만, 이내 언덕 위를 뒤덮는 구름처럼 모여들어 뭉친다. 그러다가 갑자기 음악이 우리를 서로 부딪히는 정서가 가득 들어찬 장대한 영역으로 끌어올린다. 닥쳐올 크나큰 상실을 슬퍼하면서도 이뤄낸 위대한 성취에 기뻐한다. 음악은 우리를 그곳에 붙들어 두면서 결국 눈물을 흘릴 때까지 잡아두더니 그 후로도 계속 머무르게 한다. 이런 감정이 방을 가득 채우고 반향을 불러일으키고 다시 울려 퍼진다. 그 감정은 실존한다.

나는 바르도bardo◑에 있다. 링컨과 함께 있다. 며칠 전만 해도 나는 바르도가 무엇인지 몰랐다. 미국 16대 대통령에 대해서 깊이 생각해본 적도 없었다. 하지만 지금 나는 바르도에서 링컨과 극심한 열병으로 세상을 떠나 납골묘에 묻힌 불쌍한 링컨의 아들 윌리, 그들 주위

◑ 이승과 저승 사이를 뜻하는 티베트 불교 용어.

를 돌아다니는 매력 있고 안쓰럽고 비극적인 유령들을 마음 깊이 걱정한다. 나는 유령이 존재한다고 믿지 않는다. 하지만 바르도에 유령이 있다는 사실은 의심할 여지가 없다. 링컨 대통령, 윌리, 유령들과 나는 함께 눈물을 흘린다. 조지 손더스의 멋진 글 솜씨로 탄생한 소설 (2017년 손더스는 《바르도의 링컨》으로 부커상을 수상했다.[1]) 속에 링컨과 윌리, 망상에 사로잡힌 유령들은 분명히 존재한다.

이렇게 '존재감'을 창조하고 경험의 생생한 질감을 불러일으켜 예술가와 관객이 마음뿐만 아니라 '존재'까지도 공유할 수 있도록 하는 것이 상상과 예술의 역할이다. 화가 빅토리아 크로는 사람들이 자신의 작품을 보고 "멋있네요"라고 말해주기보다는 "나도 그렇게 느낀 적이 있어요"라고 말해주기를 바란다고 했다.[2]

이런 일이 어떻게 가능할까? 먼저 말과 말이 만들어낸 세계부터 살펴보자.

언어

9월의 화창한 오후 어느 날, 나는 다른 세계를 여행하는 유명 작가를 찾아갔다. 옥스퍼드 서쪽 마을에 있는 필립 풀먼의 집은 아늑하고 한갓진 농가다. 조명이 켜진 응접실은 안락한 쉴 곳과 책, 신비로운 가능성을 느낄 기회로 가득했다. 풀먼은 오랫동안 교사로 일했지만 "마음속 한구석에서는 언제나 이야기를 만들어내고 있었습니다"라고 말했다. 아동 문학가로 활발한 작품 활동을 펼친 풀먼의 평판은 20세기 말에 《황금 나침반》 3부작을 출간하면서 급상승했다.[3]

3부작 중 2편인 《마법의 검》에서 십대 청소년 윌 패리는 주변 사람들을 덮치는 불길한 사건, 특히 어머니가 겪는 정신 건강 문제로 힘들어한다. 그러던 어느 날, 윌은 옥스퍼드의 평범한 길을 홀로 걷다가 뭔가를 발견한다. "공기 중에 틈새가 있었다. 그 틈새로는 지금 있는 곳과 똑같이 가로등에 비친 잔디밭이 보였다. 하지만 윌은 반대편에 펼쳐진 잔디밭이 다른 세상이라는 사실을 조금도 의심하지 않았다." 잠시 후 윌은 그 세상으로 들어간다.

나는 풀먼에게 글을 써 나가는 과정에서 등장인물들이 스스로 생명력을 얻는지 물었다. "그런 측면도 있지만 실제로 그들은 이미 존재하는 전체 이야기 중 일부일 뿐입니다. 지어낸다기보다는 지각하는 것에 가깝죠." 풀먼은 혼란스럽고 모호한 꿈의 기억처럼 언뜻 무관한 듯한 몇몇 정신 감각에서 시작해 강렬한 정서, 설명하기 힘든 중대성을 지닌 강력한 감각, 짜릿한 가능성의 흥분, 등줄기를 타고 흐르는 전율로 이어지는 창작 과정을 설명했다. 풀먼은 "그들은 그림자입니다. 그림자를 보려면 빛을 비추지 말아야 합니다"라고 말했다. 나는 이렇게 물었다. "그렇다면 그들을 어떻게 알아가나요?" 그는 이렇게 대답했다. "장면을 쓰고 그들이 무엇을 하는지 지켜보지요." 풀먼의 글쓰기는 '지시에 따른 꿈꾸기'인 셈이다.

일명 샌디로 널리 알려진 알렉산더 매콜 스미스는 지금까지 약 160권의 책을 쓴 작가다. 처음에는 주로 아동 도서를 집필했지만 2000년대 초에 《넘버원 여탐정 에이전시》[4] 시리즈가 대성공을 거두면서 소설 창작에만 전념할 수 있게 됐다. 스미스는 하루에 수천 단어를 쓰는데 주로 이른 아침 시간에 작업한다. 그는 창작 활동을 하는 시간에는 "일종의 해리 상태"에 들어가 "글을 쓰다가 멈추고 생각할 필요가 거의 없습니다"라고 말했다. 스미스는 글을 쓸 때 최소한의 계획만 세운다. 그는 이런 경향이 평생에 걸쳐 "…이라면 어떻게 될까?"라고 묻는 뇌 영역을 훈련한 덕분이라고 말한다. 모두가 가끔은 이 질문을 하지만 필립 풀먼처럼 스미스도 잘 훈련된 잠재의식이 가능한 이야기를 끊임없이 탐색하고 있다고 믿는다. 스미스가 글을 쓸 때면 이런 잠재의식이 제 목소리를 높인다.

이런 작가들은 창작의 자발성과 가끔씩 찾아오는 숨 막히는 스릴을 강조한다. 하지만 노력 역시 중요한 요소다. 풀먼은 매일 반드시 1,000단어를 쓴다. 손더스는 "마치 시력을 검사하는 의사처럼 항상 이렇게 하는 게 더 나을까, 아니면 이렇게?라고 물으면서"[5] 작품을 꼼꼼하게 살펴본다. 새로운 소설을 구상하면서 손더스는 '잠재의식을 다시 작동시키려면 수천 시간이 걸릴 수도 있다'는 두려움이 있다고 말했다.

이밖에도 창작자는 다소 섬뜩할 정도의 자제력을 발휘해야 한다. 창작자는 자신의 창작물 때문에 독자가 괴로워하는 모습을 볼 각오를 다져야 한다. 이야기에는 항상 갈등이 따르기 마련이고[6] 갈등은 곧 고통을 불러온다. 우리는 모두 때때로 괴로워하고 가까운 사람들의 괴로움을 함께 나눈다. 작가는 괴로움을 창조하고 선별하는 기묘한 위치에 있다.

필립 풀먼과 나눈 대화는 결국 윌이 원래 살던 옥스퍼드로 갑작스럽게 되돌아오게 된 이야기로 돌아갔다. 풀먼은 윌의 여정이 유서 깊은 문학적 전통에 속한다는 데 동의했다. 윌은 '공기 중 틈새'를 지나 다른 세계로 들어간다. 루이스 캐럴의 앨리스는 거울을 통과해 이상한 나라로 들어가고,[7] C. S. 루이스의 루시는 옷장을 지나 나니아로 향한다.[8] 이런 작가들의 주인공들은 평행 세계에 들어선 뒤 흔히 텔레파시나 예지력 같은 초자연적 능력을 발견하고, 타인의 마음이나 다른 시대를 넘나드는 경험을 하게 된다. 그런데 이런 이야기에서 진짜 주인공은 따로 있다. 바로 상상력이다. 윌은 오직 한결같은 집중력을 발휘할 때만 '마법의 칼'을 써서 한 세계에서 다른 세계로 넘어가는 길을 뚫을 수 있었다. 이는 결코 우연한 설정이 아니다. 그 힘은 우리 모두가 가진 힘, 상상력을 상징한다.

심상

런던의 미술관 테이트 브리튼의 고전적인 전면 외관은 템스강을 위엄 있게 내려다본다. 나는 트레이시 에민의 대표작인 〈흐트러진 침대〉를 지나서 나와 함께 자란 듯한 기분이 들 정도로 자주 본 그림을 다시 찾는다. 데이비드 호크니가 그린 〈클라크 부부와 퍼시〉는 전시실의 대부분을 차지하고 있다. 빛이 들어오는 창문 양쪽 그늘진 자리에 남편과 아내가 각각 그려져 있다. 아내 셀리아는 서 있고 앉아 있는 남편 오시의 무릎 위에 고양이 퍼시가 자리하고 있다. 셀리아는 당당하고 오시는 다소 위축된 모습이다. 두 사람의 얼굴에는 어딘가 불만의 기색이 감돈다. 그들은 진지한 표정으로 고개를 돌려 나를 바라본다. 마치 내가 그들만의 순간을 방해한 듯한 분위기지만, 이 장면은 일상의 한순간을 넘어선 어떤 시간 너머의 정적을 품고 있다. 바로 임신을 알리는 순간, 인간 경험에서 가장 보편적이고도 깊은 감정이 깃든 순

간이다.❶

잉글랜드 북부 공업 지대인 브래드퍼드의 노동자 계급 가정에서 사 남매 중 한 명으로 태어난 호크니의 삶은 창작이 넘실대는 기나긴 여정이었다. 리즈의 미술학교에서 런던 왕립예술대학으로 옮겼을 당시 호크니는 폐소공포증에 사로잡혔다. 하지만 1960년대 캘리포니아 주로 거주를 옮기면서 수영장, 경치, 집, 조용한 인물(주로 남성) 같은 캘리포니아 풍경을 대담하고 투명한 색채로 그려내면서 명성을 얻게 됐다. 미국은 호크니에게 제2의 고향이지만 유럽, 잉글랜드와 인연을 끊지 않고 꾸준히 방문해 그림을 그렸다. 60대 후반에 접어든 이후로 지난 20년간 호크니는 태어난 고향과 가까운 고즈넉한 요크셔 지역으로 돌아왔다. 그곳에서 강박적으로 그린 그림이 대단한 호평을 받았다. 호크니 전시회를 찾은 관객들의 긴 행렬만 봐도 그의 후기 작품이 지닌 매력을 짐작할 수 있다.

호크니는 말 그대로 상상력의 화신이자 능수능란하게 심상을 만들어내는 거장이다. 때로는 실물을 그리고 때로는 기억이나 환상을 생생한 자연주의나 익살스러운 추상주의로 그려낸다. 유화부터 아이패드에 이르기까지 온갖 도구로 작업하고, 문자를 그림으로 그리거나 오페라 무대를 디자인하기도 했다. 하지만 호크니가 그려낸 가장 감명

❶ 〈클라크 부부와 퍼시〉는 호크니의 친구 오시 클라크와 셀리아 버턴웰 부부, 그리고 고양이 퍼시를 그린 초상화다. 임신한 셀리아 모습이 생명의 시작을 상징하는 동시에, 두 인물의 표정과 자세에서 드러나는 미묘한 불만과 긴장감은 부부 관계의 갈등을 암시한다.

깊은 심상은 친구와 연인, 가족(특히 어머니) 등 그와 가까운 사람들을 공들여 친밀하게 표현한 그림이다.

호크니는 강박적인 작업자이기도 했다. "게으른 자에게는 절대 영감이 찾아오지 않는다!"[9] 호크니보다 약 2,000년 앞선 시대에 대(大) 플리니우스는 《박물지》에서 당대 최고의 화가 아펠레스를 언급하면서 "아펠레스가 가장 고집스럽게 지키는 습관은 아무리 바빠도 하루도 거르지 않고 윤곽을 따라 그리는 연습을 하는 것이었다"[10]라고 썼다. 하지만 노력만으로는 충분하지 않다. 호크니처럼 많은 작품을 남긴 파블로 피카소는 장난기가 창작을 풍요롭게 했다고 말했다. "물론 어떤 작품이 나올지는 아무도 모릅니다. 하지만 그림을 그리는 순간 이야기나 생각이 탄생합니다. 그게 전부예요."[11]

호크니와 마찬가지로 피카소도 극단적인 창의성의 카멜레온 같은 특성을 보여준다. 끊임없이 진화하는 피카소의 화풍은 크게 여덟 시기 정도로 나뉜다. 우울한 십대 시절, 나는 피카소 초창기인 '청색 시대 작품'과 사랑에 빠졌다. 피카소는 마르고 소외된 인물을 우울하지만 뇌리를 떠나지 않는 모습으로 그려냈다. 몇 년 후 피카소는 아프리카 예술의 추상 표현에 사로잡혔다. 섬세한 표현이 줄어들고 대담해졌다. 그 이후 본격적인 '입체주의'로 넘어갔다. 한 번은 어린 아들을 미술관에 데려간 적이 있는데 피카소가 입체주의 시기에 그린 작품 〈우는 여인〉의 부자연스러운 묘사에 눈을 떼지 못했다. 여인의 가련한 얼굴이 비틀려 화폭에 담겨 있다. 치아, 손가락, 손수건, 눈이 모두 어지럽게 어우러져 불안한 고뇌의 심상을 만들어낸다. 아들은 이 그림에 푹 빠졌다.

그림 4a+4b

시간이 흐르면서 피카소의 화풍은 다시 편안해졌다. 그는 자신의 아이들과 연인, 아내, 자기 자신을 반복해서 화폭에 담았다. 피카소가 90세에 마지막으로 그린 자화상에서 아름다운 스페인 소년, 성공한 화가, 산전수전 다 겪은 남자는 호색한에 겁에 질려 무서운 원숭이 같은 얼굴이 되었다. 잿빛이지만 마음을 끌어당기고, 동공이 고르지 않고 눈빛이 흐리멍덩한데도 그 초점만은 여전히 세상을 강렬하게 응시한다.(그림 4a, b)

역설적이게도 시각 예술은 '그릴 수 없는 감정'을 불러일으킨다. 화가 파울 클레는 예술이란 "눈에 보이는 것을 재현하는 것이 아니라 눈에 보이지 않는 것을 보이게 표현하는 것"[12]이라고 주장했다. 렘브란트가 그린 스토펠스는 숨을 쉬고, 호크니는 가정불화의 영원한 순간을 묘사하고, 피카소는 눈물의 고뇌를 표현한다.

음악

서늘하고 화창한 어느 날 아침, 좁아터진 기숙사 안으로 비스듬히 들어오는 햇살을 맞으며 그릇에 시리얼을 담고 있는데 페르콜레지의 〈스타바트 마테르〉 첫 소절이 내 의식을 깨웠다. "Stabat mater dolorosa / Juxta crucem lacrimosa … 아드님이 매달린 십자가 곁에 / 비탄에 잠긴 어머니가 울며 서 계셨네 …" 그해 여름 나는 아침을 먹을 때마다 습관처럼 페르콜레지를 들었다. 300년 전 수도원에서 20대 중반에 폐결핵으로 죽어가던 작곡가가 죽음을 앞두고 작곡한 이 비통한 음악이 하루의 시작에 어울리다니 신기한 일이다. 하지만 무척 좋았다.

단언컨대 음악은 모든 예술 중에서 가장 강렬한 동시에 가장 당혹스럽다. 소설과 시는 인간이 가진 가장 유용한 재능인 언어를 빌려 쓴다. 시각 예술은 고도로 발달하고 대단히 기능적인 인지 능력을 이용한다. 음악은 이와 다르다. 지극히 추상적이면서도 한없이 정서를 자극해 무력하게 눈물을 흘리게 하면서도 부드럽게 위로한다. 어떻게 이런 일이 가능할까?

1717년 11월 6일, 32세였던 요한 제바스티안 바흐는 '본인을 즉시 해고할 것을 고집스럽게 요구'했다는 특이한 죄목으로 감옥에 갇혔다.[13] 바흐는 후원자이자 고용주인 바이마르 공작이 경쟁자를 악장으로 초빙했다는 사실에 화가 났다. 악장은 바흐가 노리던 자리였다. 그래서 악장보다 지위가 낮은 직위에서 물러나려고 안간힘을 썼다. 바흐는 '정의의 방'이라 불리는 감방에 한 달간 갇혀 있다가 풀려났다. '지루하고 우울하고, 악기조차 없이' 보내야 했던 그 시간 동안 그는 오늘날 많은 비평가들이 음악 그 자체를 담고 있다고 평가하는 작품을 만들어냈다. 바로 《평균율 클라비어곡집》이다. 이 작품은 서정적이면서도 수다스럽고, 부드럽다가도 급하게 몰아치며, 침착하고 사색적인 듯하다가도 활기로 가득 찬 전주곡과 푸가로 반전을 이룬다. 총 48곡으로 구성된 이 곡집은 모든 조성을 넘나들며 전개되는데, 바흐는 이를 "배움에 열심인 음악 청년들이 누리고 활용할 수 있도록, 특히 이미 이 분야에 익숙한 이들이 여가를 즐길 수 있도록" 만들었다고 밝혔다. 감옥이라는 고립된 공간에서 탄생한 이 작품은 역설적으로 음악의 무한한 자유로움을 보여준다.

《평균율 클라비어곡집》은 여러 세대에 걸쳐 음악 감상자들에게 위로와 기쁨을 선사했으며 연주자와 작곡가에게도 일종의 시금석이 됐다. 모차르트는 이 곡집의 악보를 통째로 외웠다고 한다. 베토벤은 열한 살이 됐을 무렵 전곡을 연주했다.[14] 작곡가 이고르 스트라빈스키에게는 '일용할 양식'이었다. 스트라빈스키가 세상을 떠났을 때 그의 피아노 위에는 《평균율 클라비어곡집》이 펼쳐져 있었다.[15] 이 곡은 '상상할 수 없는 무한한 미래'로 향하는 창을 여는 듯하다.[16]

바흐는 많은 곡을 작곡했다. 영국의 클래식 음악 채널 BBC 라디오3은 일주일 방송을 바흐의 곡만으로 채운 적도 있다. 바흐는 건반악기, 현악기, 관악기용으로 전주곡, 푸가, 소나타, 파르티타, 협주곡을 작곡했다. 하지만 그중에서도 성악곡이 가장 아름답다고 할 수 있다. 언어와 언어를 입 밖으로 내는 목소리가 주로 정보를 전달하는 수단이라고 생각하기 쉽지만, 목소리는 그 자체로 악기이기도 하다. 목소리가 내는 리듬과 멜로디, 음색, 에너지는 인간이 만든 모든 악기의 음악적 가능성을 뛰어넘는다. 목소리가 지닌 미묘한 뉘앙스를 감지하는 우리의 감수성은 분명 음악의 기원과 닿아 있다.

음악이 어떻게 작동하는지 계속해서 궁금했던 나는 그 수수께끼를 설명해 줄 만한 살아있는 음악가를 찾기 시작했다. 그러다가 대중음악가 데이비드 그레이◐를 만났다. 예전에 나는 그레이의 음악에 푹 빠진 적이 있었다. 그레이는 외로움과 갈망, 상실과 이별을 마치 진심으로 아는 듯이 자아낸다. 〈바빌론〉은 정신없이 바쁜 도시의 공허함과 소외를 노래한 멋진 발라드다. 어쩔 줄을 모를 정도로 사랑에 빠져본 사람이라면 〈플리즈 포기브 미〉에 공감할 것이다. 그는 어떻게 음악을 창작할까?

앞에서 소개한 소설가들과 마찬가지로 그레이는 '판단하고 관찰하는 자아'의 지독한 감시에서 벗어나 '경비원의 눈을 피하려는' 욕구를 강조했다. 예컨대 어느 날 아침 그레이는 여느 때처럼 시 구절을 읽고 음악을 듣거나 멍하니 기타를 치고 있었다. 그런데 갑자기 오랫동안 자신을 기다린 듯한 노래의 '지시를 받는' 경험을 하게 된다. 그는 '의지로 빚어낼 수 있었을 법한 존재를 넘어서는 무언가가 창조될 때 느

◐ 영국의 싱어송라이터로 포크, 록, 일렉트로닉 사운드를 결합한 음악으로 잘 알려져 있다. 우리나라에서는 1998년 발표한 곡 〈This Year's Love〉가 유명하다.

끼는 고양감, 최고의 작품은 자신이 개입하지 않을 때 생겨나는 듯한 느낌'을 이렇게 표현했다. "그리 자주 일어나는 일은 아니지만 대박을 터트리는 일은 참으로 신기한 경험이에요. 좀 더 주관적인 동시에 좀 더 객관적이게 되거든요. 보통은 그렇지 않아요. 한 걸음 한 걸음 나아가면서 집중력과 상상력을 최대한 발휘해 아이디어에 생명을 불어넣는 작업이죠. 하지만 때로는 아이디어가 번뜩 떠올라서 저절로 써질 때가 있어요. 어떤 노래를 10년 동안 품고 있었다는 걸 깨닫죠. 밖으로 나올 시간을 기다리고 있다가 갑자기 '짜잔'하고 나타나는 거예요."

이런 순간에 작곡은 "수월하지만 평소보다 더 심오한" 작업이 된다. 대화를 나누던 중에 그레이는 말과 소리를 이용해 말도 소리도 없는 심오함을 탐색하고 만들어내는 자기 자신을 수맥을 찾는 사람에 비유했다. 또한 기쁨에 겨워 남을 의식하지 않는 '모래밭에서 노는 아이' 같다고도 말했다.

데이비드 그레이는 자신의 노래가 '살아있는 생물'이라고 자주 언급했다. "작곡은 살아있는 생명체를 만드는 행위예요. 자기 생명을 지닌 새로운 생물을 탄생시키는 셈이죠. 마치 아기처럼 무언가를 요구하기 시작합니다."

그레이는 음악이 타고난 음색, 멜로디, 강세와 어조에 대한 조율에 크게 좌우된다고 강조하며 실제 의사소통에서 이런 요소들이 절반 이상을 차지한다고 말했다. 그레이가 하는 말을 들으면서 나는 문득 깨달음을 얻었다. 음악의 '무의미함'은 골치 아픈 수수께끼가 아니라 마법 같은 힘의 원천이다. 음악은 '구체적인 대상에 속하지 않으므로' 우리는 '행간에서' 일어나는 일에 주의를 기울일 수밖에 없다. 또한 '우리가 끊임없이 엮여들면서도 어렴풋하게만 알아차리는 감각적인 마법'을 감지할 수 있다. 언어 이전의 감수성은 우리가 세상을 경험하며 살아가기 시작하는 근원적인 출발점이다.

나는 그레이가 음표는 물론 언어도 대단히 분명하게 표현하는 재능의 소유자라는 사실에 놀랐다. 여러 예술가가 그렇듯이 그 역시 다양한 분야에 창의력을 드러냈다. "학창 시절 취미는 시와 그림이었습니다. 하지만 기타 코드를 몇 개 배우자마자 곡을 쓰고 싶어졌어요."[17] 그는 예술 대학에 진학해서 밴드를 시작했다. 그레이가 느끼는 음악의 강점은 다른 사람들과 복잡하게 이어진 연결고리였다. "그림을 그리는 작업은 좀 더 고독한 경험입니다. 음악은 다른 사람들을 저의 세계로 초대하죠." 그는 공연에 필요한 자발성과 기회, 위험을 사랑하지만 무엇보다도 공연을 보러 오는 관객을 사랑한다. 특히 그의 팬들은 환호하고 손뼉치고 춤추고 모든 음악을 이미 알고 있다. 감정에 사로잡힐 때 모두가 그렇듯이 마음이 움직이고 또 다른 마음을 움직인다. 음악 그 자체가 움직임이다. 가수의 성대, 기타리스트의 손가락, 트럼펫 연주자의 입술, 악기와 관객 사이에서 진동하는 공기, 듣는 사람의 고막, 조화롭게 진동하는 달팽이관, 리듬이 상호작용하면서 살아있는 뇌로 전달되는 음악 코드의 맥동, 춤추는 팔다리에서 움직임이 나타난다. 음악의 움직임은 감정의 형태를 포착한다.

음악은 겉보기엔 맥락 없는 소리의 흐름 같지만, 그 속에는 놀라울 만큼 풍부한 의미가 깃들어 있다. 하지만 그 아름다움을 전혀 잃지 않고도 신비로움을 해소할 수 있다. 음악은 말로 표현할 수 없지만 인간의 가장 두드러진 감정 영역을 다룬다. 음악은 인간의 목소리와 몸의 움직임에서 유래했다. 앞으로 살펴보겠지만 음악은 인류 진화의 핵심에 있는 의사소통, 협력, 그리고 기술을 모방하고, 익히려는 경향을 구현한다. 이런 관점에서 볼 때 음악은 그리 신비롭지 않고 일상생활에서 그리 멀지 않다. 음악은 인간의 본질을 드러내면서, 그중에서도 가장 빛나는 부분을 온전히 담아낸다. 태양계를 떠난 첫 번째 우주선에 엄선한 음악을 실어 보낸 것은 정말 적절한 선택이었다.

미메시스와 두 번째 쾌락

예술은 정의하기 어렵기로 악명이 높고[18], 무척이나 다양하다. 작가는 언어를 사용해 다른 존재의 가능성을 제시한다. 화가는 그림 기법을 활용해서 절박한 순간이나 눈에 보이지 않는 경험을 포착한다. 작곡가는 유기적인 소리를 이용해서 감정의 형태를 담아낸다. 선구적인 예술 인류학자 엘렌 디사나야케는 예술은 '특별하게 만드는 것' 즉 우리에게 소중한 것을 강화하고 고양하고 보존하는 행위로 규정한다.[19] 예술은 찬양하는 성격을 띨 때가 많지만 시간이라는 가혹한 시험을 견디는 위대한 예술 작품은 심오한 경험을 이끌어낸다. 그리고 무엇인가를 기념한다. 아리스토텔레스가 말하는 '미메시스'라는 개념이 그것이다.

미메시스mimesis❶는 인간 본성을 포함한 모든 본성의 모방을 의미한다. 미메시스는 심상, 상상과 같이 짝짓기, 결합, 모방이라는 뜻을 지닌 '에임'에서 유래했다. 아리스토텔레스는 인간이 지극히 '모방하는 존재'라고 믿었다. 인간에게는 자기 자신과 타인, 세계를 경험한 바를 표현하고, 그런 표현을 서로 공유하려는 강한 욕구가 있다.[20] 이는 예술을 창작하려는 근본적인 동기를 제공하는 긴밀하고 가까운 의사소통 욕구다. 아리스토텔레스라면 현대 과학이 미메시스라는 고대 개념을 어떻게 채워나가고 있는지 알고 싶어 했을 것이다.

경험이란 '살아있는 생물'의 활동이다. 뇌와 몸이 막대한 에너지를 들여 만들어내는 과정이며, 우리의 욕구와 소망이 반영된 채 주변 환경과 사회 세계를 탐색한 결과다. 경험을 불러일으키고 싶은 예술가라면 사람들이 감정을 느낄 때 내면에서 작동하는 과정을 포획하는 방법을 찾아야 한다. 소설을 읽고 영화를 보고 미술관을 방문하고 노래를 들을 때처럼 오프라인에서 현실 세계 경험을 시뮬레이션하도록 자극해야 한다. 예술가는 우리가 세상이라는 바다를 항해할 때 사용하는 정신 및 신경 모델을 능숙하게 조작하는 사람이다. 예술가의 창작물이 생명체를 자극하는 데 능숙하다는 사실은 우리가 데이비드 그레이처럼 창작물을 살아있는 생물로 간주하는 경향을 보이는 이유를 잘 설명한다.

'경험'은 사진 촬영처럼 사건을 있는 그대로 재현하는 것이 아니다. 살아 있는 인간 유기체가 세계를 탐구하고 이해해가는 과정을 포함한다. 우리는 끊임없이 변화하고 긴장하는 생명체로서 과거의 사건과 미래의 가능성이 겹쳐져 울리는 '두터운 현재' 속에 살아간다. 그 속

◐ 모방 혹은 재현이라는 뜻으로 아리스토텔레스가 생각한 예술 창작의 기본 원리.

에서 끊임없이 날갯짓을 이어간다. 예술이 이러한 과정을 재현하고 다시 경험하게 만드는 것이라면 과연 어떻게 이를 실현할 수 있을까? 예술마다 고유한 기법이 있지만, 여기에서는 널리 사용되는 몇 가지 대표적인 방식을 소개한다.

예술은 우리가 감각에 집중하고 속도를 늦추어 경험을 소홀히 하지 않고 음미하도록 이끈다. 예술은 우리가 '의미를 파악'할 때처럼 중요한 세부 사항을 선택해 흥미와 감정을 끌어들인다. 하지만 동시에 실제 경험과 공통 특징인 모호함과 불완전성, 모순을 활용해 상상력을 끌어들인다. 비유('핵심을 찌르는 탈선[21])를 이용해 다른 연관된 삶의 순간들과 연결된 감각을 만들어낸다.

그러나 예술은 단순히 경험을 재현하는 데 그치지 않고 그 이상의 무언가를 담아낸다. 우리는 예술이 어떤 순간이나 인물에 생명을 불어넣는 것을 볼 때 감탄하며 환호한다. 그것은 단지 현실을 재현하는 데서 오는 감동이 아니다. 예술은 또 다른 층위의 감각을 제공한다. 바로 아리스토텔레스가 주목했던 '두 번째 즐거움'이다.

아리스토텔레스는 《시학》에서 인간이 모방(미메시스)을 통해 학습하고 이해할 때 고유한 쾌감을 느낀다고 말했다. 예술 작품을 통해 어떤 사물이나 사건의 본질을 깨닫게 될 때, 단순한 감상이 아니라 이해에서 오는 즐거움이 따른다. 우리가 예술 속 장면이나 인물, 갈등을 바라보며 단지 감정적으로 반응하는 것을 넘어서 그 안에 담긴 의미나 구조를 이해하고 해석하는 순간, 예술은 더 깊은 차원의 만족을 선사한다.

우리가 아무리 예술 작품에 깊이 몰두하더라도, 감상자와 작품

사이에는 일정한 거리가 존재한다. 바로 그 거리가 예술을 형식으로서 즐길 수 있는 여지를 만들어준다. 우리는 예술의 내용 자체에 집중할 수도 있지만, 때로는 그 내용을 담는 '그릇', 즉 형식이나 표현 방식에 주목하게 된다. 메시지에서 매체로, 의미에서 전달 방식으로 초점을 옮기며 예술을 다층적으로 감상하게 되는 것이다. 18세기 철학자 에드먼드 버크는 이를 다음과 같이 우아하게 설명했다. "상상 속에서는 자연물의 속성에서 비롯되는 고통이나 즐거움 외에도 모방이 원본과 유사하다는 데서 비롯되는 쾌락이 있다."[22]

예술은 경험을 불러일으킬 뿐 아니라 창작 행위와 수단 자체를 즐기도록 북돋운다. 이런 의미에서 미메시스는 '살아있음'의 의미를 표현하고 음미하는 인간 고유의 능력을 찬미한다.

예술은 우리가 가고 싶어도 갈 수 없는 곳으로 데려가, 새로운 경험과 상상력을 선사한다. 쏜살같이 흘러가 감질나는 순간을 포착해 그 본질을 강조하고 생생하게 보여준다. 속도를 늦춰 자기 자신, 자신의 감각, 몸을 돌이켜보면서 주의를 기울이게 한다. 또한 경험을 공유하는 인간다운 능력을 떠올리게 하고 이를 가능하게 하는 상징에 생명을 불어넣는다.

과학, 설명의 힘

8월의 어느 날 오후, 나는 무거운 배낭과 흐릿한 기억 탓에 길을 잘못 들어 케임브리지대학교 트리니티 칼리지에 늦게 도착했다. 네빌스 코트는 트리니티 칼리지에 있는 건축물이다. 잘 관리된 잔디밭 양쪽으로 17세기에 지은 우아한 3층짜리 건물들이 서 있다. 아치형 돌기둥 위에 자리한 2층에는 높은 창문이 난 방들이 늘어서 있다. 길게 뻗은 잔디밭 끝에는 크리스토퍼 렌이 설계한 아름다운 도서관이 보인다. 첫인상은 고색창연한 유리창 너머로 들어오는 햇살이었다. 나는 목적지인 남쪽 돌기둥 위쪽 방으로 나아갔다. 햇살이 너무 잘 들어서 마치 방이 여름 공기에 떠 있는 듯했다.

영국왕립학회 전 회장이자 왕실천문관인 마틴 리스 교수는 호리호리하고 겸손한 사람이지만 나를 반기는 그 눈빛은 아주 날카로웠다. 우주에 심취한 그는 생각하고 움직이는 속도 모두 무척이나 빨라서 이 빛나는 방이 그에게 너무도 자연스럽고 잘 어울리는 공간처럼 느껴졌다. 리스는 지금까지 가장 중요하고 흥미로운 과학 시대로 여겨질 시기를 살아오면서 과학계에서 크게 기여했다. 그가 연구 경력을 쌓기 시작할 무렵 우주 역사는 거의 알려지지 않았다. 50년이 지난 지금, 우주론 과학은 완전히 바뀌었다. 머나먼 은하에서 나오는 빛의 '적색 편이'는 거대 폭발의 여파에 따라서 은하가 우리에게서 멀어지는 속도가 그 거리와 함께 증가한다는 사실을 보여준다. 우주 전체는 잔광과 일치하는 온도의 '배경 복사'에 둘러싸여 있다. 현재는 우주의 기원에서 특이점이 발생해 '빅뱅'을 일으켰다는 가설이 받아들여지고 있다. 물리학에서 허용하는 가장 짧은 시간 단위인 플랑크 시간Planck time은 약 10^{-43}초, 즉 0.000000000000000000000000000000000000000001초이다. 이 시점에서 우주는 원자 하나가 차지하는 공간보다도 더 작은 크기였다. 약 10^{-36}초가 되자, 우주는 인플레이션이라 불리는 급격한 팽창을 겪으며 원자핵보다 작은 크기에서 눈에 보일 만큼 큰 규모로 부풀어 올랐다. 리스는 이처럼 존재의 탄생 순간에 대해 의미 있는 이론을 세울 수 있게 되었음을 강조하면서도, 빅뱅이 일어난 지 1천 분의 1초가 지나서야 비로소 "신중한 경험주의자는… 마음이 놓인다'고 조심스럽게 덧붙였다."[23]

우주론은 우주의 기원을 연구하는 학문이다. 우주론은 거대한 시간 척도(우주의 나이는 약 140억 년으로 추정한다)와 광활한 거리(현재 알려진 범위는 약 930억 광년이다)를 아우른다. 하지만 이 어마어마한 대상을 다루는 과학은 지극히 미세한 대상을 다루는 과학과 자연스럽게 이어진다. 빅뱅 직후 아주 초기 우주에서 발생한 막대한 에너지 속에서 비로소 물질과 물질을 지배하는 힘이 가장 단순하고 기본적인 형태로 나타났다. 이 시점에서 우주론과 입자 물리학이 융합한다.

스위스에 있는 유럽입자물리연구소CERN가 보유한 대형 강입자 충돌기를 비롯한 입자 가속기는 입자를 기본 형태로 분할해 초기 우주의 상태를 재현하고자 한다. 현재 기본 입자의 '표준 모델'은 17개의 입자로 구성되어 있다. 원자핵 안에서 결합해 양성자와 중성자를 형성할 수 있는 쿼크quark가 6종, 원자핵 주변을 도는 전자를 포함한 '렙톤lepton'이 6종, 최근에 발견된 대망의 힉스 입자를 포함해 힘을 운반하고 질량을 결정하는 '보손boson'이 5종 혹은 6종이 있다. 과학의 모든 가설은 잠정적이지만, 이 모델은 성공적이었는데도 특히 위태로운 양상을 띤다. 이 모든 것을 설명하는 초끈 이론String Theory은 모든 기본 입자와 이를 지배하는 힘을 원자핵보다 10^{20}배 작은 끈의 진동으로 통합해서 설명한다.

끈은 10차원에 존재하며, 그중 6차원은 압축compactification되어 우리가 사는 4차원 시공간 안에 숨어 있다. 초끈 이론은 전망이 밝지만 리스는 현시점에서 이 이론이 '수학자가 풀어내기에 너무 어려운' 문제를 제기한다고 설명한다. 실제로 리스는 "어느 세기의 인간이든 초끈 이론을 본래의 목표대로 포괄적인 최종 이론으로 발전시킬 수 있다면 주목할 만한 일"이라고 말한다.

리스는 우주론 이론을 세우는 일을 엔지니어가 엄격한 규격에 맞춰 기계를 제작하는 일이나, 작곡가가 론도처럼 제한된 형식에 따라 음악을 만드는 일에 비유했다. 그러면서 자신은 특별히 상상력이 풍부한 사람은 아니라고 덧붙였다. 리스가 생각하는 사고의 제약은 전 세계 망원경에서 수집하는 데이터에서 비롯된다. 리스는 부정했지만 우리가 케임브리지에서 이야기를 나누는 동안 존재의 기원을 그려내는 것 이상으로 상상력이 풍부한 활동이 무엇인지 상상하기란 어려웠다.

헤어지기 전에 우리 대화의 주제는 우주론에서 인공 지능의 미래로 이어졌다. 리스는 진화가 어떤 형태로든 포스트휴먼 시대로 나아가게 될 것이라는 생각에 푹 빠져 있었다. 인간 지능보다 훨씬 더 빠르고 방대한 연산 능력을 지닌 인공 지능의 탄생은 포스트휴먼 시대로 가는 경로 중 하나가 될 것이다. 여기서 인공 지능은 독자적인 궤도를 따라 진화할 뿐 우리 인간의 이익을 존중하리라는 보장은 없다. 이런 가능성을 염려한 리스는 최근 인공 지능에 대한 우려가 폭발적으로 증가하기 이전에 동료들과 함께 실존하는 위험을 연구하는 센터를 설립했다.

예술가의 기본 임무는 경험을 불러일으키며 사람들이 느끼고, 보도록 이끄는 일이다. 대단히 어렵지만 예술가는 사람들이 느끼는 세상의 존재감을 불러일으키려고 한다. 반면에 과학자의 기본 임무는 유사성, 즉 세상을 설명하는 모델을 만드는 데 있다.[24] 따라서 과학은 적어도 두 가지 측면에서 예술만큼은 개인적이지 않다. 예술 작품은 관객의 반응을 통해 가치를 인정받는다. 반면에 과학 이론은 사실의 제약을 받는다. 또한 과학 이론은 언제나 잠정적이다. 새로운 사실이 밝혀지면 새로운 이론이 기존의 것을 대체한다. 어떤 과학자의 관점도 영원히 정설일 가능성은 낮다. 뉴턴의 중력 이론은 아인슈타인의 이론으로 대체됐다. 하지만 렘브란트의 자화상이나 셰익스피어의 희곡은 그렇게 될 일이 없다.

과학은 가능한 한 세상을 객관적으로 이해하는 '중립적인 관점'을 제공하고자 애쓴다. 반면에 예술은 우리 삶의 특수성을 불러일으킨다. 이 차이는 분명 크지만, 때때로 지나치게 강조되기도 한다. 모든 과학 이론은 과학자 개인의 상상력에서 비롯된다. 우리는 인간의 관점을 결코 완전히 뛰어넘을 수 없다. 예술과 과학 영역 모두에서 창의성은 동일한 깊은 근원에서 흘러나오고 동일한 광범위한 심리적 능력에 의존한다. 또한 놀라울 정도로 비슷한 만족감을 불러일으키고 인간의 마음속에 공통의 원천을 공유한다.

다음번에 현관문을 나설 때는 잠시 멈춰서 몸에 지니고 다니는 도구들을 떠올려 보자.[25] 시계는 인류 역사의 축소판이자 물시계, 모래시계, 해시계, 진자시계의 사촌이며 정교한 혁신이 수없이 이뤄낸 결과물이다. 신용카드는 몇 초 만에 나와 세계 경제를 이어주는 대단히 정교한 기술이다. 신용카드의 조상으로는 2,500년 전 리디아에서 크로이소스 왕이 주조한 최초의 금화, 약 1,000년 전 중국에서 뽕나무 껍질에 인쇄한 최초의 지폐, 그리고 스페인이 남아메리카에서 약

탈한 은으로 만든 세계 최초 글로벌 화폐인 스페인 달러를 들 수 있다. 스마트폰은 1870년대 알렉산더 그레이엄 벨이 만든 큼지막한 전화기의 통신 기능과 반세기 전만 해도 작은 창고를 가득 채웠을 마이크로컴퓨터의 처리 능력을 압축해 담고 있다. 말이 사고를 빚어내듯, 도구는 행동을 만든다. 그리고 도구가 사람을 만든다.

문명의 진보는 자르고 움직이고 모양을 빚고 고정하고 변형하고 지각 능력을 높이고 정보를 처리하는 기술의 기본 기능을 바탕으로 점점 더 정교하게 변화를 이어나간 과정으로 볼 수 있다.[26] 우리에게는 기술을 당연하게 여기는 나쁜 습관이 있다. 나 역시도 새로운 장치로 무엇을 할 수 있는지 살피는 데 급급해 그 장치를 만드는 과정에 합당한 관심을 기울이지 않을 때가 많다. 도구를 만든 발명가의 이름을 좀처럼 대지 못하면서도 항상 사용한다. 그러나 도구는 발견과 변화를 부르는 훌륭한 원동력이다.

스키드스, 창의력 공식

이 장에서 살펴본 방식대로 창의력을 발휘하려면 무엇이 필요할까? 나는 이를 설명하기 위해 기술Skill, 분리detachment, 자발성spontaneity을 합성한 스키드스SkiDS라는 기억 도구를 활용해 창의적 사고와 관련된 인간 능력의 지도를 펼쳐 보이고자 한다. 이번 장에서는 우선 개념만 간단히 소개하고, 이를 뒷받침하는 과학적 근거는 2부에서 본격적으로 살펴볼 것이다.

Ski: 기술(Skil)

시대를 초월해 가치를 인정받는 창작물은 거의 예외 없이 우수한 기술의 산물이다. 사람들은 이러한 작품을 높이 평가하고 찬탄한다. 그러나 아이러니하게도 우리는 종종 자신이 가진 기술을 의식하지 못한 채 지나치곤 한다. 기술은 단순한 숙련 이상의 의미를 지닌다. 기술은 인간에게 없어서는 안 될 능력이자, 매우 인간적이고 개인적이면서 동시에 문화적인 성취다. 우리의 커다란 뇌, 그리고 평생을 공동체 속에서 살아가는 존재라는 사실 역시 인간의 기술 형성과 발달에 깊이 영향을 미친다.

기술은 대단히 효율적이고 잘 학습된 행동 양식이다. 기술은 궁극적으로 뇌의 가소성에서 비롯된다. 이는 뉴런 사이에 새로운 고속도로를 만들어 신호가 더 빠르고 효율적으로 전달되도록 하는 능력이다. 이런 고속도로는 사상가의 창의적인 논리만큼이나 피아니스트의 춤추는 듯한 손가락에도 중요하다. 뇌의 가소성은 신경 세포끼리 이어지는 미세한 접점인 시냅스의 가소성에 의존한다.

하지만 생물학적인 학습 능력만으로는 기술의 절반밖에 설명하지 못한다. 나머지 절반을 이해하려면, 뇌 속 시냅스의 미세한 변화부터 인간관계와 사회 구조의 규모까지 시선을 확장해야 한다. 바로 그 지점에서, 인간 공동체만이 지닌 고유한 능력인 '가르침'이 중요한 역할을 한다. 이 '가르침'의 토대는 매우 복잡하다.

캐나다 심리학자 멀린 도널드가 만든 용어를 빌리자면 우리에게는 마음 공유Shared mind라는 특별한 능력이 있다.[27] 우리는 주변 사람들의 생각과 신념, 욕구, 의도를 헤아리는 데 능숙하고 '그 의미를 파악'하는 데 뛰어나다. 마음 이론theory of mind이라 불리는 이 능력은, 생물학적 특성과 문화적 요소가 결합된 대표적인 도구인 언어를 만들어냈으며 동시에 언어로부터 큰 도움을 받는다. 이 능력은 인간의 살과 피, 성대, 그리고 뇌에 이르기까지 언어 체계 전반에 걸친 생물학적 진화에 깊이 뿌리를 두고 있다. 그러나 동시에 각각의 언어는 오랜 공동체의 역사 속에서 빚어진 문화적 산물이기도 하다.

다른 사람이 가르쳐준 지식을 이해하더라도 그것을 활용할 시간이 충분하지 않다면 무용지물이다. 그러나 인간은 오랜 유년기와 긴 청소년기를 갖도록 진화하면서 학습할 수 있는 시간과 기회를 대폭 늘렸다. 이는 인간 삶의 구조 자체가 학습에 유리하도록 진화했음을 보여준다.[28] 결국 우리 인간은 '전문화'라는 길을 선택했다. 인간 기술 전체를 모두 익힐 수는 없기에 각자는 그 일부만을 습득하고 특정 분야를 선택해 깊이 파고든다.

D: 분리(detachment)

청소년 시절 문득 내가 혼자라고 깨달았던 순간을 떠올려보자. 아동기에 위안을 느꼈던 확실함과 무조건적으로 부모님을 믿던 신뢰가 무너지는 순간이 누구에게나 찾아온다. 그 순간의 소외감은 깊고 강렬하다. 어쩌면 스스로를 독립적인 객체로 인식할 수 있는 존재는 인간뿐일지도 모른다. 우리는 '언젠가 반드시 죽는다'는 사실을 알고 있다. 과거는 되돌릴 수 없고, 미래는 알 수 없다. 세상은 아름답고, 우리가 사라진 뒤에도 여전히 아름다울 것이다. 어쩌면 이런 통찰력은, 지금 이 순간에 매혹된 대가로 우리가 '낙원'에서 추방당한 흔적일지도 모른다. 인류학자 로빈 던바는 이렇게 썼다. "우리 인간이 다른 동물과 다른 점은 마음속의 삶, 즉 상상력이다."[29]

아담은 낙원에서 추방당하기 전부터 신에게 "모든 가축과⋯ 하늘을 나는 새와⋯ 들판의 모든 짐승"[30]에 이름을 붙여주라는 명령을 받았다. 아담이 처음으로 세상의 존재를 언어로 표현했다면 그 후손들은 구석기시대의 동굴 벽화에서 표음 문자, 그리고 오늘날의 컴퓨터 코드에 이르기까지 끊임없이 발전한 상징 기술을 이용해 같은 일을 계속해왔다. 우리는 세계를 관찰하는 데 뛰어나고 자기 자신과 주변 세상을 자유롭게 묘사할 수 있다.

우리는 무언가를 발견하고, 그것을 떠올리며 설명하고, 변형하는 과정 속에서 생각을 나눈다. 온갖 이름과 단어, 상징은 대상을 일정 거리에서 다루기 위한 도구다. 이 도구들은 인간을 자연과 분리시키는 동시에, 또 다른 방식으로 자연과 우리를 다시 이어준다. 이제 우리는 너무 멀리 와버린 곳에서 세상을 능숙하게 표현할 수 있게 되었다. 그렇다면 어떻게 우리는 고통스럽지만 유용한 분리, 소외되었지만 인간 특유의 자기 주도성을 손에 넣게 된 것일까?

관건은 상호 의존적인 두 능력, 즉 세상을 표현하는 상징을 정확히 다루는 능력과 자신의 생각과 행동을 통제하는 능력에서 비롯된다. 이런 통제 능력을 심리학 용어로 집행 기능executive function이라고 한다. 집행 기능은 문제 해결, 계획 수립, 행동의 시작과 순서 조정, 필요할 때 행동 억제, 결과 감시와 그에 따른 방침 수정까지 포괄하는 능력이다. 집행 기능은 인간에게 특히 발달한 전두엽frontal lobe이 주로 관여하는데, 이 전두엽은 사회적 행동을 적절히 조절하는 역할도 한다. 다시 말해, 자기 통제의 핵심 목적은 인간 공동체 안에서 평판이 좋은 구성원으로 살아가는 데 있다.

인간은 스스로를 자각하면서 소외감을 느끼지만, 동시에 그 생각과 감정을 다른 이와 나누며 연결되고 하나가 된다. 우리는 본능적이고 자연스러운 질서에서 벗어날 때 고통을 느낀다. 그러나 바로 그 소외감이야말로 무언가를 떠올리고, 설명하고, 변형하려는 동력이 된다. 그렇게 창조의 과정에 깊이 몰입할 때 느끼는 기쁨은 그 어떤 것과도 비교할 수 없을 만큼 크다.

S: 자발성(spontaneity)

기술은 상상을 현실화하는 도구를 제공하고 분리는 창조에 필요한 거리감과 동기를 제공한다. 하지만 창조 과정에는 좀 더 우연한 요소, 즉 창조의 와일드카드가 필요하다. 아르키메데스는 욕조에서 벌떡 일어나면서 "유레카!"라고 외쳤다. 이는 단순히 "찾았다!"라는 뜻이다. 창의성은 마음속 어스름한 영역에서 벌어지는 찰나의 순간에 의존한다. 운이 좋아서 마음이 적절하게 준비와 주의를 갖춘 상태라면 오랫동안 찾아 헤맨 수학 해법, 시, 노래, 이야기, 이론을 검증할 중대한 아이디어가 찾아온다. 타이밍이나 상황이 맞지 않다면 아무리 재촉하더라도 무의식에서 이런 선물을 이끌어낼 수 없다.

이런 의미에서 볼 때 창의성의 수준은 사람마다 다양하다. 대부분은 문제의 해답이 그냥 찾아오는 경험을 한 번쯤은 해 봤을 것이다. 보통 이런 순간은 고민하던 문제에서 잠시 눈을 돌리고 목욕이나 맥주, 조깅, 숙면으로 주의를 환기했을 때 찾아온다. 《프랑켄슈타인》의

저자 메리 셸리의 경험담은 이를 잘 보여주는 사례다.[31]

1816년 열여덟 살이었던 메리 셸리는 시인 퍼시 셸리와 야반도주해 레만호 근처에 정착했다. 1815년 탐보라 화산이 인류 역사상 최대 폭발을 일으킨 여파로 '여름 없는 해'가 찾아온 탓에 날씨는 음울했다. 메리와 퍼시는 이웃이었던 시인 조지 고든 바이런과 함께 주로 저녁 시간을 보냈다. 그들은 서로 괴담을 들려주고 지어내기도 하면서 즐거운 시간을 보냈다. 두 남자보다 이 일을 진지하게 여겼던 메리는 좀처럼 이야기를 지어내지 못했다. "애타게 기도해도 아무런 응답이 없을 때 나는 조금도 창작할 수 없는 나의 무능력에 좌절했다. 작가에게는 가장 비참한 순간이다. '이야기를 생각해 냈어요?' 나는 매일 아침 이 질문을 받았고 매일 아침 원통하게도 "아니요"라고 대답을 해야 했다."[32] 그러던 어느 날 저녁 메리는 퍼시와 바이런이 '생명 원리를 발견할 가능성'을 논하는 대화를 듣다가 자정이 지나서 잠자리에 들었다. "머리를 베개에 뉘었지만 잠을 이루지 못했고 생각도 할 수 없었다. 내 상상력은 제 멋대로 나를 사로잡고 이끌면서 마음속에 떠오르는 영상을 평소에 하는 몽상의 한계를 훌쩍 뛰어넘는 생생함으로 보여줬다." 그렇게 해서 기묘하고 멋진 프랑켄슈타인 이야기가 시작됐다.

대부분의 창작물은 바다 거품 위에서 완전한 모습으로 떠오른 비너스처럼 갑작스럽고 완벽한 형태로 나타나지 않는다. 신화 속 비너스조차 거품에서 태어나 바다를 지나며 모습을 드러냈듯, 창작 또한 처음에는 흐릿하고 불완전한 상태로 시작된다. 그것은 시간을 들여 다듬고 구성해야만 비로소 제 모습을 갖춘다. 미숙한 작품을 완성하려면 또 다른 자발성, 즉 장난기가 필요하다. 필립 풀먼은 "놀이가 가장 중요한 일입니다"라고 말했다. 당장 필요하지 않은 활동을 즐겁게 하는 놀이는 동물, 특히 어린 동물에게서 널리 볼 수 있다. 이들은 놀이로 삶에 필요한 기술을 갈고닦는다. 어린이들은 동물과 무척 비슷한 방식으로 신나게 놀지만 두 돌이 지나고 나면 동물과 다른 방식으로 놀기 시작한다.

'흉내 내기'를 하면서 '다른 사람인 것처럼 상상하기'를 즐기고, 요리나 육아처럼 몸짓이나 상징으로 상상 가능성을 탐색한다. 인간은 놀이 성향을 정도의 차이는 있지만 평생에 걸쳐 유지한다. 작가, 화가, 음악가, 과학자, 발명가 등 많은 사람이 장난기 어린 상상력으로 생계를 이어가며, 서로 그런 장난기를 나눌 기회를 즐긴다.

학습과 교육, 상징 사용과 인지 통제, 통찰력과 장난기가 함께 작용할 때 인간은 창의력을 발휘한다.[33] 때로는 다른 이의 창의력에 주눅이 들 때도 있다. 하지만 지구상에 놀라울 정도로 다양한 생명체를 탄생시킨 '위대한 자연'의 지혜에 비하면, 인간이 가진 창의력은 그 일부에 지나지 않는다. 콜리지가 지적했듯, 우리가 지난 세기 동안 과학을 통해 알게 된 사실들을 떠올려 보면 우리 각자는 그 '영원한 행위'에 나름의 몫을 조금씩 보태고 있다. 그리고 이 몫이야말로, 우리 각자의 뇌를 새로운 창조 행위에 적합한 터전으로 만들어주는 기반이 된다.

2부

상상력은 어떻게 의식과 현실을 지배하는가

"영혼은

　　심상 없이

　　　　　　　생각하지 않는다."

　아리스토텔레스,
　　《영혼에 관하여》

3장.
현실은 제한된 환각이다

심상, 존재하지 않으면서도 존재하는 것

심상. 감각 자극이 실제로 존재하지 않아도 마치 그것을 지각하는 것처럼 마음속에 떠올리는 정신적 표상.

19세기 말 빅토리아 시대의 과학자 프랜시스 골턴은 시각 심상 visual imagery을 체계적으로 측정한 최초의 인물이다.[1,2] 평생 측정에 집착하다시피 한 그는 그 열정이 중독에 가까울 정도였다. 강의 중 청중이 얼마나 지루해하는지를 추정하기 위해 몸을 꼼지락거리는 빈도를 측정하는 방법까지 고안하려 했고, 영국 전역 여성들의 외모를 평가한 '미모 지도'를 제작하기도 했다.

보다 진지한 업적으로는 고기압 발견에 도움을 주어 기상학 발전에 기여했으며, 지문 분류의 초기 체계를 개발하기도 했다. 하지만 그의 명성은 이후 우생학eugenics에 몰두하면서 빛이 바랬다. 우생학이라는 말 자체가 그가 만든 용어로 '선택적 교배를 통해 인류를 향상시킨다'는 개념이다. 이처럼 골턴은 흥미와 집착의 경계에서 다양한 주제에 열정을 쏟았지만 때로는 방향을 잘못 잡기도 했다. 그럼에도 그는 심리학의 선구자로 시적 감수성, 탐구심, 통계적 기법 등 심리학 연구에 필요한 여러 재능을 타고난 인물이었다.[3]

심리학psychology은 마음을 다루는 학문으로서 인간이 주관적으로 경험하는 삶의 질감과 색채, 그리고 과학이 요구하는 객관적 측정 사이에서 절묘하면서도 다소 불편한 균형을 추구하는 학문이다. 가장 이상적인 상태라면 심리학은 측정과 측정 대상, 과학과 마음, 이 양쪽 모두를 정밀하게 조명하며 다룰 수 있다. 심리학의 진정한 매력은 이 두 요소가 서로를 비추는 방식에 있다. 즉, 우리의 경험이 의미 있는 측정을 낳고 그 측정이 다시 경험을 해석하는 이론으로 이어지는 순환 구조 속에서 심리학은 고유한 지적 매력을 발휘한다.

심상에 대한 연구는 심리학이 지닌 고유한 긴장을 잘 보여준다. 이 분야에서는 객관적으로 측정하려는 시도와 주관적인 경험이 끊임없이 부딪치고 얽힌다. 그래서 우리는 필연적으로 질문을 던지게 된다. "과학적으로 연구할 수 있는 심상과, 실제 우리가 마음속에서 경험하는 심상 사이에는 어떤 차이가 있을까?" 그 주관적인 실체란 결국 우리 마음속에서 자발적으로 혹은 무의식적으로 떠오르는 감각과 감정의 경험을 뜻한다.

시각 심상이란 지금 눈앞에 없는 사물의 모습을 머릿속으로 떠올리는 것이다. 이와 마찬가지로 청각 심상auditory imagery은 마음속에서 소리를 떠올리게 하고, 촉각 심상tactile imagery은 감각을 불러일으키며, 운동감각 심상motor imagery은 몸이 움직일 때의 느낌을 재현한다. 우리는 심지어 마음의 코로 냄새를 떠올릴 수도 있다. 이러한 능력은 실제 감각 기관처럼 개인차가 매우 크지만, 많은 사람들이 상상 속에서 장미 향기나 농장의 냄새를 맡을 수 있다고 말한다. 전문 조향사가 그런 능력을 활용한다는 강력한 증거가 있다.

따라서 우리가 느끼는 모든 감각마다 그에 대응하는 심상이 있다. 감각뿐만 아니라 사람들 대부분이 적어도 어느 정도는 슬픈 기색이나 갑작스러운 놀라움을 상상하는 등 실재하지 않는 정서를 불러일으킬 수 있다. 그런데 이렇게 다양한 심상을 개별적으로 나누는 것은 인위적인 분류다. 심상은 경험 그 자체와 마찬가지로 복합적이다. 오랫동안 떨어져 있었던 사랑하는 사람을 껴안는 상상을 해 보자. 시각, 촉각, 후각, 움직임, 청각이 모두 함께 작용하면서 가상의 기쁨이 몰려온다.

골턴의 연구는 심상 연구에서 의도적으로 떠올리는 심상과 저절로 떠오르는 심상 사이의 중요한 차이를 보여준다. 사과의 모양, 벨벳의 촉감, 천둥의 소리를 떠올려보라는 말은 '자발적' 심상을 만들어내라는 뜻이다. 일부러 노력하지 않으면 그런 심상은 떠오르지 않는다. 이 일에는 의식적인 결심과 어떠한 내적 행위가 필요하다. 하지만 비자발적인 심상도 여럿 존재한다. 잠이 들 때 많은 사람이 입면 심상 hypnagogic image❶을 경험한다. 분주했던 낮 시간에서 벗어나는 그 달콤한 순간이 시각화를 크게 촉진한다. 그 결과로 나타나는 심상은 순식간에 사라지는 터널, 나선, 격자, 거미줄 등 기하학적 형태를 띨 수

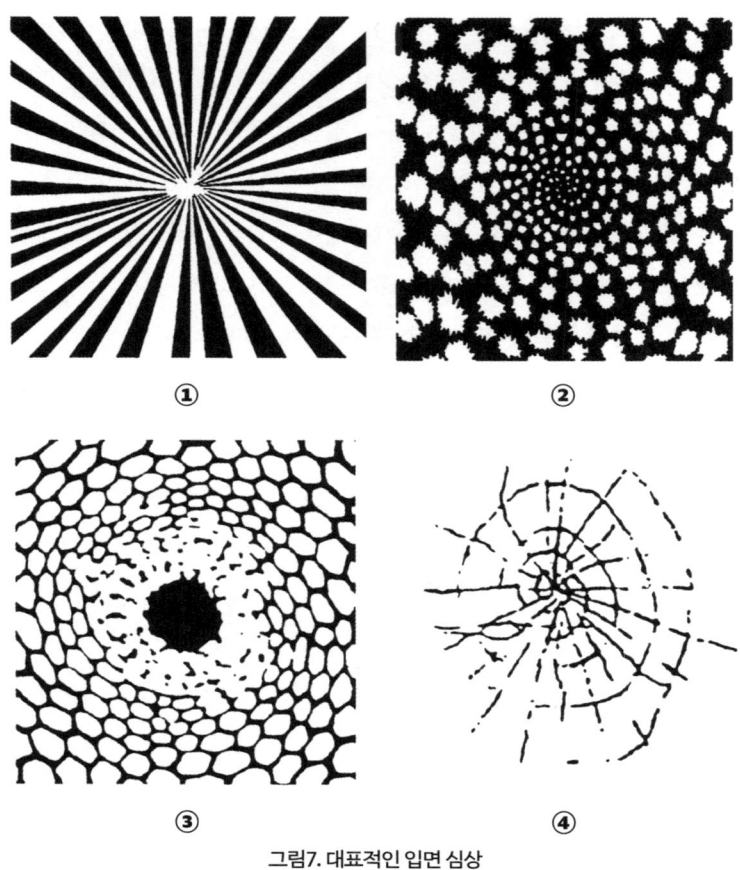

그림7. 대표적인 입면 심상

있다. 이런 심상이 시각 뇌 근저의 작동 원리를 보여준다는 증거가 있다.[4] (그림 7) 예컨대 여러 얼굴이 연달아 자유롭게 형태를 바꿔나가는 모습을 보게 될 수도 있다. 이렇게 활발하게 작동하는 상태에서 때때로 생각이 곧장 심상으로 나타나기도 한다. 내 경우에는 영문을 모르겠지만 잠이 들 때면 왕성하게 활동하는 심리학자 스티븐 핑커를 떠올린다. 그런데 그 순간 그는 포뮬러 원 경주용 자동차로 변신해 맹렬한 속도로 달려 나가곤 한다. 아판타시아 상태라서 낮에는 의도한 대로 시각화할 수 없는 사람도 입면 심상은 경험할 수 있다. 우리 연구 참가자는 이런 현상을 '꿈의 활기'에서 나오는 힘이라고 재치 있게 표현했다.

이밖에도 흥미로운 비자발적 심상이 있다. 별다른 이유 없이 익숙한 장소가 생생하게 머릿속에 떠오르기도 하고 의식의 가장자리를 맴돌기도 한다. 이런 심상이 보여주는 특이한 점은 익숙하되 감정적으로 중립적인 경우가 많다는 것이다. 그렇기 때문에 그런 심상이 갑작스레 떠오르는 이유를 한층 더 알기 어렵다. 이는 비자발적 심상과 유사해 보이지만 끔찍한 광경을 목격한 적이 있는 사람을 괴롭히는 침입적 심상과는 분명히 다르다. 침입적 심상Intrusive imagery은 원하지 않거나 통제할 수 없는 방식으로 마음속에 떠오르는 강렬하고 생생한 심상을 말한다. 대표적으로 외상 후 스트레스를 들 수 있는데 이 증상은 외상을 다시 체험하는 듯이 감당하기 힘들고 대단히 혐오스러운 감각을 동반한다. 골턴은 비자발적으로 떠오르는 심상에 대해서도 비교적 이른 시기에 기록으로 남겼다.[5] 그와 편지를 주고받은 두 사람의 사

◐ 입면 심상은 잠들기 직전 의식이 흐려지는 상태에서 무의식적으로 떠오르는 생생한 이미지나 감각적 환상을 말한다.

례는 이 심상의 전형적인 특징을 잘 보여준다.

첫 번째 사람은 요일마다 특정한 색감과 형태가 떠오른다고 묘사했다. "수요일을 생각하면 노란빛이 도는 에메랄드색이 타원형으로 균일하게 칠해진 모습이 떠오릅니다. 화요일은 흐린 하늘빛이 떠오르고, 목요일은 적갈색의 불규칙한 다각형, 금요일은 칙칙한 노란색 얼룩이 연상됩니다."

두 번째 사람은 모음마다 고유한 색채가 느껴진다고 했다. "저는 모음 하나하나에 특정 색이 강렬하게 연결되어 있어서, 다른 사람들이 각 모음에 다른 색을 보지 못하거나 색을 전혀 느끼지 못한다는 사실이 이해되지 않을 정도입니다."

이처럼 요일이나 소리 같은 특정 자극이 늘 색채와 같은 다른 감각적 경험으로 이어지는 현상을 공감각synaesthesia이라고 한다.[6,7] 공감각을 지닌 사람들은 돌아보면 언제나 동일한 방식으로 경험해왔다는 걸 알게 된다. 그러다 이런 감각의 연결이 보편적인 것이 아니라는 사실을 알고는 적잖이 놀라워한다.[8]

최근 나는 화가인 친구와 산책을 나갔다가 그가 기억을 주변 공간 속에 정확하게 배치하며 떠올릴 수 있다는 사실을 알게 되었다. 그는 과거의 사건들을 공간 속에 시각적으로 위치시키며 회상할 수 있었는데, 정작 그런 방식을 전혀 특별하다고 여기지 않았다. 이와 같은 특성은 오늘날 시퀀스-스페이스 공감각sequence-space synaesthesia이라고 불리며, 숫자나 날짜 같은 항목들이 일정한 형태나 공간적 배열로 떠오르는 특징을 말한다. 골턴은 이미 오래전에 이와 유사한 '숫자 형태' 또는 '숫자 선' 현상을 관찰하고 기록으로 남겼다.(그림 8)

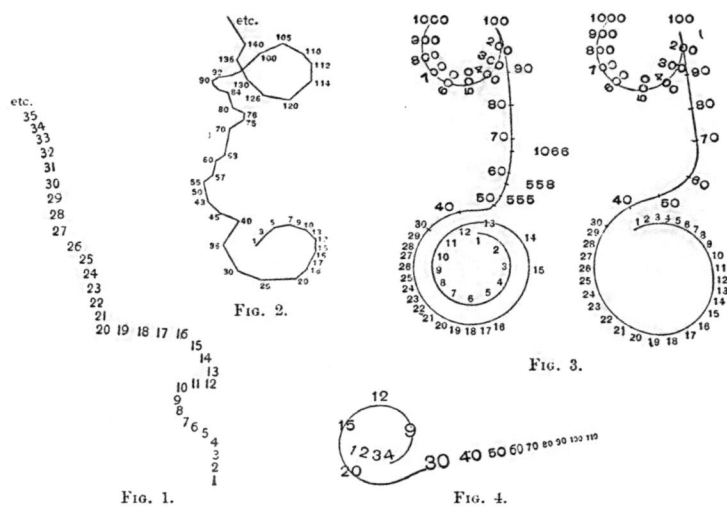

그림 8: 골턴의 동시대인이 대학생 4명에게 수집한 숫자 선

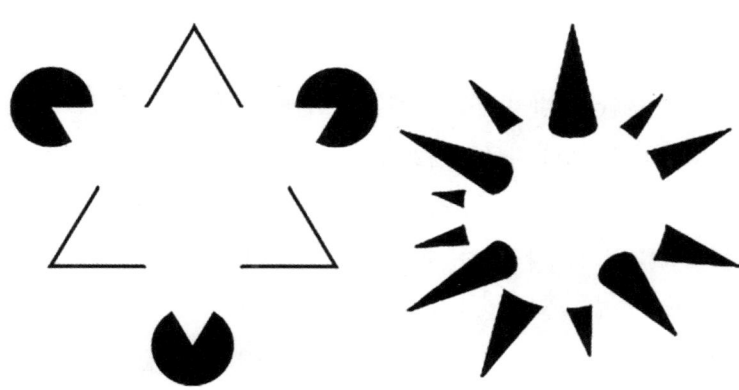

그림 9a + 9B

심상은 착각으로도 생겨날 수 있다. 카니자 삼각형(그림 9a) 표면에 보이는 역삼각형은 물리적으로는 존재하지 않는다. 또한 험악한 돌기가 돋은 흰 구체(그림 9b)도 실제로는 존재하지 않지만 우리 눈에는 있는 것처럼 보인다. 오스트레일리아 심리학자 조엘 피어슨은 이러한 경험을 환상 지각illusory perception의 한 형태로 설명하며, 이 개념은 심상 전반에 걸쳐 적용될 수 있다고 말한다.[9]

소설을 읽으면서 떠올리는 심상은 자발적 심상과 비자발적 심상의 중간 지점에 있다. 책을 읽을지 말지는 선택할 수 있지만 일단 책을 읽기 시작하면 대부분의 사람이 비자발적으로 심상에 빠져든다. 이는 백일몽도 마찬가지다. 마음이 방랑하도록 결정하고 그런 방랑을 슬쩍 재촉할 수는 있지만 어떤 방향으로 나아갈지, 어떤 심상을 떠올릴지는 온전히 선택할 수 없다. 대화할 때 떠오르는 심상도 비슷하다. 안타까운 사고를 생생하게 묘사할 때 공감하는 마음에 힘겨워 몸이 떨리는 경험을 해 본 사람이 있을 것이다.

우리는 어떤 대상을 기억할 때 의식적으로 심상을 활용할 수 있다. 어떤 그림을 보고 '그 외형을 기억'하도록 구체적으로 지시하는 심리학 과제에서 이런 방법을 사용한다. 또한 '그' 소파가 '이' 공간에 들어갈지 파악하거나 다른 집에서 본 색상이 우리 집 주방에 어울릴지 생각할 때 자발적으로 사용하는 전략이기도 하다. 심리학에서는 특정한 목적을 위해 시각 정보를 일시적으로 저장하고 조작하는 체계를 시각 작업 기억visual working memory이라고 부른다. 이 체계는 시각 심상과 많은 부분에서 비슷한데, 일부 연구자들은 두 체계가 뇌의 동일한 메커니즘에 의지한다고 보고 있다.[10,11]

지금까지 우리 대부분이 아주 익숙한 심상 한 종류는 언급하지 않았다. 간단한 예를 들어보자.

"우리 아이는 오랫동안 어린아이들을 가르친 유능하고 섬세한 교사가 지도하는 음악 교실에 다닌다. 에든버러 주요 역인 웨이벌리역에서 수업을 진행하기로 한 결정은 뜻밖이었지만 정말 감동적이었다. 기차 소리가 신나게 들리는 가운데 아이들이 노래하고 오가는 기차를 구경한다면 정말 신날 것 같았다. 하지만 막상 닥쳐보니 수업 규모가 평소보다 훨씬 컸고 아이와 부모들로 북적였다. 교사가 제대로 보이지 않을 지경이었다. 그러다가 교사가 아예 보이지 않았고 우리 아이도 보이지 않았다. 어찌 된 일인지 나는 역 개찰구 반대편으로 와 버렸다. 돌아가려면 표를 사야 했다. 매표소 줄은 평소보다도 길었다. 나는 당황하기 시작했다. 수업 장소로 돌아갔을 무렵에는 인파가 사라지고 역의 중앙 홀 가운데에서 아들과 교사가 즐겁게 수다를 떨고 있었다. 정말 다행이었다. 그때 나는 잠에서 깼다."

이러한 꿈 이야기는 우리가 매일 밤 몇 번씩 관람하는 특별한 연극의 특징을 잘 보여준다. 얼토당토않은 설정(웨이벌리역 한가운데에서 두 살짜리 십여 명을 모아놓고 음악 교실을 연다는 발상은 사실 감동적이지 않다)을 담담하게 받아들이고 이야기에 일관성이 없지만(아이가 어떻게 사라졌을까?) 관련된 정서가 강렬하고 생생하다. 꿈은 '우리에게 찾아오는' 것이지, 우리가 구성하는 것 같지는 않다. 다만 자각몽을 꿀 때는 어느 정도 자신이 극을 연출할 수 있다.

지금까지 비교적 익숙한 심상의 몇 가지 모습을 살펴보았다. 심상 과학은 개인의 과거 기억, 시각화, 잠들기 전의 입면 상태, 문득 떠오르는 생각, 외상 후에 나타나는 침입적 심상, 공감각, 착시, 실제와 허구의 묘사, 시각 작업 기억, 그리고 꿈에서 드러나는 심상까지 아우른다. 이 가운데 아직 다루지 않은 중요한 주제인 환각은 3부에서 따로 살펴볼 것이다.

심상은 인간의 정신에서 중심적인 위치를 차지하고 있다. 이는 심상이 우리의 인지와 행동에 중요한 역할을 할 가능성이 높다는 점을 시사한다. 이제 우리는 골턴과 그의 후계자들이 이처럼 매력적이면서도 복잡하고, 쉽게 포착하기 어려운 내면의 심상 경험을 어떻게 탐지하고 측정하려 했는지를 살펴볼 것이다.

심상을 측정하는 법

탐구심 강한 골턴은 심상에 관심을 기울이기 시작하면서 이를 측정할 과학적 도구가 필요하다는 것을 절감했다. 그래서 직접 심상을 측정할 도구를 고안했다. 그가 1880년에 완성한 '시각화 및 연관 기능에 관한 설문지'는 이후 150년에 걸친 심상 연구의 방향성을 상당 부분 예견했다.[12] 골턴은 현재 '심상의 생생함'이라고 칭하는 요소를 다루는 질문으로 시작한다. "어떤 명확한 대상을 떠올리고(오늘 아침에 앉았던 아침 식사 자리라고 가정하자) 마음속으로 눈앞에 떠오르는 장면을 주의 깊게 관찰하십시오."

골턴이 처음으로 시도한 설문은 친구 100명(모두 남성이며, 상당수가 과학자였다)을 대상으로 했다. 그는 마음속 심상이 장면의 밝기, 선명도, 색채 면에서 얼마나 자세한지를 물었다. 과학자라면 이런 시각화 기능에 대해 가장 정확하게 답할 수 있을 것이라 생각했기 때문에 응답을 기능 수준에 따라 '최고, 보통, 최저'로 나누어 분류했다. 그런데 놀랍게도 조사 대상 과학자들 가운데는 마음속 심상 자체를 거의 경험하지 못하는 이들이 적지 않았다. 마치 색맹이 색의 본질을 깨닫지 못하듯이 그들은 심상의 본질을 알지 못했던 것이다. 그러나 골턴이 일반인을 대상으로 조사 대상을 넓히자 전혀 다른 결과가 나타났다. "전혀 다른 기질이 우세하게 나타났다. 많은 남성, 그보다 더 많은 여성, 많은 소년소녀가 마음속에서 습관적으로 심상을 보고, 그런 심상이 온전하게 명확하고 풍부한 색채를 띤다고 주장했다." 또한 과학자 친구들 중에는 이 규칙에 주목할 만한 예외도 있었다. 골턴의 사촌이자 많은 이에게 존경받던 찰스 다윈은 아침 식사 자리 심상에 "마치 눈앞에 사진이 있는 듯이 선명한" 물체가 있다고 응답했다.[13,14]

골턴이 고안한 자기보고식 심상 측정법(사람들에게 자신의 경험을 직접 묻는 방식)은 이후 등장한 많은 심리학 설문지에 큰 영향을 주었다. 그 가운데 내가 특히 좋아하는 것은 데이비드 마크스가 만든 '시각 심상의 생생함' 설문지를 변형한 버전이다.[15] (그림 10)

이 설문지에 답하고 점수를 매겨 보자. 80점 만점에 최저점인 16점을 기록한 사람은 마음의 눈이 희미하거나 아예 없는 '아판타시아' 상태다. 75점 이상을 기록한 사람은 심상이 실제로 보는 것만큼 생생한 '하이퍼판타시아' 상태다. 참고로 나는 80점 만점에 평균에 가까운 59점을 기록해 중간 수준이다.

시각 심상의 생생함을 측정하는 설문지(VVIQ)

이 설문의 각 항목에 대해 시각 심상을 떠올리고 경험한 바를 주의 깊게 돌이켜 보기 바랍니다. 경험한 심상에 대해 아래의 5점 척도를 사용해 얼마나 생생한지를 평가해 주십시오. 시각 심상을 떠올리지 않았다면 생생함을 '1'로 평가합니다. 실제로 보는 것만큼 선명하고 생생하게 떠오르는 심상만 '5'로 평가합니다. 질문에 정답이나 오답은 없으며 심상을 경험하는 것, 혹은 더욱 생생한 심상을 경험하는 것이 반드시 바람직하지는 않다는 점에 유의하시기 바랍니다.

실제로 보는 것만큼 완전히 또렷하고 생생하다   5
또렷하고 적당히 생생하다   4
웬만큼 또렷하고 선명하다   3
어렴풋하고 흐릿하다   2
심상이 아예 떠오르지 않고 물체를 생각하고 있다는 사실을 '아는' 데 그친다   1

1번부터 4번까지는 자주 만나는(현재는 함께 있지 않은) 친척이나 친구를 떠올리면서 마음속에 떠오르는 그림을 주의 깊게 관찰하십시오.
1. 얼굴, 머리, 어깨, 몸의 정확한 윤곽   _____
2. 특징적인 머리 위치, 몸자세 등   _____
3. 정확한 걸음걸이, 보폭 등   _____
4. 평소에 입는 옷의 색상   _____

떠오르는 해를 그려봅시다. 마음속에 떠오르는 그림을 주의 깊게 관찰하십시오.
5. 지평선 위에서 흐릿한 하늘로 떠오르는 해   _____
6. 하늘이 맑게 개어 푸른빛으로 해를 감싼다.   _____
7. 구름. 번개가 치면서 폭풍우가 휘몰아친다.   _____
8. 무지개가 뜬다.   _____

단골 상점 앞을 떠올려 봅시다. 마음속에 떠오르는 그림을 주의 깊게 관찰하십시오.
9. 길 맞은편에서 바라보는 상점 전체 외관   _____

10. 판매하는 개별 상품의 색깔, 형태, 세부 사항을 포함한
    쇼윈도 진열 모습   _____
11. 당신은 입구 근처에 있습니다. 문의 색깔, 형태,
    세부 사항   _____
12. 상점으로 들어가 계산대로 갑니다. 계산대 직원이 응대합니다.
    돈을 주고받습니다.   _____

마지막으로 나무, 산, 호수가 있는 시골 풍경을 떠올려 봅시다. 마음속에 떠오르는 그림을 주의 깊게 관찰하십시오.
13. 풍경의 윤곽   _____
14. 나무의 색깔과 형태   _____
15. 호수의 색깔과 형태   _____
16. 나무와 호수에 강한 바람이 불어와
    수면 위로 파도가 인다.   _____

그림 10

골턴의 설문에는 시각뿐 아니라 다른 감각에 대한 질문도 포함되어 있었다. 그는 응답을 통해 심상이 여러 감각에서 보고된다는 점을 확인하고 참가자들에게 각 감각의 심상 선명도를 '매우 미약, 미약, 보통, 좋음, 생생함(실제 감각에 필적)'의 다섯 단계로 평가하게 했다. 항목은 빛과 색, 소리, 냄새, 맛, 촉감은 물론 '열·배고픔·갈증' 같은 신체 감각까지 다양했으며 예시는 '빗소리, 기차의 휘파람, 장미·타르·담배 냄새, 레몬즙의 맛, 벨벳·비단·비누의 촉감'처럼 생활 속 사례로 매우 구체적이었다. 그가 제시한 예시는 마치 시어 같았다.

청각— 유리창에 빗방울이 부딪히는 소리, 채찍 소리, 교회 종소리, 벌의 날갯짓 소리…

후각— 타르, 장미, 불어서 끈 기름램프, 건초, 제비꽃, 모피 코트, 휘발유, 담배…

촉각— 벨벳, 실크, 비누, 껌, 모래, 밀가루 반죽, 바싹 마른 낙엽, 핀으로 찌른 느낌…

최근에 개발된 '플리머스 감각 심상 설문지'(그림 11)[16]는 골턴 설문지의 직계 후손이라 할 수 있다. 이 설문지에 대한 응답은 심상의 생생함이 작동하는 순서를 보여준다. 시각 심상이 약간 앞서는 가운데 촉각, 청각, 신체 심상, 정서, 미각, 후각이 차례대로 작동한다는 것이 밝혀졌다. 하지만 경험을 주관적으로 측정하는 이런 방식은 본질적으로 비판을 피하기 어렵다. 왜냐하면 전적으로 사람들이 자기 경험을 정확히 보고할 수 있다는 전제에 의존하기 때문이다. 다시 말해 응답자가 한 평가가 정말 의미 있는지 어떻게 알 수 있느냐는 의문이 남는다.

이 같은 의구심, 나아가 보고 자체가 무의미하다는 확신은 20세기 초 행동주의 심리학의 태동으로 이어졌다. 그 결과 의식 경험 전반, 특히 심상에 대한 학문적 관심은 급격히 줄어들었다. 행동주의 심리학의 창시자 존 왓슨은 '의식 상태 자체를 연구 대상에서 배제해야만 심리학과 다른 과학 사이의 장벽을 없앨 수 있다'고 주장했다.[17] 시각 심상에 특별한 의미가 있다는 생각을 꾸준히 비판해온 제논 필리신 역시 이런 입장에 동조하며, 우리가 사실은 '마음속 심상 경험에 철저히 속고 있다'고 말하기도 했다.[18]

플리머스 감각 심상 설문지에서 발췌한 네 영역(단축판)

다음 각 시나리오를 '마음의 눈'으로 상상해 봅시다. 각각이 얼마나 생생한지를 0에서 10까지 척도로 평가합니다. 0은 '심상이 전혀 떠오르지 않는다', 10은 '현실만큼 선명하고 생생하다'를 의미합니다.

다음 소리를 상상해 봅시다.
1. 자동차 경적
2. 박수갈채
3. 구급차 사이렌
4. 노는 아이들
5. 고양이 울음소리

다음 냄새를 상상해 봅시다.
1. 방금 깎은 잔디
2. 불타는 장작
3. 장미
4. 갓 칠한 페인트
5. 답답한 방

다음 맛을 상상해 봅시다.
1. 흑후추
2. 레몬
3. 겨자
4. 치약
5. 바닷물

다음 촉감을 상상해 봅시다.
1. 모피
2. 따뜻한 모래
3. 부드러운 수건

4. 얼음물
5. 핀 끝

그림 11

그렇게 잊혀져 가던 심상 연구를 20세기 다시 일으킨 과학자가 바로 스티븐 코슬린이다.[19,20] 코슬린이 40년에 걸쳐 수행한 심상 연구와 이어 살펴볼 '심상 논쟁'에 대한 그의 기여는 심리학계에서 기념비적인 업적으로 평가되고 있다. 위대한 업적이 종종 그렇듯 코슬린의 연구도 사소한 시작, 구체적으로는 사소한 놀라움에서 비롯됐다. 대학원 학생이던 코슬린은 사실적 지식의 측면을 연구하는 프로젝트에 착수했다가 "벼룩은 물 수 있다"라는 명제에 참가자 두 명이 내놓은 반응에 어리둥절했다.

두 사람 모두 이 문장이 거짓이라고 판단했다. 어릴 적에 고양이를 키웠던 코슬린은 벼룩이 문다는 사실을 모르는 사람이 있다는 것에 매우 놀랐다. 그래서 행동주의 심리학자라면 하지 않을 질문을 던졌다. 즉 참가자들에게 왜 그렇게 대답했는지 물었다. 첫 번째 참가자는 "입을 찾아봤는데 보이지 않았습니다"라고 대답했다. 두 번째 참가자는 "벼룩을 봤는데 이빨이 전혀 보이지 않았습니다"라고 대답했다. 흥미를 느낀 코슬린은 참가자 전원에게 명제 목록의 참과 거짓을 판단할 때 심상을 참고했는지 물었다. 참고한 사람도 있고 그렇지 않은 사람도 있었다. 두 집단의 결과를 분리해서 조사해 보니 "패턴이 완전히 달

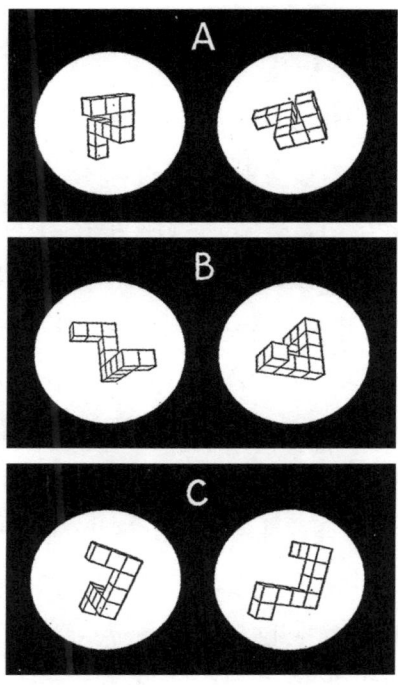

그림12a. 투시도법으로 그린 도형 A와 B는 '같은' 쌍인 반면 C는 아무리 회전해도 일치하지 않는 '다른' 한 쌍이다.

랐다."[21] 벼룩이 무는 느낌을 떠올려 판단하는 식의 시각화는 참과 거짓을 판단하는데 별다른 도움이 되지 않았다.

하지만 언뜻 보기에 시각화가 꼭 필요해 보이는 질문은 얼마든지 있다. 예컨대 잔디의 초록빛과 소나무의 초록빛 중 어느 쪽이 더 짙을까? 벌의 머리는 어두운 색일까? 염소 꼬리는 길까? 사람들은 이런 질문을 받으면 대체로 머릿속에 해당 장면을 떠올린 뒤, 그 심상을 바탕으로 답을 찾으려 한다. 이처럼 심상을 실제로 활용하게 하는 과제를 부여하고, 그 성과를 측정하는 방식이 또 다른 심상 연구 방법이 된다.

50년 전, 로저 셰퍼드와 재클린 메츨러는 정육면체 회전 실험에서 이와 같은 접근 방식을 적용했다.[22] 셰퍼드는 그림 12a와 같은 과제를 받은 사람들이 '머릿속으로 물체를 회전시켜 본다'고 보고했다. 실제로 두 번째 물체(A, B, C의 오른쪽 그림)의 회전한 각도가 클수록 첫 번째 물체와 동일한지 판단하는 데 더 많은 시간이 소요되었다. 이는 마치 사람들의 마음속에서 두 물체를 가상의 공간에서 실제로 회전시켜 본 뒤에야 비교가 가능하다는 것을 보여주는 듯했다.

코슬린도 이와 비슷한 맥락에서 심상 스캐닝 과제를 활용했다. 그는 참가자들에게 일곱 개의 주요 지점이 특이한 물체로 표시된 지도를 보여주고 이를 외우도록 지시했다. 지도를 외운 뒤, 참가자들은 눈을 감은 상태에서 한 물체의 이름을 들은 후, 두 번째 물체가 그 지도 상의 섬에 표시되어 있었는지 여부를 판단해야 했다. 이때 제시된 두 번째 물체는 절반은 실제로 존재했고 절반은 존재하지 않았다.[23]

흥미로운 점은, 실제로 존재하는 물체의 경우 참가자들이 대답하는 데 걸리는 시간이 첫 번째 물체와 두 번째 물체 사이의 거리에 비례했다는 것이다. 이는 사람들이 머릿속의 지도를 실제 눈으로 훑듯이 스캔하며 심상을 따라갔다는 뜻이다. 이처럼 이 실험은 상상 속 움직임에도 실제 움직임과 유사한 원리가 적용된다는 사실을 보여준다. 상상 속에서 어떤 장소에서 다른 장소로 이동하는 데 걸리는 시간은, 현실에서 실제로 이동하는 데 걸리는 시간과 비슷하다.[24]

마음속으로 심상을 떠올릴 수 있는 대부분의 사람에게 '시각화'는

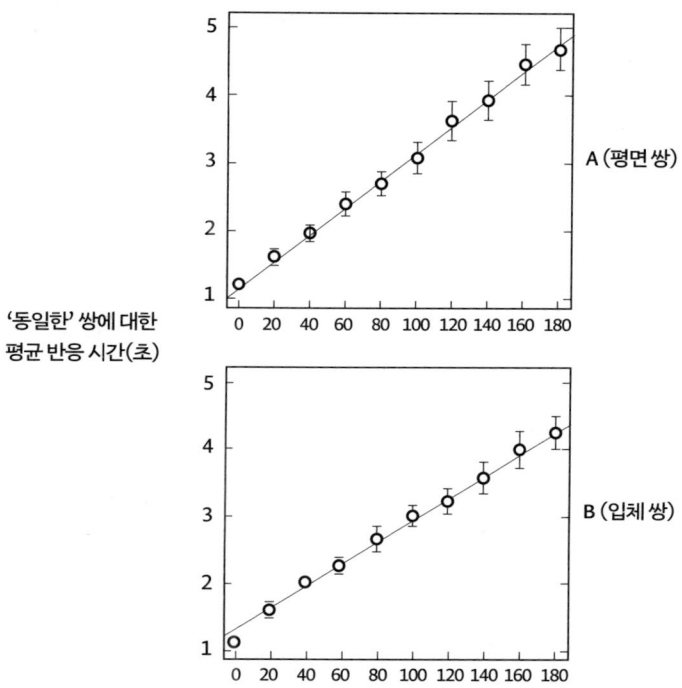

그림12b. 두 정육면체가 동일한지 판단하는 데 걸리는 시간은 회전 각도에 비례해서 증가한다.

실제 시각 경험과 매우 흡사한 활동이다. 많은 이들이 시각 심상을 떠올릴 때, 그것을 "마치 눈으로 직접 보는 것 같다"고 표현한다. 실제로 시각 심상을 떠올리는 행위는 실물을 들여다보는 경험과 비슷하다. 그렇다면 심상 역시 실제 존재하는 물체처럼 신체에 영향을 미칠 수 있다고 가정해볼 수 있다. 이 가능성은 심상을 측정하기 위한 세 번째 접근 방식으로 이어진다.

앞으로 심상 측정에 사용된 몇 가지 실험을 살펴볼 것이다. 이 실험들은 정말이지 단순하면서도 아름다워서 지금까지 누구도 생각해본 적이 없다는 것 자체가 놀라울 정도다(나 자신이 이런 훌륭한 아이디어를 떠올리지 못했다는 점이 대단히 유감이다!).

오슬로대학교의 브루노 랭과 우니 술루트베트는 만약 시각화가 실제 시각과 비슷하다면, 밝은 물체를 떠올릴 때도 동공이 수축할 것이라고 추론했다. 실험 결과는 예상과 일치했다.[25] (그림 13) 두 연구자는 참가자가 동공 크기를 의도적으로 바꿀 수 없다는 사실을 확인했다. 따라서 결과가 단순히 '실험자의 기대에 맞추려는 행동'에서 비롯된 것은 아님을 보여주었다. 이런 경향은 '요구 특성'이라 불리는데, 참가자가 자신이 무엇을 하고 있는지에 대해 갖고 있을 법한 암묵지tacit knowledge와 더불어 시각 심상 연구 결과를 뒤흔들 수 있는 설명으로 자주 거론되어 왔다. 랭은 이미 카니자 삼각형처럼 실제 밝기가 전혀 증가하지 않아도 밝게 느껴지는 착시만으로도 동공이 수축한다는 사실을 증명한 바 있다.[26]

랭은 심상 과정에서 눈의 움직임이 어떤 역할을 하는지를 알아보기 위한 두 번째 실험도 기획했다. 우리가 자연 풍경이나 그림을 바라볼 때, 눈은 가만히 있지 않고 빠르게 움직이면서 정보가 많은 부분(예를 들어 얼굴의 눈이나 입 같은 곳)에서 시각 정보를 적극적으로 받아들인다.

러시아의 신경심리학자 알렉산더 루리아는 이러한 눈의 움직임이 단순한 반응이 아니라, 심상을 다시 떠올릴 때 중요한 단서가 될 수 있다는 것을 밝혀냈다.[27] 독일의 신경학자 스테판 브란트 역시 비슷한

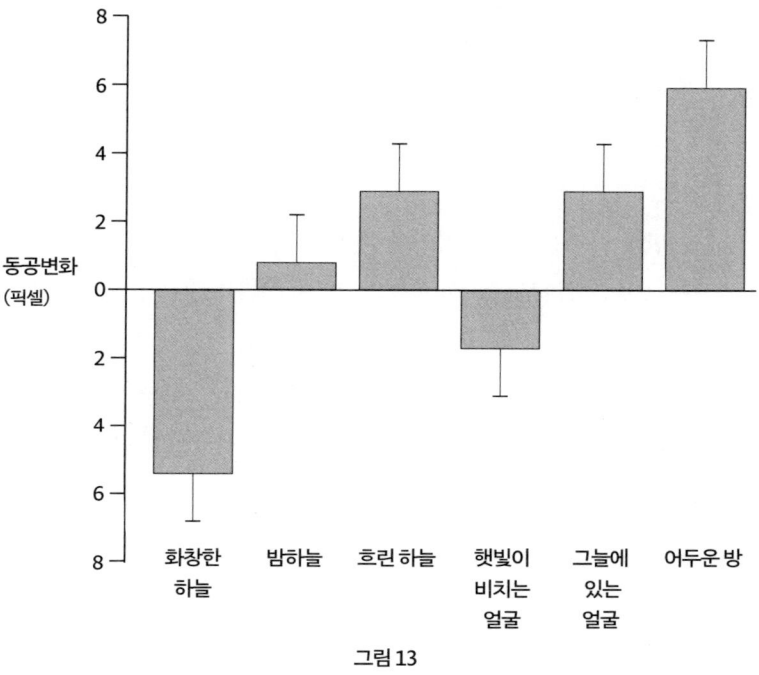

그림 13

연구를 진행했는데 사람들이 도표를 마음속으로 시각화할 때 눈이 스스로 움직이는 방식이 실제로 도표를 눈으로 볼 때의 움직임과 매우 유사하다는 사실을 발견했다.[28] 그는 이런 눈의 움직임이 시각화를 도와주는 부수적인 현상일 수는 있지만, 반드시 필요한 것은 아니라고 주장했다.

브루노 랭은 여기서 한 발 더 나아가 보다 직접적인 실험을 진행했다. 그는 참가자들이 특정 패턴을 떠올리는 동안 눈을 움직이지 않고 정면만 응시하도록 지시했고 이때 패턴을 정확히 상기하는 능력이 현저히 떨어진다는 사실을 확인했다. 이를 반대로 말하면, 어떤 장면을 실제로 볼 때 나타나는 눈의 자연스러운 움직임을 반복 연습하면, 나중에 그 장면을 마음속에서 다시 떠올리는 시각화 능력이 향상될 수 있다는 뜻이 된다.[29]

세 번째 사례는 아판타시아를 다룬 최근 연구에서도 찾아볼 수 있다.[30] 우리는 보통 무서운 이야기를 읽으면 약간씩 땀을 흘리게 되는데, 이 반응의 정도는 피부에서 땀의 분비로 인해 생기는 전기 전도도의 미세한 변화를 측정하는 '피부 전기 반응'을 통해 객관적으로 확인할 수 있다. 아판타시아를 가진 사람들은 무서운 사진을 직접 볼 때는 일반적인 신체 반응을 보였으나, 대조적으로 무서운 이야기를 읽을 때는 피부 전기 반응이 거의 나타나지 않았다. 해석하자면, 심상을 떠올릴 수 있는 사람은 무서운 장면을 마음속에서 시각적, 감각적으로 재현하면서 실제 신체 반응까지 유도한다는 뜻이다. 감각 심상이 단지 '떠올리는 이미지'에 그치지 않고 신체적 감정 반응을 유발하는 실제 자극처럼 작용할 수 있다는 의미이기도 하다.

우리 대부분은 시각화가 실제 시각 경험과 유사하다고 느낀다. 우리는 눈으로 장면을 살피듯 머릿속에 떠오른 심상을 조사한다. 심상이 신체에 영향을 미치고 작용하는 방식 또한 실제 시각 경험과 유사하다. 이와 관련해 또 하나의 네 번째 접근법이 있다. 만약 시각화와 실제 시각이 동일한 심리적 과정에 기반한다면, 두 과정은 서로 영향을 주고받으며 서로를 촉진하거나 방해할 수 있을 것이다. 실제로 '마음의 코'라 불릴 수 있는 후각과 관련해 이러한 가설을 실험으로 확인할 수 있었다. 예를 들어, 장미 향기를 마음속으로 상상하면 실제로 눈앞에 놓인 차 향기를 감지하는 능력이 감소하는 현상이 보고되었다.³¹ 이는 심상과 지각 사이의 상호작용은 인지 자원이나 감각 처리 경로를 공유하고 있다는 가능성을 시사한다.

지금까지 심상을 측정하는 가장 정교한 접근 방법은 네 번째 접근법이었다. 그런데 2008년, 피어슨은 심상을 측정하기 위한 새로운 접근법을 제시했다. 시드니 뉴사우스웨일스대학교에 근무하는 조엘 피어슨은 심리학을 공부하기 전에 미술 학교에 다녔는데 그때 경험이 실험 설계에 도움이 됐다고 한다. 그는 지각 연구에서 주목받아온 양안 경합binocular rivalry 현상을 활용했다.³² 이 현상은 그 자체로도 흥미롭다. 예를 들어, 왼쪽 눈에는 녹색 세로 줄무늬, 오른쪽 눈에는 빨간색 가로 줄무늬를 동시에 보여주면 우리의 뇌는 두 이미지를 섞지 않고 일정 시간마다 하나의 이미지씩 번갈아 지각하는 경향을 보인다. 예컨대 10초 동안은 녹색 줄무늬만 보이다가, 다음 8초 동안은 빨간 줄무늬만 보이게 되는 식이다.

피어슨은 이 실험에 한 가지 변형을 가했다. 본격적으로 양안 자극을 보여주기 전에 한쪽 눈에 특정한 패턴을 잠깐 보여주는 점화 priming❶를 실시하면 점화된 패턴이 다른 패턴보다 초기에 더 잘 지각될 확률이 높아진다는 사실을 발견했다. 그런데 이보다 더 중요한 발견은 점화 대신 특정 패턴을 '상상하라'고 지시했을 때도 같은 효과가

---

❶　어떤 자극에 노출시켜 후속 자극에 대한 반응에 영향을 미치는 현상.

나타났다는 것이다. 즉, 피험자가 실제로 보지 않고 머릿속으로만 특정 패턴을 떠올렸을 뿐인데도, 그 심상이 시각 자극에 영향을 미친다. 이로써 피어슨은 시각화가 '약한 형태의 시각'처럼 작동한다는 사실을 과학적으로 밝혀냈다. 이 접근법은 심상의 강도를 객관적으로 측정하는 유용한 도구가 될 수 있다. 어떤 심상이 후속 지각에 얼마나 큰 영향을 미치는지를 통해, 그 심상이 얼마나 강렬하고 뚜렷했는지를 추정할 수 있기 때문이다.

이른바 '심상 측정'이라는 개념에 불만을 품는 사람들도 있다. 심상을 측정하는 도구들이 우리가 진짜 알고 싶은 것, 즉, 사람들이 상상할 때 머릿속에 떠오르는 이미지를 제대로 포착하지 못한다고 보는 견해도 있다. 사실 사람은 자신에 대해 놀라울 만큼 자주 오판한다. 심상과 관련된 질문들은 유용해 보일 수 있다. 하지만 꼭 시각화를 하지 않아도 그냥 아는 느낌만으로 대답할 수 있는 것은 아닐까? 예를 들어, 누군가가 머릿속으로 정육면체를 회전시키거나 지도를 상상하며 추적할 때 실제로 그 사람의 머릿속에 어떤 이미지가 떠오르는지 어떻게 알 수 있단 말인가? 이러한 회의적인 시선은 충분히 일리가 있다. 우리는 다른 사람의 내면적 경험을 완전히 그리고 객관적으로 들여다볼 수 없다.

하지만 앞서 소개한 측정 접근법들은 우리의 내면 세계를 배제하려는 시도가 아니다. 오히려 그 내면이 외부로 드러나는 행동과 어떻게 연결되는지를 찾아내려는 노력이다.

심상을 측정하는 방법을 살펴봤으니, 이제 이를 뒷받침하는 정신 과정은 무엇인지 살펴보자. 심상이 '약한 지각'의 한 형태이자 사고를 독특하게 드러내는 방식이라는 스티븐 코슬린과 조엘 피어슨의 주장은 과연 타당할까?

심상 논쟁, 심상은 이미지인가 언어인가

나는 뇌에 푹 빠진 소설가 킴 바우어와 함께 일한다. 바우어는 글을 쓸 때 자신의 뇌에서 무슨 일이 일어나고 있는지, 책을 읽을 때 독자의 뇌에서 무슨 일이 일어나고 있는지 알고 싶어 한다. 우리가 나누는 대화는 빈틈을 메우는 가교 역할을 한다. 나는 의사이자 과학자로서 분석, 해부, 분해 등 복잡한 대상을 간단한 부분으로 나누는 훈련을 받았다. 소설가인 바우어는 통합, 수행, 환기, 모호함과 은유에 뛰어나다. 우리는 즐겁게 서로 의견을 교환하고 있지만 지금부터 살펴보려는 영역을 헤쳐 나가느라 꽤 고생하기도 했다.

바로 인간의 마음을 기능 부위로 해체하는 일이다. 당신이 바우어와 마찬가지로 이 가상의 해부 과정을 불쾌하게 여길 경우에 대비해 밝혀둔다. 인지cognition란 모든 종류의 지식을 습득, 축적, 활용하는 능력을 폭넓게 일컫는다. 인간의 주요한 인지 능력은 어느 정도 서로 독립적이라는 강력한 증거가 있다. 이 말이 무슨 뜻일까? 인지는 다음과 같은 능력으로 분리해서 정의내릴 수 있다.

    i) 의식: 깨어있다는 의미에서 각성
    ii) 주의: 정신 자원을 집중하는 능력
    iii) 지각: 감각을 이용해 지식을 습득하는 능력

iv) 기억: 과거에 경험하고 행동한 결과로 시간의 경과에 따라 경험이나 행동이 변화하는 능력

v) 언어: 상징, 일반적으로 단어를 사용해 의사소통하는 능력

vi) 숙련: 능숙하게 동작을 수행하는 능력

vii) 집행 기능: 자기 자신의 생각과 행동을 조직하는 능력

이런 기능이 적어도 일부는 서로 독립적임을 보여주는 유명한 사례로, 환자 헨리 몰레이슨을 들 수 있다. 그는 1950년대 심한 뇌전증을 치료하기 위해 측두엽, 특히 해마 부위를 일부 절제했는데, 그 결과 수술 이후의 일을 의식적으로 기억하는 능력을 잃었다. 새로운 사실이나 사건은 기억하지 못했지만, 새로운 기술을 배우는 능력은 온전히 남아 있었다. 예를 들어 거울을 보며 선을 따라 그리는 과제를 반복할 때마다 점점 실력이 늘어났지만 정작 본인은 그 과제를 해본 적이 있다는 사실 자체는 전혀 기억하지 못했다.[33] 미국 철도 직원 피니어스 게이지는 1848년 폭발 사고로 전두엽 일부를 잃고 '집행' 기능이 현저하게 손상되면서 '더는 게이지가 아니게' 됐다.[34] 19세기 파리 신경학자 피에르 폴 브로카의 환자, 일명 '탄'도 유사한 사례. 탄은 후에 브로카 영역Broca's area ❶이라고 불리게 된 뇌 영역에 손상을 입은 후 유

---

❶ 브로카 영역은 좌측 전두엽에 위치한 뇌 영역으로 언어 생성과 문법적 처리에 핵심적인 역할을 한다. 폴 브로카가 19세기 환자 사례 연구를 통해 발견해 영역으로 브로카가 직접 자신의 이름이 따서 붙였다.

창하게 말할 수 있는 능력을 상실해, '탄'이라는 음절만 말할 수 있었던 터라 탄으로 불리게 됐다.[35]

나는 병원에서 서서히 진행되는 장애를 겪는 환자들을 자주 마주한다. 예를 들어, 후두피질 위축Posterior Cortical Atrophy처럼 처음에는 시각 지각에만 영향을 미치는 질환도 있다. 이 질환은 환자가 사물의 위치를 파악하거나 글자를 읽는 능력에 이상을 일으키지만, 처음에는 주의력이나 기억력 등 다른 인지 기능은 비교적 온전하게 유지되는 경우가 많다. 그러나 질환의 종류나 진행 양상에 따라 각각의 인지 능력은 선택적으로 손상될 수 있다. 즉, 뇌 기능은 전반적으로 동시에 무너지는 것이 아니라, 어느 한 영역이 먼저 영향을 받으면서 점진적으로 변해간다. 예를 들어, 뇌간 상부에 자리한 살구 크기의 시상thalamus은 뇌 전체로 활성화 경로를 투사하는데, 이 부위에 손상이 발생하면 각성 기능에 장애가 나타날 수 있다. 약물이나 감염처럼 정신을 교란하는 요인은 주의를 방해한다. 하지만 실제 생활에서는 수다를 떨 때처럼 복잡한 활동마다 여러 능력이 동시에 발휘된다. 그렇기에 킴 바우어가 이런 능력을 따로 떼어 설명하려는 시도에 본능적으로 거부감을 느낀 것도 이해할 만하다.

'마음속에서 심상을 형성한다'는 의미에서 볼 때, 시각화나 상상은 일반적으로 기억, 주의, 언어, 지각 등과 함께 나열되는 기본 인지 능력의 목록에는 잘 포함되지 않는다. 왜냐하면 시각화와 상상은 그 자체가 독립된 기능이라기보다, 앞서 말한 여러 인지 능력을 통합적으로 활용하는 복합적 과정이기 때문이다.

잠시 튤립을 상상해 보라. 어떤 색인가? 빨강, 노랑, 자주, 흰색,

혹은 검정? 그 튤립은 꽃병에 꽂혀 있는가, 아니면 들판에서 바람에 흔들리고 있는가? 하늘은 파란가, 흐린가, 아예 없는가? 당신은 그저 바라보며 감탄하고 있는가? 아니면 그 꽃을 꺾어 손에 들고 빙글빙글 돌려보고 있는가? 만약 돌리지 않았다면, 지금 한번 돌려보자. 이 모든 상상 과정을 따라오며 질문에 대답할 수 있었다면, 당신은 이미 여러 인지 능력을 통합적으로 작동시킨 셈이다.

당신은 깨어 있는 상태에서 주의를 기울였고, 언어 능력을 사용해 지시를 해석했으며, 기억을 통해 튤립과 그 외형에 대한 지식을 불러왔다. 또 집행 기능을 통해 상상 과정 전체를 조율했고, 지각 체계를 활용해 머릿속에 튤립을 '본다'는 감각까지 만들어냈다. 여느 사고 행위와 마찬가지로 심상 형성은 순간적인 사건이 아니라 일련의 과정이다. '튤립을 시각화'하라는 지시를 받고 나서 그 심상을 마음속 눈으로 관찰하고 조작할 수 있게 되기까지는 10분의 몇 초라는 측정 가능한 시간이 걸린다. 스티븐 코슬린은 우리가 심상에 관여할 때 네 단계를 거친다고 설명했다.[36,37]

먼저 심상을 '생성'해야 한다. 그러려면 생김새에 관한 정보를 동원하고 그 정보를 활용해 시각화한 사물의 표상을 시각 버퍼visual buffer에 만들어야 한다. 시각 버퍼란 시각 정보를 주로 처리하는 뇌 영역을 뭉뚱그려서 가리키는 말이다. 이런 심상은 대개 금방 사라진다. 이는 아마도 시각 뇌가 빠르게 변화하는 장면에 대처하도록 진화했기 때문일 것이다. 따라서 심상을 마음속에 담아두고 싶다면 이를 '유지'해야 한다. 이것이 코슬린이 말하는 두 번째 '처리' 단계다. 구체적인 질문(다람쥐는 꼬리가 긴가?)에 대답하고자 심상을 사용하고 싶다면 그 심상을 '검토'해야 하며 이것이 세 번째 단계다. 튤립을 빙글빙글 돌리는 것처럼 심상을 조작하고 싶다면 마지막 단계인 '변형'이 필요하다.

지금까지 설명한 이론의 중심에는 우리가 마음의 눈이나 귀, 코, 팔다리, 정서로 상상할 때 우리가 실제로 보고, 듣고, 냄새 맡고, 만지고, 감정을 느끼면서 이런 일을 실제로 경험할 때 일어나는 과정을 일부 '재연'한다는 발상이 있다. 상상이란 직접 경험을 마음속으로 시뮬레이션해 감각을 현실에서 실행하는 행위라는 가설은 이 책의 지침이 되는 세 번째 통찰과 연결된다.[38,39] 만약 이 이론이 맞는다면 심상은 정말로 일종의 약한 지각인 셈이다.[40]

이 가설을 뒷받침하는 증거는 충분히 많다. 하지만 이러한 관점은 지난 세기 동안 격렬한 반론에 직면했고 이는 일명 심상 논쟁the imagery debate이라 불리는 커다란 논란으로 이어졌다. 이 논쟁은 단순한 학문적 의견 차원을 넘어 인간 사고의 본질에 관한 다음과 같은 근본적인 질문을 던졌다.

우리 생각은 온전히 개념적이거나 언어적인가, 아니면 실제 경험에 가까운 감각 매체를 활용할 수 있는가?

이 논쟁에서 스티븐 코슬린은 심상은 '묘사적'이라는 관점을 30년 동안 고수했고[41] 필리신이 주장한 심상이 '명제적'이고 언어와 비슷하다는 반대 관점은 서서히 힘을 잃어갔다. 시간이 지나면서 코슬린은 또 하나의 강력한 증거에 주목했다. 바로 사람들이 어떤 장면을 상상할 때 뇌 속에서 실제 지각과 유사한 활동이 일어난다는 사실이었다. 그는 이런 신경학적 발견이야말로 논쟁에 쐐기를 박는 결정적 증거라고 보았다. 이 흥미로운 주제는 뒤에서 다시 살펴볼 것이다. 하지만 코슬린은 이러한 뇌 연구 결과가 나오기 전에도 이미 수많은 심리학 실험과 논리적 논증을 통해, 심상이 단순히 언어적 기호가 아니라 실제 지각과 유사하다는 점을 점차 많은 심리학자들에게 설득해 나갔다.

시각은 폭군이다. 심상 연구에서는 시각이 다른 감각보다 지나치게 강조되는 경향이 있다. 시각 심상은 상대적으로 측정하기 쉽고 실험으로 다루기 용이하다 보니, 마치 시각이 유일한 감각이자 유일한 심상 매개체인 듯 관련 논의를 지배해 왔다. 그런 맥락에서 좀 더 조심스러운 감각 양식인 냄새, 전문 용어로 후각을 마지막 사례로 살펴보자. 좀 더 자세히 조사해야 할 냄새를 감지했을 때 우리 신체는 어떤 반응을 보일까? 먼저 우리는 냄새를 맡는다. 마음에 드는 냄새라면 냄새를 더 많이 맡으려 한다. 안구 운동으로 시각 세계를 탐색할 수 있듯이 냄새를 맡으면 후각 세계를 탐색할 수 있다. 냄새 맡기가 후각 심상에서도 비슷한 역할을 할까? 연구 결과는 그렇게 나타났다.

프랑스 리옹 신경과학연구센터의 벤사피 연구팀[42]은 흥미로운 사실을 밝혀냈다. 후각 심상을 떠올릴 때는 코를 통한 공기 흐름이 증가하지만, 시각 심상을 떠올릴 때는 그런 변화가 나타나지 않는다는 것이다. 특히 유쾌한 냄새를 상상할 때, 코 속 공기 흐름의 증가는 불쾌한 냄새를 상상할 때보다 더 두드러지게 나타났다. 또 코를 막으면, 상상한 냄새가 느껴지는 생생함의 정도가 줄어들었다. 이 연구는 냄새 맡기가 단순한 수동적 반응이 아니라, 시각에서 안구 운동이 수행하는 기능처럼 능동적이고 인과적인 역할을 한다는 점을 보여준다. 후속 연구에서, 같은 연구팀은 후각 심상을 떠올릴 때 '후각 심상 능력이 뛰어난 사람'은 실제로 더 강한 냄새를 맡는 반응을 보인 반면, 그 능력이 낮은 사람은 그러한 반응이 없었다고 밝혔다.[43]

이처럼 후각 심상에서 나타나는 개인차는, 시각 심상에서도 관찰되는 심상 생성 능력의 편차와 유사하다. 이 개인차는 "심상이라는 것이 과연 존재하는가?"라는 오래된 논쟁을 이해하는 데도 도움이 된다. 즉, 심상을 떠올리기 어려운 사람일수록, '심상이란 애초에 존재하지 않는다'고 생각하기 쉽다.

우리의 눈은 미래로 향해 있다

심상을 정확히 측정하거나, 그에 작용하는 정신 기제를 완전히 파악하기는 여전히 쉽지 않다. 그럼에도 우리는 심상이 어떤 일에 도움이 되는지, 또 일상에서 어떻게 활용되는지에 대해서는 어느 정도 알고 있다. 하지만 "심상이 실제로 존재하는가?"라는 질문에 답하는 것은 생각만큼 간단하지 않다.

예를 들어, 어떤 사람이 특정 작업을 하면서 자신이 시각 심상을 사용하고 있다고 생각한다고 해서 그것이 곧 실제로 시각 심상을 사용하고 있다는 확실한 증거가 되는 것은 아니다. 다시 말해, 본인이 그렇게 믿고 보고한 내용과 실제 뇌 속에서 일어나는 과정은 반드시 일치하지 않을 수 있다. 마찬가지로, 누군가가 그 작업을 할 때 시각 심상을 사용하지 않는다고 말한다고 해서 다른 사람 또한 마찬가지일 것이라고 결론지을 수는 없다. 사람마다 인지 전략이나 뇌의 처리 방식은 다를 수 있기 때문이다. 결국, 심상이 실제로 어떤 방식으로 작용하는

지는 여전히 명확하지 않은 부분이 많다. 그럼에도 불구하고, 지금부터는 심상이 우리 행동과 판단에 어떤 역할을 할 수 있는지에 대한 흥미로운 단서들을 함께 살펴보려 한다.

간단한 예로, 기본적인 단기 기억 과제를 생각해보자. 테이블 위에 놓인 다섯 가지 물건을 참가자에게 보여준 뒤, 그것들을 천으로 덮고, 참가자에게 물건의 이름을 말해보라고 지시한다고 상상해 보자. 이 경우, 천이 씌워진 후에도 대부분의 사람은 머릿속에서 물건의 모습을 떠올릴 수 있을 것이고, 이러한 시각적 심상은 기억을 떠올리는 데 도움이 된다. 하지만 꼭 시각화를 해야만 물건을 떠올릴 수 있는 것은 아니다. 사람에 따라서는 처음 봤을 때 이름을 소리 내어 말한 경험을 바탕으로, 언어적 단서에 의존해 이름을 회상할 수도 있다.

이런 차이는 실험적으로 검증할 수 있다. 만약 시각 심상이 기억의 기반이라면, 회상하는 동안 시각 심상을 방해하는 과제(예를 들어 복잡한 시각적 자극을 동시에 제시)를 주었을 때 기억력이 떨어질 것이다. 반대로, 기억이 언어적 코드에 기반한다면, 언어 과제(예를 들어 머릿속으로 숫자를 세기)가 회상을 방해할 가능성이 높다. 이러한 실험들을 통해 우리는 사람들이 기억을 향상시키는 데 시각 심상을 활용한다는 결론을 도출할 수 있다.[44]

당연하게도, 특히 선명한 심상을 떠올릴 수 있는 사람일수록 심상이 흐릿한 사람보다 이러한 시각적 전략을 사용할 가능성이 높았다. 그러나 대부분의 단기 기억 과제는 하나의 방식에만 의존하지 않아도 해결 가능하다. 사람들은 시각적 심상, 언어적 부호화 등 다양한 방법을 조합해 문제를 풀 수 있었다. 이 연구에서는 두 가지 중요한 결론이 도출됐다. 첫째, 우리는 대개 기억해야 할 정보를 시각적 이미지나 언어적 표현 등 다양한 방식으로 기록한다. 둘째, 어떤 방식을 주로 활용하는지는 개인마다 다르며, 이 차이는 겉으로 드러나지 않는 '인지적 차이'로 존재한다.[45]

심상의 생생함은 장기 기억, 특히 데이트, 도보 여행, 결혼 피로연처럼 개인에게 중요한 사건의 기억에 눈에 띄는 차이를 불러일으킨다.[46] 우리 대부분에게 이런 사건과 연관된 심상(대개 시각 심상이지만 청각, 촉각, 운동 심상도 흔하다)은 사건에 대한 기억의 핵심을 이룬다. 일반적으로 심상이 생생할수록 자전적 기억은 머릿속에서 더욱 풍부하고 생동감 있게 재현되고 그 장면을 바탕으로 자연스럽게 예측할 수 있다. 나의 경우 심상 능력이 생생한 편은 아니지만, 어린 시절 살았던 런던의 익숙한 장소를 떠올릴 때면 그 기억은 매우 감각적으로 되살아난다.

최근에 한 친구에게 산책했던 이야기를 한 적이 있다. 그런데 그 친구는 내가 말하면서 줄곧 먼발치를 응시했다고 알려줬다. 실제로 그 이야기를 하던 중에 나는 런던의 한 공원을 가로지르는 길을 '보는' 중이었다. 최근 다른 지적 영역에서는 정상 혹은 뛰어난 능력을 나타내면서도 자전적 기억이 유난히 형편없는 사람들이 있다는 것이 알려졌다. 그들은 시각 기억에 선택적 저하를 나타냈고[47] 시각 심상이 아예 결여된 경우도 있었다.[48]

하지만 인간의 기억은 과거를 되짚어보기 위해 존재하는 것이 아니라 미래를 예측하는 데 도움이 되도록 진화해왔다. 일반적으로 심상이 생생할수록 자전적 기억은 더 풍부하고 생동감 있게 되살아나며 그 덕분에 그 장면을 바탕으로 미래를 더욱 자연스럽게 내다볼 수 있다. 루이스 캐럴의 하얀 여왕은 "거꾸로만 작동하는 기억은 형편없는 기억이지"라고 외친다.[49] 따라서 과거를 떠올리기 어려운 사람은 미래를 상상하는 데도 서툴다.[50] 아판타시아 상태라서 심상이 결여된 사람은 다른 사람들보다 미래 시나리오를, 적어도 경험한 세부 사항을 바탕으로 앞일을 그려보는 데 어려움을 겪는다.[51]

문제를 풀 창의적 해결책을 찾을 때도 기억을 바탕으로 하는 예측을 활용한다. 독창적인 사상가들은 생각을 풍부한 시각 형태로 표현했다. 가장 유명한 인물이 아인슈타인이다. 아인슈타인은 수학자 자크 아다마르에게 "언어를 이루는 단어들은 글로 쓰든, 말로 하든 간에 내 생각 기제에서 아무런 역할도 하지 않는 것 같습니다. 생각에 영향을 주는 핵심 정신적 요소는 특정한 기호와 자발적으로 재생하고 결합할 수 있는 비교적 명확한 심상입니다"라고 말했다.[52] 아인슈타인이 아이디어를 전개하는 데 시각적 사고 실험을 활용했다는 사실은 널리 알려져 있다.[53]

앞에서 살펴봤듯이 소설가들도 집필 과정에서 눈부시게 빛나는 심상이 어떤 역할을 하는지 자주 언급한다. 하지만 창조적 사고, 혹은 사고 전반이 항상 심상에 의존한다는 주장은 지나치다. 언어 같은 상징만으로도 충분하다고 여기는 사상가도 있다. 방금 살펴봤던 단기 기억 과제에서 알 수 있듯이 창의적인 사람들 사이에서도 개인차가 크다. 아인슈타인은 시각화를 선호했다. 하지만 이 책의 마지막 장에서 살펴볼 사람들처럼 심상을 전혀 활용하지 않고도 고도의 상상력을 발휘할 수 있다. 아리스토텔레스가 주장한 바와 반대로 영혼은 사실 '심상 없이 생각'할 수 있다.

지금까지는 심상을 비교적 냉정하게, 인지적으로 측정하고 활용하는 방식을 알아보았다. 이런 방식도 중요하지만 심상은 감정을 강력하게 환기하는 힘이 있다. 존 키츠가 패니 브론을 떠올리는 상상은 '마치 창처럼' 그를 꿰뚫었다.[54] 우리가 사랑하는 사람과 장소의 심상은 우리를 끌어당기고, 위로하고, 자극하고, 괴롭힌다. 시각화 능력을 잃은 내 환자 짐 캠벨은 가족의 모습을 떠올릴 수 없게 되어 슬퍼했다.[55] 평생 아판타시아를 안고 살아가는 많은 이에게 사랑하는 사람의 얼굴을 떠올릴 수 없다는 사실은 깊은 슬픔을 불러일으킨다. 하지만 심상이 정서에 미치는 영향은 양날의 검이다. 애정의 유대를 강화하는 동시에 중독의 갈망을 부추길 수 있다. 아판타시아를 겪는 사람들은 사랑하는 사람의 모습을 떠올릴 수 없음에 슬퍼하지만 결별이나 사별을 좀 더 수월하게 극복하는 경향이 있다. 심상이 떠들썩하게 영향을 미치지 않으니 현재를 살아가는 데 도움이 된다.

대부분의 사람에게 심상은 장단기 기억, 미래에 관한 생각, 창의력, 문제 해결, 정서 측면에서 중요하다. 궁극적으로 심상의 장점은 행동으로 나타나야 하며, 그렇지 않았다면 결코 진화하지 못했을 것이다. 심상은 우리가 미래를 더 정확히 예측하고 효과적으로 행동할 수 있도록 돕는다. 즉 우리는 심상을 통해 미래 사건들을 어느 정도 현실과 가까운 형태로 시뮬레이션할 수 있다.

"상상력은 결코 쉬지 않는다."

베르나르 베르베르

4장.
뇌과학으로 풀어보는 상상의 기원

마음은 어디에 있을까

    왜 그렇게 됐는지는 잘 모르겠지만 나를 가르쳤던 영국의 교사들은 몸에 관한 지식은 까맣게 잊은 듯했다. 12년의 유년기 동안 꽤 유익한 교육을 받았지만 생물학 수업은 한 번도 받은 기억이 없다. 그래서 나는 10대 후반에 심리학과 철학을 배우는 대학생이 되어서야 뇌를 발견하게 됐다. 나는 우리가 경험하는 세상의 모호하고 덧없는 윤곽이, 어쩌면 우리 뇌 속 어딘가에서 신비롭게 맥동하는 활동 경로를 반영한 것일지도 모른다는 생각에 깊이 매료되었다. 그 충격은 지금까지도 완전히 가시지 않았다. 시간이 꽤 흐른 뒤에야 나는 그런 놀라움 자체가 뇌의 역사와 밀접하게 연결되어 있다는 사실을 알게 됐다.

    경험을 일으키는 데 있어 뇌가 어떤 역할을 하는지에 대해서는 철학자와 과학자들 사이에서 오래전부터 의견이 엇갈려 왔다. 철학의 아버지 플라톤은 "뇌는 우리 중 가장 신성한 부분이며 나머지를 전부 관장한다"라고 말했다. 그의 제자 아리스토텔레스는 다른 견해를 내놓았다. "쾌락과 고통의 몸짓을 비롯해 모든 감각은 대체로 심장에서 비롯된다."[1] 지금의 상식에서 보자면 그의 주장은 오류투성이 같지만 뇌를 대하는 아리스토텔레스의 견해는 신중하게 검토한 결과였다. 그는 일부 생물이 분명히 감각을 느끼지만 뇌가 없는 듯하다는 점, 살아있는 동물의 뇌를 잘라도 고통의 징후가 보이지 않는다는 점에 주목했다. 아리스토텔레스는 뇌를 일종의 열을 방출하는 방열기로 간주했다. 뇌는 '심장의 열기와 격렬함'을 누그러뜨리고 '중용과 진리, 이성적 입장을 가지도록' 도와준다고 결론 내렸다. 한편 아리스토텔레스와 거의 동시대인이었던 의학의 창시자 히포크라테스는 뇌 손상 사례를 면밀히 관찰한 결과, 뇌가 경험과 행동을 관장하는 기관이라고 확신했다.[2]

의사와 과학자들은 점차 히포크라테스의 의견에 동의했다. 신경학neurology이라는 용어를 만든 토머스 윌리스가 17세기 옥스퍼드에서 인간의 뇌를 해부한 까닭은 "인간 마음의 비밀 장소를 밝히기 위함"[3]이었다. 19세기 파리에서 유창한 발화 능력은 뇌의 왼쪽 전두엽에 의존한다는 사실을 증명한 피에르 폴 브로카는 "뇌 영역 대부분은 마음 영역 대부분에 상응한다"[4]라고 썼다. 1970년대와 1980년대에 걸쳐 내가 의학을 공부하던 무렵에는 이 의문이 풀린 듯했다.

하지만 뇌가 '어떻게' 마음을 만드는지는 여전히 풀리지 않는 의문이었다. 뇌에서 일어나는 사건이 어떻게 움직임과 감각을 뒷받침하는지는 계속해서 발견됐지만 사고와 감정의 세부 요소는 아직 신경과학이 도달하지 못한 영역이었다. 연합피질association cortex이라는 모호한 명칭으로 불리는 뇌 표면의 광범위한 미개척 영역에서 감각이 도달하고 움직임이 일어나는 사이에 무언가가 일어난다는 것은 분명했다. 하지만 정확히 '무엇'이 일어나는지는 그냥 추측할 뿐이었다. 마음에서 일어나는 사건마다 뇌 속에 그에 상응하는 영역이 있으리라는 믿음은 진실보다는 신앙에 가까웠다. 그러나 지난 반세기에 걸쳐 이뤄진 실로 놀라운 발견들이 이 신앙을 진실로 바꾸어 놓았다.

이제는 인지 신경과학cognitive neuroscience이 이 책의 핵심 주제인 심상, 상상, 그리고 등줄기를 타고 흐르는 전율처럼 마음속에 은밀히 머무는 수많은 현상의 메커니즘을 밝혀내고 있다.[5] 뇌는 창조 행위를 비롯해 인간의 자아가 살아가기 위한 토대로써 예전보다 훨씬 더 명확하게 이해되고 있다. 이번 장에서는 이러한 발견에 대한 이야기를 들려주고자 한다. 그러나 그에 앞서, 먼저 뇌를 좀 더 깊이 살펴보자.

시냅스, 생각을 잇는 다리

19세기 말까지는 히포크라테스가 기술한 바[6]와 같이 뇌는 "슬픔, 비탄, 고통, 눈물은 물론… 쾌락, 기쁨, 웃음, 장난의 원천"이라는 데 광범위한 합의가 있었다. 하지만 뇌는 어떻게 구성됐을까? 인체의 다른 기관과 마찬가지로 개별 세포로 이뤄졌을까, 아니면 경계 없이 단일한 통제 시스템인 신시튬syncytium[9]일까?[7] 이 근본적인 의문을 해명한 두 과학자는 서로 정반대 견해를 보였다.

1906년, 두 과학자가 함께 노벨 생리의학상을 수상했지만, 둘은 수상 강연에서는 전혀 다른 주장을 펼쳤다.[8] 이탈리아의 정신과 의사 카밀로 골지는 뇌 속 단일 신경세포를 선명하게 드러낼 수 있는 은 염색법Golgi stain을 개발한 공로로 상을 받았다. 이 방법을 이용해 스페인의 산티아고 라몬 이 카할은 현미경으로 뇌를 관찰했고 신경세포가 '투명한 일본 종이에 중국 먹물로 그린 그림처럼 선명하고, 모든 것이 또렷하고 명확했다'고 기록했다.[9] 그러나 염색법을 고안한 골지는 여전히 모든 신경이 하나로 이어져 있다는 '신시튬 이론'을 고수했다. 반대로 카할은 뇌가 다른 인체 조직과 마찬가지로 뉴런neuron이라 불리는 독립적인 신경세포로 이루어져 있으며, 각 세포는 개별적인 수명을 지닌다는 '뉴런 이론'을 내세웠다. 이후 후속 연구들은 카할의 손을 들어주었고, 뉴런 이론은 현대 신경과학을 떠받치는 핵심 원리로 자리 잡았다.

　　인간은 근본적으로 집합체다. 마찬가지로 뇌는 약 860억 개의 뉴런으로 이루어진 복잡한 연합체다.[10,11] 놀랍게도 이 작은 뉴런 하나하나가 우리 몸 전체를 구성하는 데 필요한 유전 정보를 모두 지니고 있다. 각각의 뉴런은 자신의 생존과 기능 수행에 필요한 요구를 스스로 챙기며, 적절한 조건만 갖춰지면—예를 들어 잘 준비된 페트리 접시 같은 환경에서—자신의 역할을 수행하도록 유도할 수 있다. 즉, 약간의 자극이나 환경 변화만으로도 뉴런은 자신의 운명을 향해 나아간다.

● 　신시튬은 여러 세포가 융합되어 세포막 경계 없이 하나의 거대한 세포처럼 작동하는 구조를 말한다. 대표적으로 심장근세포나 태반 조직에서 볼 수 있다.

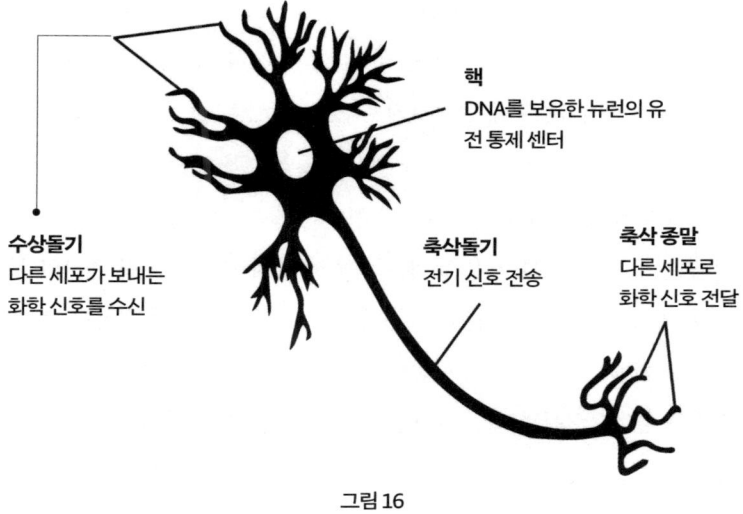

그림 16

다른 장기의 세포들과 마찬가지로 뉴런도 자신이 가진 유전체 정보 전체 중 일부만을 선택적으로 활성화해 사용한다. 그렇게 선택적으로 활성화된 유전 정보에 따라, 뉴런은 신경전달물질이나 수용체 같은 뇌 특유의 소통 도구를 만들어내며, 인체 전체에서 가장 정교한 '의사소통 전문가'로 기능한다.

뉴런의 의사소통 열망은 형태와 기능 모두에서 나타난다. 뉴런은 나무 모습을 하며 아주 다양한 형태로 성장한다. 카할 연구팀이 뉴런의 형태를 묘사하는 용어를 삼림학에서 빌려온 것은 무척이나 자연스러운 선택이었다.[12] 주변 세포에서 신호를 수용하는 술 모양의 잔가지는 뉴런의 수상돌기dendrite로 나무를 의미하는 그리스어 덴드론dendron에서 유래했다. 중심 세포체에서 신호를 전달하는 단일한 가지는 축삭돌기axon로 차축axle을 의미하는 그리스어에서 유래했다. 차축은 원래 나무 몸통으로 만들었다. 무성한 나무를 닮은 뉴런의 형태는 다양한 의사소통에 완벽하게 어울린다. (그림 16)

　뉴런이 사용하는 언어는 간결한 모스 부호와 비슷하다.[13, 14] 이는 뉴런이 우리 몸의 다른 세포들처럼 전기를 저장하고 방출하는 '작은 전지' 역할을 하기 때문이다. 뉴런은 세포 내부에 음전하를 띤 원자와 분자를 세포 외부보다 더 많이 유지하며 미량의 전하를 축적한다. 때때로 세포벽에 있는 '문'(특정 단백질 통로)을 열어 내부 음전하에 끌린 양전하가 들어오도록 한다. 그러면 축삭돌기를 따라 전하가 흐르는 파동인 스파이크spike가 발생하고, 이후 서서히 원래의 전기적 균형을 회복한다. 대부분의 뉴런에서 이런 전기 활성은 초당 수차례 자연스럽게 일어난다. 뉴런은 기본적으로 리듬적인 반화 패턴을 보인다. 하지만 뉴런의 발화 빈도는 주변 세포에서 도달하는 신호에 영향을 받으며 수상돌기가 이런 신호를 수신한다. 이 신호 중에는 뉴런을 흥분시키는 것도 있고 억제하는 것도 있다. 따라서 뉴런이 발화하는 빈도는 인접한 세포와의 대화에 영향을 받는다.

　한 뉴런의 축삭돌기가 다음 뉴런의 수상돌기와 만나면 어떤 일이 일어날까? 현미경을 들여다보던 카할은 현미경 렌즈로는 정밀하게 조사할 수 없는 이 접점에 푹 빠져들었다. 그는 과학적 열정 이상의 감정을 담아 이 접촉 지점을 이렇게 설명했다. "과연 어떤 신비로운 힘이 장대한 사랑 이야기의 마지막 황홀경을 이루는 듯한 그 원형질의 키스(스페인어로 'besos protoplasmáticos')를 마침내 성사시켰을까?"[15] 옥스퍼드대학교 생리학자 찰스 셰링턴은 이 접점에 그리스어로 '마주 잡다'16를 뜻하는 시냅스synapse라는 이름을 붙였다.

그로부터 약 한 세기가 흐른 뒤, 우리는 전자현미경을 이용해 시냅스 공간을 시각화할 수 있게 됐다. 이 공간은 불과 수소 원자 200개 정도의 너비밖에 되지 않는 상상하기 어려울 만큼 미세한 영역이다. 연구가 진전되면서 시냅스를 가로지르는 신호의 대부분이 전기적 신호가 아니라 화학적 신호라는 사실도 밝혀졌다. 예를 들어, 글루타메이트와 도파민 같은 작은 분자부터 우리 몸에서 생성되는 모르핀과 유사한 고분자인 엔도르핀까지 다양한 신경전달물질이 축삭 말단에서 분비된다. 이 물질들은 시냅스를 건너 수상돌기 표면에 있는 수용기(특정 단백질)에 결합한다.[17] 이 신경전달물질은 도착하자마자 흥분이나 억제 같은 즉각적인 전기 반응을 일으킬 뿐 아니라, 시간이 흐른 뒤에야 나타나는 지연 효과까지 유발한다. 예를 들어 일부 신경전달물질은 신호를 전달하는 순간 바로 전압 변화를 일으키지만, 동시에 특정 효소나 유전자 발현을 바꾸어 나중에 행동이나 기분에 영향을 주기도 한다.

카할과 셰링턴, 그리고 그 뒤를 이은 연구자들은 이러한 발견을 통해 뇌를 이해하기 위한 기본 무대를 마련했다. 수많은 개별 뉴런으로 이루어진 뇌는 세포 내부에서는 전기 신호로, 세포 간에는 화학 신호로 소통한다. 하지만 이 모든 사실은 얼핏 보면 인간의 마음과는 동떨어진 이야기처럼 들린다. 그렇다면 이런 세포가 어떻게 해서 뇌를 작동하게 할까? 이런 세포가 어떻게 해서 우리가 상상하도록 할까? 이에 대한 진정한 통찰은 세 가지 원리에서 찾아볼 수 있다.

시냅스의 리듬을 타고

첫 번째 원리는 셰링턴이 원형질의 키스라고 이름 붙인 시냅스와 관련이 있다. 70여 년에 걸친 연구에서 시냅스는 학습을 가능하게 하는 가소성plasticity❶의 눈에 보이지 않는 근원으로 밝혀졌다. 캐나다의 심리학자 도널드 헵은 1949년, '함께 발화하는 세포들은 함께 연결된다'는 원리를 제안하며, 이러한 연결 강화가 개념·습관·기술의 기초가 되는 신경 세포 집합체를 형성한다고 보았다.[18] 이후 에릭 캔델은 바다달팽이의 일종인 군소에서 단순한 학습조차 시냅스 강도의 변화에 달려 있음을 증명해 2000년 노벨 생리의학상을 받았다.[19] 이어 팀 블리스, 그레이엄 콜링리지, 리처드 모리스 등 영국의 세 신경과학자는 활성화된 시냅스가 강화되는 '장기 강화'가 포유류, 특히 인간의 기억 형성에 핵심적이라는 사실을 밝혀내 2016년 브레인 상❶❶을 수상했다. 최근에는 시냅스가 기억 형성 과정에서 어떤 개별 세포와 연결이 관여하는지를 식별하고, 그 활동을 직접 조절할 수 있다는 사실까지 밝혀졌다.[20] 이처럼 시냅스는 학습 능력의 근본적인 원천이다.

두 번째 원리는 도널드 헵이 제안한 '세포 집합체'라는 개념을 바탕으로 한다. 뉴런은 치밀한 네트워크를 이루고 있다. 뉴런의 네트워크 조직은 일정 부분 선천적으로 정해져 있으며, 기본적인 과제를 수

---

❶ 가소성은 뇌와 신경계가 경험이나 학습, 손상에 따라 구조와 기능을 변화시키고 적응하는 능력을 말한다.

❶❶ 덴마크 룬벡 재단에서 매년 수여하는 국제 신경과학 분야 최고 수준의 상이다.

행할 수 있도록 설계되어 있다. 예를 들어 사람들 대부분은 세상에 있는 사물을 보기 위해 눈을 사용할 수 있어야 한다. 따라서 눈에서 뇌로 흘러드는 정보는 태어날 때부터 시각 세계를 분석하도록 정해진 경로로 보내진다.[21]

또한 뉴런은 더 큰 규모로도 네트워크를 형성한다. 뇌 안에서는 수 밀리미터 크기의 영역들이 서로 긴밀히 연결되어 있다.[22,23] 이런 연결은 대뇌피질의 여러 영역, 즉 뇌 표면에 있는 뉴런이 풍부한 회백질gray matter과 뇌 깊은 곳에 있는 소뇌 등 피질하부subcortical 영역을 포함하는 분산 시스템을 형성한다. 축삭돌기 다발을 다량으로 포함하는 백질white matter은 이런 영역들을 연결하는 통신 고속도로를 제공한다.

이런 네트워크 설계를 항공 시스템에 비유하자면 공항이 뇌 영역 일부의 역할을 한다. 뇌 속 세상에서는 공항끼리 직항으로 연결되어 있는 경우는 드물지만, 특정 공항에서 다른 공항까지 비교적 적은 환승으로 갈 수 있다. 이를 가능하게 하는 특징은 두 가지다. 강력한 지역 상호연결(프랑스의 모든 공항은 파리로 이어진다)과 파리 같은 허브 공항의 존재다. 파리공항은 뉴욕 같은 다른 허브 공항과 이어진다. 그래

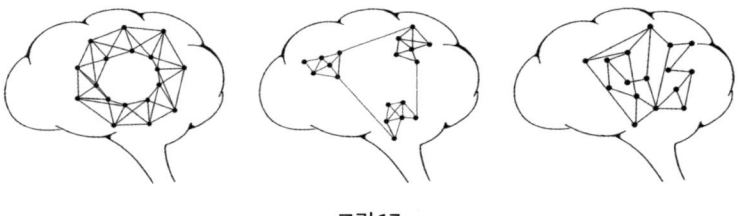

그림 17

프 이론graph theory을 차용하자면 작은 세상 네트워크의 특징은 짧은 '평균 최단 경로 길이'(휴스턴에서 마르세유까지 2회나 3회 비행으로 갈 수 있다)와 높은 평균 클러스터링 계수clustering coefficient(한 국가 내 공항들은 밀접하게 상호연결되어 있다)다. 작은 세상 네트워크는 지역과 글로벌 상호작용의 효율성 사이에서 최적의 균형을 달성하는 구조적 특징을 지닌다.

세 번째 조직 원리는 음악과 관련이 있다. 시냅스와 네트워크는 뇌의 공간적 특징을 보여주지만 뇌의 활동은 언제나 시간의 흐름에 따라 이뤄진다. 독일의 정신과 의사 한스 베르너는 1929년에 인간 뇌의 전기 활성 즉 뇌전도electroencephalogram, EEG을 최초로 기록했다.[24,25] 이어서 그는 '알파 리듬'을 설명했다. 깨어 있고 편안한 뇌 활성의 특징인 알파 리듬은 초당 약 8회에서 13회 주기의 우아한 사인 곡선 형태로 나타난다. 이보다 빠르게 초당 14회에서 30회 주기로 나타나는 '베타 리듬'은 정신적 도전으로 마음이 활성화할 때 나타난다. 로봇 지능 연구의 선구자 윌리엄 그레이 월터는 '델타 리듬'을 발견했다. 이는 깊은 수면과 코마 상태에서 발생하는 초당 4회 미만의 느린 활성이다. 초당 4회에서 7회에 이르는 '세타 리듬'과 초당 30회에서 100회 주기의 '감마 리듬'까지 더하면 뇌의 리듬 레퍼토리인 '리드모솜'rhythmosome이 완성된다. (그림 18)

두피에서 측정되는 전기적 진동(뇌파)은 대뇌피질의 수많은 수상돌기에서 동시에 일어나는 신경 활동의 오르내림을 보여준다. 상상해 보면, 감마파가 세타파 위를 타고 대뇌 전체를 종횡무진하며 생성·소멸·재형성·융합을 반복하는 모습과 같다. 이런 식으로 뇌의 리듬 '레

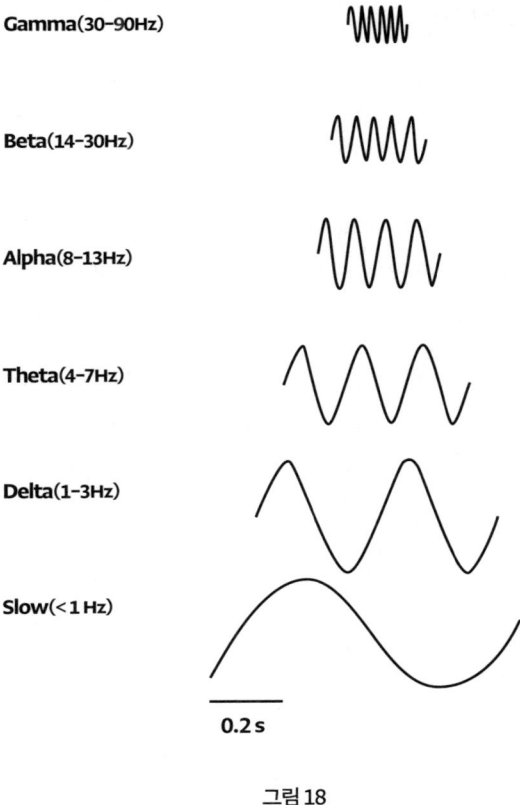

그림 18

퍼토리'에는 수많은 국소 리듬이 저마다 고유한 박자를 타거나 서로 겹쳐 존재한다.[26,27,28,29]

이제 뉴런과 시냅스, 네트워크와 진동에 관한 지식을 어느 정도 습득했으니 상상력이 풍부한 뇌의 뚜껑을 들어 올려 보도록 하자.

뇌의 암흑 에너지

뇌는 항상 활기가 넘치는 기관이다. 체중의 약 2퍼센트를 차지하는 기관이지만 심장에서 나오는 혈류의 10퍼센트에서 20퍼센트를 공급받는다. 혈류는 뇌의 주요 연료인 영양분이 풍부한 포도당과 뉴런 및 뉴런을 지지하는 교세포glial cell 안에서 포도당을 연소할 때 필요한 산소를 운반한다. 안정 상태에서 뇌의 에너지 소비 대부분은 끊임없는 전기화학 활성을 유지하는 데 사용된다.[30] 숙면 상태에서는 에너지 소비량이 조금 줄어들지만 감소폭은 약 15퍼센트에 불과하다. 꿈을 꾸는 렘REM 수면 상태에서는 에너지 소비량이 깨어있을 때 수준으로 돌아간다.[31] 마음은 방황하거나 침묵하거나 잠들어도 뇌는 결코 쉬지 않는다.

지난 25년간, 이 사실은 개념적·기술적으로 매우 다루기 어려운 주제였지만, 그럼에도 불구하고 인간의 마음을 깊이 탐구하는 중요한 발견으로 이어졌다. 바로 뇌의 휴지기 상태 네트워크resting-state network다. 이 놀랍고도 시적인 통찰은 의외로 세상에 잘 알려지지 않았고, 마땅히 받아야 할 주목조차 받지 못했다. 이를 이해하려면 먼저 뇌 영상 기법부터 간략히 살펴볼 필요가 있다.

뇌는 근육과 비슷하다. 예를 들어 경치를 볼 때는 '시각 뇌', 음악을 들을 때는 '청각 뇌'처럼 뇌의 일부를 단련하면 이 영역에 속한 뉴런의 발화율이 상승하고 에너지 수요가 증가하며 뉴런으로 흐르는 혈류도 따라서 증가한다. 이런 혈류 증가는 다양한 방식으로 시각화해 우리 눈으로 확인할 수 있다. 기능적 뇌 영상법을 도입한 초창기인 1970년대에는 실험 참가자의 혈류에 방사성 표지 포도당 같은 방사성

물질을 소량 주입했다. 뇌의 활성 영역이 이런 방사성 물질을 선택적으로 흡수하므로 예를 들어 색깔이나 움직임에 특별한 관심을 보이는 시각 뇌 부분을 특정할 수 있게 됐다.[32]

1970~1980년대에는 신체를 덜 손상시키는 새로운 혁신적 기법이 임상 의학에 도입됐다. 자기 공명 영상법magnetic resonance imaging, MRI은 강력한 자기장과 전파 펄스를 함께 사용해 인체 해부 구조를 아주 정교하게 시각화한다. 1990년 미국 벨연구소의 연구원 오가와 세이지는 적절하게 조정하면 MRI로 모든 뇌혈관에 산소가 얼마나 공급되는지 시각화할 수 있다는 사실을 발견했다. 국소적 산소 농도가 국소적 뇌 활동을 반영하므로 이런 혈액 산소화 농도 의존blood oxygenation level dependent, 줄여서 BOLD 신호는 특정한 정신 작업을 수행하는 중에 어느 뇌 영역이 활성화하는지 가시화하는 방법을 제공한다.[33]

fMRI(여기서 'f'는 functional, 즉 '기능적'을 뜻함)라는 기술은 마음 연구에 혁신을 가져왔다. 이 기법은 종이접기[34]부터 오르가슴[35]에 이르기까지 다양한 상황에서 뇌 활동을 관찰하는 데 활용되고 있다. fMRI의 가장 큰 강점은 특정 과제가 유발하는 뇌 활동을 직접 조사할 수 있다는 점이다. 이에 따라 창의적인 연구자들은 생각과 경험의 구조를 더 깊이 이해하기 위해 그 어느 때보다 정교한 실험을 고안했다. 그러나 놀랍게도 이러한 실험에서 관찰된 뇌 에너지 소비 변화는 전체의 1퍼센트[36]도 채 되지 않았다. 이는 나머지 약 99퍼센트에 해당하는, 이른바 '뇌의 암흑 에너지'[37]가 실제로 어떻게 사용되는지를 둘러싼 의문을 낳으며 다시 '휴지기'라는 주제가 학계의 관심을 받게 했다.

1995년경부터 과학적 관심이 뇌 영상법 연구의 초점이 과제 수행 중에 나타나는 작디작은 변화에서 이전에는 잡음으로 여겨졌던 뇌의 끊임없는 배경 활성으로 옮겨가기 시작했다. 새로운 실험 형태에서는 피험자는 fMRI 스캐너 안에 누워 그냥 가만히 있으라는 지시를 받았다. 그 결과 휴지기에도 뇌는 계속해서 BOLD 신호, 즉 MRI로 보이는 혈류의 리드미컬한 움직임을 일으켰다. BOLD 신호는 신경학 차원에서는 느린 편으로 몇 초에 걸쳐서 오르락내리락한다.

　초기 실험에서는 다음과 같은 접근법을 채택했다. 예를 들어 움직임을 가장 직접적으로 통제하는 뇌 영역인 운동피질처럼 뇌의 작은 부분을 선택한다. 이 작은 부분에서 휴지기 BOLD 반응의 오르내림을 추적하면 뇌의 다른 영역에서 나타나는 BOLD 활동도 같은 패턴을 따를까? 실험 결과, 그랬다! 뇌 반대편에 있는 운동피질과 움직임 통제에 관여하는 관련 영역에서도 같은 패턴이 나타났다. 뇌 뒤쪽에 있는 시각 영역도 마찬가지다. 시각 관련 영역 30여 곳에서 휴지기 활동이 동기화하는 양상이 발견된다. 지금까지는 어느 정도 예측 가능한 범위다. 활동 시 나타나는 느린 변동은 흥미롭지만, 사실 뇌 해부학자들은 운동 영역과 시각 영역 사이에 촘촘한 내부 연결이 있다는 사실을 이미 한 세기 전부터 직관적으로 알고 있었다. 그러나 휴지기 데이터를 다른 방식으로 분석하자 전혀 예상치 못한 결과가 나왔다.

　'모델 프리 수학적 접근'은 뇌 전체에서 활동이 단계적으로 진행되는 영역, 즉 같은 리듬으로 움직이는 영역 집합을 가려낼 수 있었다.[38] 이 방법으로 운동·시각·청각처럼 예상했던 네트워크가 드러났을 뿐 아니라 비교적 분명하지 않았던 집합까지 확인되었다. 더 놀라운 점은, 실험자가 과제를 제시했을 때보다 오히려 휴지기에 뇌가 더 활발하게 작동한다는 특성이 발견된 것이다. 실제로 과제를 수행할 때 여러 영역의 활성도가 일관되게 낮아진다는 연구 결과는 이미 이러한 네트워크의 존재 가능성을 시사하고 있었다.

이 네트워크의 활동은 휴지기에 대단히 활발하게 나타났고, 이 현상을 발견한 마커스 레이클의 말을 빌리자면 이는 뇌 기능의 디폴트 모드를 대표하는 듯 보였다. 따라서 이 네트워크는 뇌의 디폴트 모드 네트워크default mode network로 알려지게 됐다.[39] 디폴트 모드 네트워크는 상상과 밀접한 관련이 있는 것으로 드러났다.

신경의 거미줄

마커스 레이클은 호기심 많고 결단력이 있으며 본인의 표현에 따르면 운이 좋은 신경학자다. 그는 현대 뇌 영상법이 막 시작된 1970년대 세인트루이스의 워싱턴대학교에서 뇌로 가는 혈류를 연구했다. 그는 이후 폭발적으로 쏟아져 나온 뇌 관련 데이터를 충분히 소화하고 대응할 수 있는 연구자였다. 50년이 흐른 후 레이클은 고향에서 멀지 않은, 부모에게 물려받은 집의 목조 서재에서 나와 이야기를 나눴다. 그는 고령에도 불구하고 연구를 중단할 계획이 없었다. "오랜 세월 동안 저는 특별한 기회를 누렸습니다. 발견하는 흥분은 여전히 사라지지 않았습니다."

당신이 레이클의 초기 실험에 참가했다고 상상해 보자. 이 실험은 가상 사례이지만 전형적인 유형이다. 실험 참가자 이름은 에밀리라고 부르겠다.

레이클이 에밀리에게 뇌 스캐너 안에서 편안하게 있으라고 말한다. 실험에는 일 이 분 정도 걸린다. 방사선 촬영기사가 왼쪽 엄지손가락으로 버튼을 누르면 언제라도 실험을 중단할 수 있다고 설명한다. 이제 에밀리는 스캐너 안에서 자리를 잡았다. 가능한 한 움직이지 말라는 지시가 있다. 조금 피곤한 에밀리는 누웠더니 기분이 좋다. 시키는 대로 눈을 감았다. 갑자기 마음이 방황하기 시작한다. 아침에 남편이 무슨 말을 해서 웃었더라? 그러고 보니 다음 주가 남편 생일이다. 실험이 끝나면 선물을 찾으러 가야겠다. 젠장, 몇 주일 동안 책상 위에 방치했던 세금 신고서도 작성해야 한다. 귀찮다. 하지만 적어도 곧 여행을 떠날 계획이다. 대학 시절부터 오랜 친구인 프레야, 앤과 함께 하이킹을 가기로 했다. 10년 넘게 매년 봄이면 모임을 갖고 있다. 이윽고 에밀리는 친구들과 함께 했던 마지막 휴가를 떠올린다. 구름 한 점 없는 하늘 아래서 강가를 거닐던 날이 눈앞에 선하다. 한동안 이런 공상에 빠져 있었을 때 방사선 촬영기사가 헤드폰으로 몇 마디 말을 거는 바람에 정신이 번쩍 든다.

"에밀리 씨, 눈을 뜨고 화면을 봐주시겠어요? 잠시 후에 P로 시작하는 단어를 1분 동안 생각나는 대로 최대한 많이 말하라고 요청할 거예요."

에밀리가 P로 시작하는 마지막 단어를 말했을 때 방사선 촬영기사가 다시 돌아왔다. "죄송하지만 실험을 중단해야겠습니다. 조금 전에 남편 분께 연락이 왔어요. 아드님인 샘이 학교에서 넘어져 팔이 부러졌다고 합니다. 남편 분이 응급실에서 만날 수 있을지 물어보셨어요. 지금 구급차로 이 병원으로 오는 중이랍니다." 당신은 짐을 챙겨 눈물을 글썽이며 주차장으로 달려간다.

불쌍한 에밀리와 불쌍한 샘. 하지만 마지막 단락을 읽으면서 당신이 경험했기를 바라는 바가 이 책의 핵심에 가깝다. 에밀리의 경험을 뇌의 관점으로 살펴보자.

에밀리가 긴장을 풀고 주변 환경에서 벗어나자 디폴트 모드 네트워크가 활발하게 활동하기 시작했다. 디폴트 모드 네트워크는 기억을 형성하고 저장하는 데 관여하는 측두엽 부분과 '우리'에게 관심을 갖는 두정엽parietal lobe과 전두엽의 내부 표면 영역을 연결한다. 자기 성찰이 필요한 과제를 할 때 이 영역이 강하게 활성화한다. 디폴트 모드 네트워크는 에밀리가 뇌 스캐너에 들어가서 처음에 몇 분 동안 그랬듯이 마음이 자기 자신과 소중한 사람에 관한 기억과 계획, 생각 사이를 자유롭게 방랑할 때 특히 활성화한다. 백일몽을 꾸면서 친구들과 강가를 거닐었을 때 에밀리는 마음의 눈으로 그 풍경을 엿봤다. 몇 초 동안 디폴트 모드 네트워크의 활동이 시각 뇌로 흘러들어 구름 한 점 없는 그 날에 일어난 활동을 어렴풋이 반영했다.

하지만 공상은 너무 짧았다. P로 시작하는 단어를 열거하라고 지시하자 디폴트 모드 네트워크가 잠잠해졌다. 그 틈을 타서 인지 통제에 관여하는 네트워크가 주도권을 넘겨받았다. 과제를 통제하는 집행 네트워크는 두정엽과 전두엽 외부 표면 영역을 연결한다. 이 부분은 암산, 언어, 문제 해결 등 어려운 정신 과제에 관여한다.

이처럼 두 시스템의 활동 사이에서 갑작스럽게 이뤄지는 전환은 디폴트 모드 네트워크와 통제 네트워크가 보통 '음의 상관관계'를 띤다는 점에서 특징적이다. 한쪽에서 휴지기 활동이 증가하면 다른 쪽 휴지기 활동이 감소한다.[40] 이러한 상관관계는 측정 가능한 변화를 가져온다. 외부 자극에 반응하는 통제 네트워크 활동이 증가하면 우리는 피부 접촉에 더 민감해진다. 반대로 디폴트 모드 네트워크가 우세해지면 주의가 다시 내부로 향하면서 이러한 민감성이 감소한다.[41]

남편이 전한 나쁜 소식은 에밀리의 주의를 강하게 끌었다. 에밀리의 '현저성 네트워크'가 즉시 준비 태세를 갖췄다. 현저성 네트워크는 가슴이 철렁 내려앉을 때 극도로 활성화된다.[42] 이 네트워크는 전두엽과 측두엽 사이 깊은 골인 실비우스열Sylvian fissure에 묻힌 영역인 뇌섬엽insula과 전두엽 내부 표면 근처 영역인 전대상피질anterior cingulate cortex을 연결한다. 이는 뇌 깊은 곳에 있는 뉴런 무리를 포함하며 공포 및 분노와 연관된 편도체amygdala, 쾌락과 연관된 복측선조체ventral striatum를 비롯해 충동 및 정서와 관련이 있다. 이름에서 알 수 있듯이 현저성 네트워크는 사건에 정서적 중요성을 부여하고 사건이 발생했을 때 필요한 적절한 반응을 조정한다.

에밀리가 주차장으로 달려가 같은 대형 병원에 있지만 상당히 떨어진 응급실로 차를 몰고 가던 중에 또 다른 사건이 일어났다. 어릴 때 스키를 타다가 골절된 적이 있는 왼팔이 아프기 시작한 것이다. 에밀리는 아들 샘이 진심으로 안쓰러웠고, 아들이 느끼고 있으리라 상상했던 통증이 에밀리 자신의 '통증 매트릭스'(통증을 느낄 때 활성화하는 뇌 영역)⁴³에서 활성화하기 시작했다. 당연하게도 통증 매트릭스는 현저성 네트워크와 일부 겹친다. 에밀리가 샘이 있는 곳으로 차를 운전하는 동안 에밀리의 마음은 이미 응급실에서 샘과 함께 있었고 샘의 고통은 곧 에밀리의 고통이 됐다.

지금 들려준 이야기는 간략화한 것이다. 뇌 네트워크의 정확한 개수, 상세한 조직과 역할을 둘러싸고 열띤 논쟁이 지금도 학계에서 활발히 벌어지고 있다. 또한 뇌 네트워크는 서로 고립된 시스템이 아니라 상호작용하고 어느 정도 유동적이다. 하지만 이 이야기의 본질은 분명하다. '휴지기' 뇌는 그 이름과 달리 활발히 활동한다. 우리 마음이 활발히 움직일 때 관여하는 네트워크 전부 혹은 대부분을 휴지기 뇌에서 식별할 수 있다. 뇌 네트워크는 휴지기에도 계속해서 소통하고, 각 네트워크 안에서 뉴런 발화가 동기화하면서 오르락내리락한다. 그중에서도 디폴트 모드 네트워크가 휴지기에 특히 활발하다. 그 기능은 과거 기억, 미래 예측, 자기 자신 및 가까운 사람에 관한 생각 등 방황하는 마음의 익숙한 관심사에 대응한다.

뇌는 어떻게 창조하는가

우리가 하는 모든 경험에는 나름의 창조 행위가 뒤따른다. 감각으로 직접 느낀 경험이든, 머릿속으로 그려본 상상이든, 그 창의성은 뇌의 자율적이고 역동적인 활동에 좌우된다. 눈에 잘 드러나지 않는 이러한 뇌의 역동성은 왜 어떤 사람들이 한 발 더 나아가 새로운 가치를 만들고, 더 나아가 위대한 문화적 변화를 이끌어낼 수 있는지를 보여준다. 그렇다면 신경과학은 이런 인간 특유의 창의성이 어떻게 발현되는지, 또 왜 어떤 사람들은 남들보다 유난히 뛰어난 창의성을 발휘하는지를 설명할 수 있을까?

잠시 숙고해 보면 아마도 그리 가능성이 높지 않다는 회의적인 대답이 떠오를 것이다. 결국 창조 작업은 대단히 복잡하고 지극히 다양하다. 곡 쓰기와 새로운 수학 정리 증명은 각각 수많은 과정을 거쳐야 하고 둘 사이에 겹치는 부분은 그리 많지 않은 듯 보인다. 수없이 다양한 창조 활동은 차치하더라도 신경과학이 어떻게 이 두 과제를 동시에 조명할 수 있겠는가? 하지만 여러 창의적 사람들의 이야기에서 알 수 있듯이 이들 사이에는 어느 정도 공통점이 있으며, 이 공통점이 뇌에도 반영된다고 기대할 수 있다.

창의성은 두 가지 기본 능력을 전제로 한다. 첫 번째는 아이디어를 창출하는 능력이고 두 번째는 실제로 활용할 아이디어를 고르고 다듬는 능력이다. 이 생각은 이 주제를 다룬 여러 저작에서 일관성 있게 나타난다. 특히 심리학자 도널드 캠벨은 1960년대에 인간 창의성에 대해서 '맹목적 변이와 선택적 보존'이라는 표현으로 두 가지 역할을 강조했다.[44] 캠벨은 정확히 이 두 과정의 조합으로 종의 기원을 설명한 다윈에게 빚을 졌다고 인정했다. 그렇다면 뇌의 어디에 창출과 선택의 기반이 있으며 이 둘은 서로 어떻게 상호작용하는지가 신경과학에서 밝혀야 할 질문일 것이다.

최근 여러 연구가 시를 쓰는 작가,[45] 책 표지[46]나 회화[47]를 기획하는 화가, 즉흥 연주하는 음악가[48], 문제를 해결하는 일반인[49]이 창조 작업을 하는 뇌 활동을 추적 조사했다. 조사 결과, 뇌에는 창의성을 담당하는 단일 영역인 '창의성 중추'가 따로 존재하지는 않았다. 그러나 창출과 선택 과정은 늘 작동하며, 이는 에밀리가 뇌 스캐너 안에 있을 때 확인했던 네트워크와 연결되어 있었다.

아이디어와 창작 소재를 떠올리는 과정은 내성적이고 자기 안에서 조율되는 활동으로 회상과 개인적 의미와 관련된 신경 활동이 일어나는 중심인 디폴트 모드 네트워크에 의존한다. 우리는 미래를 내다보기 위해 과거를 되돌아보고, 새로운 것을 만들어내기 위해 기억이라는 우물에서 재료를 길어 올린다. 반면 선택과 수정 과정은 외부 도전 과제를 맞닥뜨릴 때 작동하는 집행 통제 네트워크와 관련이 있다. 휴지기에는 서로 반대로 움직이는 이 두 시스템이 창작의 순간에는 협력한다. 이런 연구는 자발적으로 작동하는 디폴트 모드 네트워크와 좀 더 의도적인 집행 통제 네트워크가 함께 만들어내는 창의적 이인무二人舞를 연상시킨다.

내 설명이 다소 비현실적으로 들릴 수도 있다. 이런 아이디어가 과학적으로 의미를 가지려면, 실제로 예측이 가능한가라는 기준을 충족해야 한다. 하버드대학교의 로저 비티 연구팀은 2018년에 발표한 논문에서 예측이 가능하다고 주장했다.[50]

비티 연구팀은 163명의 참가자를 대상으로, 확산적 사고를 측정하는 '대체 용도 과제'(예를 들어 벽돌의 새로운 용도를 떠올리는 문제)를 실시하고 이를 참가자들이 실제 생활에서 보이는 창의성과 비교했다. 이 실험 규모는 창의성 연구에서는 비교적 큰 편에 속한다. 참가자들이 과제를 수행하는 동안 fMRI로 뇌 활동을 촬영했다. 분석 결과, 디폴트 모드 네트워크·집행 네트워크·현저성 네트워크, 이 세 가지 뇌 네트워크 간의 연결이 활발할수록 과제 점수가 높았다.

이 연구의 핵심 발견은, 이른바 '창의적 커넥톰(창의적 뇌 회로도)'이라 불리는 뇌 연결망을 통해 참가자들의 창의력을 어느 정도 예측할 수 있었다는 점이다. 예측이 완벽하지는 않았지만 창의성이 뇌 속에서 어떻게 작동하는지를 이해하는 데 중요한 단서를 제공했다. 다른 연구 팀은 로저 비티의 이 결과를 이렇게 해석했다. "창의적인 사람들은 인지와 감정, 의도적 사고와 즉흥적 사고처럼 서로 다른 방식의 사고를 유연하게 오갈 수 있는 능력을 갖추고 있다."[51] 이러한 해석은 2장에서 소개한 필립 풀먼이나 데이비드 그레이 같은 예술가들이 자신들의 창작 과정을 설명할 때 했던 이야기와도 맞아떨어진다.

그러나 여전히 밝혀야 할 것이 너무 많다. fMRI는 특정 과제에 관여하는 뇌 영역을 찾아낼 수 있지만 혈류 변화를 추적하는 방식이라 실제 과정에 비해 속도가 느리다는 한계가 있다. 반대로 뇌전도EEG나 좀 더 정교한 자기뇌파검사MEG는 뇌 안에서 일어나는 사건의 시간적 흐름을 살펴보는 데는 적합하다. 그러나 정확한 위치를 짚어내기는 어렵다. 결국 이런 기법들은 서로 보완적이며 앞으로도 창작 과정의 미세한 세부 사항을 규명하는 데 핵심적인 역할을 할 것이다.

뇌는 잠들지 않는다

숲속을 뛰고 있으니 계속해서 머릿속에 생각이 떠올랐다. 친구와 최근에 나눴던 영상통화, 이번 주말에 어디로 떠나기 전에 끝내야 하는 집안일, 최근에 읽었던 몇몇 글 사이의 흥미로운 연결고리 같은 것들이었다. 하루 일과를 마치고 인지 통제에서 벗어나면 뇌에서 일어나는 흥미롭지만 보통은 의식하지 못하는 과정을 얼핏 엿볼 수 있다. 이 과정은 2장에서 살펴본 스키드스의 세 번째 요소인 자발성의 힘을 잘 보여준다. 뇌의 자율적이면서도 역동적이고 활기차고 자발적인 활동이 이번 장의 중심 주제다. 이 주제는 과소평가받아 왔지만 창의성과 꿈은 관련이 있으므로 여기서 세 가지 사례를 소개하고자 한다. 바로 숲속을 달리는 동안 내 뇌에서 일어나는 과정, 우리 꿈에서 생생하게 보이는 자발성, 통찰 현상이다.

최근 우리 동네 연못에 물쥐 개체수가 늘어나고 있다. 물쥐는 호기심이 많은 동물로, 물가의 잡초와 틈새 사이를 코로 헤치며 보금자리를 찾아 나아간다. 동물 심리학자 손에 들어간 실험용 쥐는 미로를 탐색하는 데 많은 시간을 보낸다. 미로 탐색은 쥐에게 적합한 행동이다. 쥐 덕분에 가장 집중적으로 연구된 뇌 영역은 해마hippocampus다.

해마는 측두엽 내부 표면에 자리 잡은 긴 구조물로 바다에 사는 해마를 닮았다. 해마가 기억 형성에 중요한 역할을 수행한다는 사실은 1950년대에 환자 HM이 뇌수술을 받은 이후 새로운 의식적인 기억을 형성하는 능력을 잃으면서 밝혀졌다. 영국 과학자 존 오키프는 해마 내 뉴런이 쥐(혹은 인간)가 서식하는 환경의 지도를 만든다는 사실을 밝힌 연구로 2014년 노벨 생리의학상을 수상했다.[52] 동물이 미로에서 대응하는 지점에 도달하면 해마 내 특정한 '장소 세포'가 활성화한다. 해마가 공간 지도를 작성한다는 발견은 그 자체로 무척이나 흥미롭다. 하지만 이 연구는 이 책과 아주 관련성이 높은 또 다른 통찰로 이어졌다.

새로운 미로를 탐색한 후에는 쥐의 해마 내 장소 세포가 수면 중에 쥐가 돌아다닌 궤적을 재생하고 관련 장소 세포가 적절한 순서로 발화한다.[53] 이 과정으로 미로 기억이 응고된다. 재생이 얼마나 자주 일어났는지에 따라 이후 미로 탐색에서 쥐가 보여주는 기억의 질이 달라진다.[54] 기억을 형성하기 위해 최근 경험을 무의식적으로 재생하는 이 과정이 우리 인간의 뇌에서도 수면 중에 발생한다는 증거가 늘어나고 있다.[55]

수면 중에 일어나는 '재생 사건'은 원래 경험이 빠르고 압축된 형태로 다시 나타나는 현상으로 감마파 영역에서 초당 약 100회의 속도로 매우 빠르게 뉴런이 발화할 때 발생한다.[56] 이 짧은 폭발은 느린 수면파 사이에 자리 잡으며 해마에서 시작해 뇌 전역으로 퍼져나간다. 이 과정에서 해마에 저장된 단기 기억이 다른 영역과 장기적인 연결을 형성한다.[57] 재생은 잠자는 동안뿐 아니라 깨어서 휴식할 때도 일어나며 이는 기억과 밀접한 디폴트 모드 네트워크 활동 증가와 맞물려 있다.[58] 흥미롭게도 재생은 역방향으로 진행돼 '집으로 돌아가는 길'을 떠올리게 하거나 실제 경험의 순서를 바꾸는 '상상 모드'로 나타나기도 한다.[59, 60] 구글 딥마인드 연구팀은 인간의 뇌가 재생할 때 경험을 내부 모델에 맞춰 재조직한다는 사실을 발견했다. 예를 들어 물웅덩이 → 깨진 꽃병 → 시든 반려동물을 본 경험이 재생 과정에서는 반려동물 → 꽃병 → 물웅덩이 순서로 재배열될 수 있다.[61, 62]

뇌에서 일어나는 '재생 사건'은 매우 짧고 대개 지속 시간이 1초도 되지 않는다. 무의식적으로 일어날 때가 많고, 의식적인 경우라 해도 지속 시간이 너무 짧아 크게 고려할 가치가 없다. 재생과 비슷한 현상이 기억 형성에 관여한다고 처음으로 추측했던 19세기 심리학자 뮐러와 필제커는 이 과정을 좀 더 의미 있게 바라봤다.[63] 두 학자는 내가 숲속을 뛰면서 경험했던 것과 같은 '문득 떠오르는 생각'이 기억을 평소에는 무의식중에 일어나지만 기억을 형성하는 '지속적' 과정을 엿볼 수 있게 해 준다고 생각했다.

재생은 대체로 무의식적으로 일어나기에 더욱 흥미롭다. 이는 우리가 의식하지 못하는 뇌에서 얼마나 많은 일이 벌어지고 있는지를 보여준다. 이는 창의적 사고를 포함한 무의식적 정신 활동의 가능성 자체를 의심하는 회의론자들에게 하나의 답이 된다. 그런데 뇌의 자발적 활동 가운데 두 번째 사례는 무의식 속에서 벌어지지만 때때로 강렬히 의식되는 독특한 경험, '꿈'이다. 이를 설명하기 위해 세 사람의 일화를 살펴보자.

내 배우자는 에든버러 페스티벌 프린지에서 매년 공연을 하는 동료와 함께 일한다. 올해 그 동료는 공연에서 카드놀이를 해야 한다. 동료가 내 배우자에게 카드를 빌려줄 수 있는지 물었는데 카드가 없어서 어머니에게 전화했다. 언제나처럼 친절한 어머니는 최선을 다했다. 어머니는 카드를 찾기는 했지만 현재 팬데믹 상황이라 카드를 전달할 약속을 잡기가 쉽지 않았다.

나는 도심 한가운데를 헤엄치고 있다. 양쪽에는 고층건물이 늘어서 있다. 나는 유리로 덮인 익숙한 높은 다리 아래로 물보라를 일으키며 나아간다. 하지만 지금 나는 시골에 있다. 어수선하고 풀로 뒤덮인 둑 사이로 평영을 하면서 물이 지하 동굴 같은 곳으로 곤두박질치는 까다로운 지점을 살피고 있다. 잠시 후 나는 바다로 나와 익숙한 북부 해안을 따라 자유형으로 보트를 쫓는다.

나는 아프리카의 크고 아름다운 하얀 집에 있다. 끝에서 두 번째 계단에 앉아 있다. 창문은 크고 주변이 환히 빛난다. 나는 무리 지어 지나가는 사람들을 바라본다. 갑자기 내가 사랑하는 사람이 다가온다. 그는 여기저기 쳐다보다가 놀랐다는 듯이 말한다. "영원히 당신을 사랑할 거야." 그가 떠난다. 나는 얼어붙는다.

이것은 세 사람이 꾼 꿈 이야기다. 첫 번째는 내 배우자가 어젯밤에 꾼 따끈따끈한 꿈이다. 상당히 전형적인 꿈이다. 기괴하고 격렬한 정서가 넘치는 꿈도 있지만 가족, 친구들과 일상 속에서 상호작용하는 평범한 꿈이 더 많다.[64] 두 번째는 내가 반복해서 꾸는 강에서 수영하는 꿈이다. 이유는 잘 모르겠지만 나는 거의 모든 야외 수영을 꿈에서 한다. 세 번째는 '꿈이 장애를 초월할 수 있다'는 맥락에서 꿈을 다룬 연구에서 발췌한 가슴 아픈 사례다.[65] 끝에서 두 번째 계단에 앉아 있던 여성은 청각장애인이다.

수면은 뇌에서 일어나는 다른 많은 현상과 마찬가지로 리드미컬하고 음악적이다.(그림 19) 잠이 든 다음 처음 한두 시간 정도는 수면이 깊어지는 단계를 거쳐 N3 뇌 상태로 들어간다. N3는 초당 진동이 몇 차례에 불과한 느린 델타파 전기 활성이 지배하는 단계다. 그 후 다시

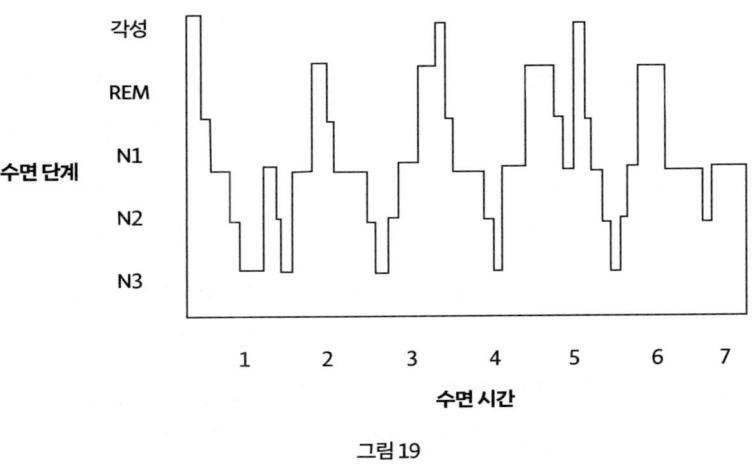

그림 19

점점 활성 수준이 오르다가 뇌 활성이 각성과 비슷한 상태까지 올라간다. 눈을 감고 있지만 눈동자는 여기저기로 움직이고 생리적 각성 징후가 넘친다. 심장이 빨리 뛰고 음경이 발기하고 음핵이 팽창한다. 하지만 역설적이게도 팔다리는 마비된다. 바로 렘수면 상태로 우리가 꿈을 꾸는 단계다.

비(非)렘수면 중에는 뇌의 에너지 소비량이 약 20퍼센트 줄어든다. 하지만 렘수면 중에는 각성 수준으로 올라가면서 뇌 전체에 독특한 활성 패턴이 나타난다. 디폴트 모드 네트워크 상당 부분을 포함해 정서와 기억, 시각에 관여하는 영역이 특히 활성화하는 반면, 전두엽의 냉철하고 이성적인 중추는 잠잠하다.[66] 밤이 깊어지면서 이 수면 단계가 여러 차례 반복해서 나타난다. 새벽녘에는 서파 수면 기간이 짧고 얕아지고 렘수면 구간이 더욱 두드러지게 나타난다.

프란체스카 시클라리는 스위스의 꿈 과학자이자 신경학자다. 시클라리가 이탈리아계 미국인 의식 연구자 줄리오 토노니와 공동으로 진행한 최근 연구에서는 주관적 경험과 기록된 뇌 활동 사이의 아름다운 상관관계를 밝혀냈다.[67] 렘수면에서는 각성 수준이 약 80퍼센트로 높지만, 비렘 수면에서도 약 50퍼센트의 각성 수준에서 꿈을 꾼다. 다만 이 경우의 꿈은 보통 지속 시간이 짧고, 덜 기이하며 정서적 강도도 약하다. 이 현상은 오랫동안 수수께끼였다. 시클라리는 수면 단계와 무관하게 꿈을 꾼다는 경험에 공통된 신경학적 특성이 있는지 궁금했다. 그래서 그녀는 두피 전체에 256개의 전극을 부착해 고밀도 뇌파를 기록했다. 그리고 수면과 각성을 반복시키는 실험을 통해 '핫 존'hot zone,◐ 특히 뇌 뒤쪽 시각 영역에서 일어나는 활동이 꿈꾸는 경험을 예측한다는 사실을 밝혀냈다.

나아가 연구자들은 꿈의 구체적인 내용이 국지적인 뇌 활동과 관련이 있다는 사실도 밝혀냈다. 지각적 요소가 강한 꿈은 시각 영역을, 언어가 중심인 꿈은 언어 이해 영역을, 사유가 두드러지는 꿈은 전두엽을 활성화했다. 이렇게 꿈에서 일어나는 풍부한 정신 체험은 변화하는 뇌 활동 패턴에 충실히 반영된다. 재생과 렘수면은 모두 자발적이고 역동적이며 때로는 창의성까지 드러내는 뇌 활동의 좋은 사례다.

마지막으로 통찰 연구를 살펴보자. 여기에서 통찰이란 뻔하지 않

◐ 뇌의 뒤쪽 부분에 위치한 의식에 관여하는 특정 영역

은 해결책이나 아이디어를 갑자기 예고 없이 발견하는 것을 뜻한다. 이런 통찰은 종종 긍정적 정서의 폭발(때로는 오싹함)을 동반하고 창조 과정에 따르는 교착 상태를 타개하는 계기가 되기도 한다. 과학자들은 통찰력 있는 해결책을 분석적인 해결책과 비교해 연구해 왔다. 이런 연구에는 단어 구성 검사와 원격 연상 검사를 활용한다.

미국 심리학자 존 쿠니오스와 마크 비먼은 2009년에 통찰의 순간에 우측 상측두엽에서 빠른(감마 진동수) 뇌전도 활동이 폭발적으로 나타난다고 보고했다.[68] 이 뇌 영역은 단어의 의미를 표현하지만, 그 방식이 흥미롭다. 언어 우세 반구인 좌반구에서는 단어가 비교적 정확하게 표상되지만, 우반구에서는 보다 넓고 느슨한 연상의 '의미장'semantic field이 활성화된다. 특히 초점을 좁히면 오히려 성공률이 떨어지는 '원격 연상 검사'에서는 이러한 의미장 활성화가 중요하게 작용한다. 은유처럼 비유적인 표현을 이해하거나, 긴 설명 속에서 핵심을 추출할 때도 엄밀한 연상보다는 느슨한 연상이 더 유리하며, 이런 과제에서 뇌의 우반구가 주도적인 역할을 한다.[69] 쿠니오스와 비먼 연구팀은 이러한 과제를 수행할 때 통찰력 있는 해답을 낸 사람일수록 '휴지기' 상태에서 우측 측두엽 활동이 더 활발하게 나타난다는 사실을 확인했다.

통찰력 있는 해결책은 자발적이지만 순식간에 떠오르지는 않는다. 재생이나 꿈이 일어나는 과정과 마찬가지로 통찰력 있는 해결책 역시 역동적이고 자율적인 뇌에서 일어나는 무의식적 작업에 달려 있다.

아름다움의 과학

2021년 4월, 위대한 소프라노 가수 크리스타 루트비히가 오스트리아 자택에서 93세를 일기로 세상을 떠났다. 루트비히는 자신의 장례식에서 구스타프 말러의 가곡을 연주해 달라는 유언을 남겼다. 그녀는 '당연히 내가 부른 곡'이어야 한다고 명시했다. "나는 세상에서 길을 잃었다"로 시작하는 이 노래는 내가 듣기에 사랑과 아름다움, 황량함을 동시에 정맥 주사로 주입하는 듯한 예술의 극치로 느껴졌다. 그때까지는 루트비히가 부른 이 노래를 들어본 적이 없었지만 그 목소리는 놀라울 정도로 슬펐다. 영국 클래식 음악 채널인 라디오 3은 루트비히의 죽음을 애도하며 24시간 동안 두 차례 그녀의 공연을 중계했다. 나는 그날 그녀의 목소리를 들을 때마다 주방에서 하염없이 흐느껴 울었다.

어떻게 노래 한 곡이 이런 감정을 불러일으킬 수 있을까? 우리가 느끼는 아름다움의 원천은 무엇일까? 지난 반세기 동안 신경과학은 창작자와 감상자 양쪽의 입장에서 창의성에 품는 기쁨의 기원을 밝히기 시작했다.

나는 토론토에서 로버트 자토레와 식사를 하면서 이를 다룬 획기적인 연구의 배경을 알게 됐다. 자토레는 오르간 연주자이자 상상력이 풍부한 캐나다 신경과학자다. 박사 후 과정 연구원 앤 블러드가 자토레의 연구실에 합류했다. 블러드는 록 드러머였다. 두 사람은 서로 상반되는 장르이기는 하지만 음악을 즐긴다는 데 공통분모가 있지 않을까 궁금해 하기 시작했다. 그들은 좋아하는 악절을 들을 때 오싹함, 즉 등줄기를 타고 흐르는 전율을 느낀다는 사실을 깨달았고, 뇌에서 그런 느낌이 시작되는 근원을 추적할 방법을 고안했다.

그들은 음악가 10명을 초대해 각자 전율이 느껴지는 악절을 고르도록 했다. 이런 악절은 매우 일관성이 있었다. 한 번 전율을 느낀 악절이면 다음에 들을 때도 전율을 느낀다. 하지만 개인차가 뚜렷하게 나타난다. 당신이 전율을 느낀 곡을 들어도 나는 아무런 감흥이 없을 수 있다. 이런 특성은 훌륭한 실험 기회가 됐다. 듣는 사람이 오싹함을 느끼는 악절과 그렇지 않은 악절을 번갈아 들을 때 뇌에서 어떤 변화가 일어나는지에 따라 음악을 들을 때 쾌감을 느끼는 뇌 영역을 밝힐 수 있다. 뇌의 몇몇 영역이 오싹함의 강도에 따라 활동이 증가하면서 배경에서 두드러지게 눈에 띄었다.[70] 각성과 연관된 영역도 있고 움직임과 관련이 있는 영역도 있었다. 오싹함은 미묘하지만 측정할 수 있는 근육 긴장과 호흡 깊이 증가를 동반한다. 하지만 눈에 띄는 발견은 뇌의 핵심 보상 체계의 주요 영역이 활성화하는 현상이었다. 코카인 복용 시 나타나는 쾌감 급증, 오르가슴의 강렬한 흥분, 초콜릿을 먹을 때 느끼는 온화한 즐거움, 음악을 들을 때 나타나는 중독적인 오싹함 모두 보상 체계 활성화를 동반한다.

모르텐 크링겔바흐는 덴마크 오르후스대학교와 영국 옥스퍼드대학교를 오가면서 연구하고 있다. 헤도니아hedonia(행복) 연구 팀의 리더인 크링겔바흐는 쾌락의 신경 기반에 관한 세계 최고의 전문가다. 그의 연구 팀이 원함wanting과 좋아함liking, 쾌락 학습에 필수적이라고 특정한 뇌 영역들은 음악을 듣고 등줄기를 타고 흐르는 전율을 느낄 때 흥분하는 뇌 네트워크와 거의 완벽하게 일치한다.[71] 이 영역들은 흥미롭게도 모두 뇌의 깊숙한 곳에 위치해 있다. 뇌의 겉껍질이라고 할 수 있는 정교한 대뇌피질은 인간이 사고하는 데 아주 중요한 역할을 한다. 쾌락을 담당하는 보상 체계는 대뇌피질보다 훨씬 깊은 뇌 영역에 자리 잡고 있다.

쾌락과 관련된 주요 영역 여덟 개는 누구나 다 알 법한 이름은 아니다. 하지만 이 영역들이 좀 더 큰 세 그룹에 속한다는 사실을 알면 이해하는 데 도움이 된다. 첫 번째 그룹은 변연계에 속한다. 기억, 정서, 후각에 중요한 이 뇌 영역은 약 1억 5,000년 전에 소형 포유류에서 처음으로 나타났다. 인간의 뇌에서 변연계 영역은 대뇌피질의 내부 가장자리, 즉 변연邊緣에 있다. 변연계 안에서도 쾌락에 관여하는 주요 부위는 해마, 편도체, 뇌섬엽, 대상엽, 안와전두피질이다. 쾌락에 관여하는 두 번째 그룹은 대뇌피질 깊은 곳에 있는 살구 크기의 신경 조직 덩어리인 기저핵basal ganglia에 있다. 기저핵은 운동 통제와 관련이 있으며 파킨슨병에 걸리면 그 기능이 쇠퇴한다. 기저핵의 일부분이 쾌락과 중독에 중요한 역할을 수행한다. 쾌락 뉴런의 세 번째 그룹은 아래로는 척수, 위로는 대뇌반구를 연결하는 영역인 뇌간에 있다. 뇌간은 정말 중요하다! 아랫부분은 호흡과 심장박동을 조절해 생명을 유지하는 역할을 하고, 윗부분에는 수면과 각성, 기분, 동기를 조절하는 뉴런이 있다.

우리는 등줄기를 타고 흐르는 전율을 일으키는 악절을 그저 아름답다고 표현하곤 한다. 그밖에 무엇을 아름답다고 느낄까? 예를 들어 특정한 얼굴과 몸, 자연 풍경과 경치, 꽃, 매력 있는 의복, 예술 작품, 마음을 사로잡는 아이디어를 꼽을 수 있다. 이 목록은 등줄기를 타고 흐르는 전율 그 자체처럼 육신과 천상을 잇는다는 점에서 의미심장하다. 런던에서 활동하는 신경과학자 세미르 제키는 아름다움의 신경학적 기초에 흥미를 느꼈다. 그는 초기에 색깔과 움직임 등 시각 세계의 여러 측면을 분석하는 피질 영역을 구체적으로 밝히는 연구를 했다. 최근 뇌가 아름다움에 어떻게 관여하는지 밝힌 그의 연구는 쾌락의 감각적 측면과 지적 측면이 같은 신경 영역을 공유한다는 설득력 있는 증거를 제시한다.

제키는 블러드와 자토레의 연구 방법을 참고해 학생 참가자 10명에게 정물화, 초상화, 풍경화, 추상화 등 회화 작품 300점에 추함, 중립, 아름다움으로 평가해 점수를 매기도록 했다.[72] 각 학생은 이런 세 범주에 속한 그림들을 섞어 감상하면서 뇌 스캔을 받았다. 그 결과 뇌의 특정 영역이 평가 과정을 따라 움직이며 특히 아름다움을 지각할 때 활동이 높았다. 이 영역은 블러드와 자토레가 파악한 네트워크에서 중요한 역할을 담당했고 크링겔바흐가 밝힌 주요 쾌락 영역 중 하나인 안와전두피질orbitofrontal cortex에 있었다. 제키의 연구팀은 음악에서 아름다움을 느끼는 경험도 같은 영역과 관련이 있다고 밝혔다.[73]

아이디어도 아름다울 수 있다. 제키는 소수의 사람만이 기쁨을 찾는 난해한 형태의 아름다움, 즉 수학 방정식에서 찾아볼 수 있는 아름다움에 주목했다.[74] 수학자들이 fMRI 스캔을 받는 동안 방정식 60개를 평가했다. 아름다움을 평가하는 점수가 증가함에 따라 활동이 증가한 유일한 뇌 영역이 바로 제키가 이전에 미술과 음악의 아름다움을 연구하면서 확인한 바로 그 안와전두피질의 같은 영역이었다. 로베르토 카베사가 주도한 후속 연구에서는 매력 있는 얼굴이나 가치 있는 행동(물에 빠진 사람을 구조하는 행위 등)을 판단할 때도 이 영역의 활동이

증가한다고 나타났다.[75]

　음악, 미술, 방정식, 얼굴, 헌신 등 우리가 아름답다고 느끼는 다양한 대상이 뇌의 안와전두피질에 있는 한 영역을 자극한다. 이 영역을 가리켜 뇌의 '아름다움 중추'라고 부르기 쉽지만 이는 오해의 소지가 있다. 오히려 이 연구는 이렇게 다양한 아름다움의 원천이 뇌에서 중요한 어떤 특성을 공유한다는 사실을 보여준다. 이런 다양한 아름다움의 원천은 보상이라는 공통 요소를 동원해 긍정적인 동기와 몰입을 촉진한다. 카베사의 연구는 '뇌섬엽'이라는 영역에서 이와 정반대 현상이 일어난다는 사실도 발견했다. 뇌 영상 촬영 결과 매력 없는 얼굴과 비난받을 만한 행동을 접했을 때 뇌섬엽에서 활성화 정도가 증가했다. 뇌섬엽의 활성화는 회피 및 혐오와 관련이 있다.

　아름다움을 경험할 때면 황홀경이 찾아올 때가 있다. 황홀경을 이루는 요소로는 최고의 정신적·육체적 행복감, 자아의 경계 확장(때로는 그 경계가 사라지는 수준에 이르기도 한다), 주변 세계가 고조되는 경험, 영원함을 꼽을 수 있다. 강렬함, 행복, 자기초월, 감각적 존재감, 영원함 같은 요소는 세상과 하나가 되는 신비한 경험, 환각제 복용에 따르는 향정신성 경험, 오르가슴, 아름다움에 대한 감상, 명상 등 놀라울 만큼 다양한 맥락에서 발생한다. 이와는 결이 다른 예기치 못한 상황이 하나 더 있는데, 바로 뇌전증이다.

　뇌전증을 앓던 표도르 도스토옙스키가 묘사한 황홀경 발작은 무척이나 유명하다.[76] 소설 《백치》에서는 주인공 미쉬킨 공작에게 찾아온 발작을 이렇게 묘사한다. "그의 간질병은 발작 직전에 찾아오는 단계가 있었다. 슬픔을 느끼는 가운데 갑자기 영적인 암흑과 우울감이 몰려오고 뇌가 불붙는 듯했다… 마음과 심장에 눈부신 빛이 넘쳐흘렀다."

뜻밖에도 황홀경 발작에 대한 연구는 다시 한 번 뇌의 혐오와 회피를 담당하는 중심 부위, 뇌섬엽에 주목하게 한다. 뇌섬엽은 측두엽 아래, 전두엽과 두정엽 사이의 깊은 틈인 실비우스열 속에 묻혀 있는 섬처럼 생긴 구조다.

스위스 로잔의 신경학자 파비엔 피카르는 황홀경 발작이 바로 이 뇌섬엽에서 시작된다고 본다.[77,78] 뇌섬엽은 감정과 정서를 담당하는 영역으로, 기대와 현실이 어긋날 때 '예측 오류 신호'를 만들어내는 역할을 한다. 예를 들어, "남편이 곧 기차에서 내릴 거야!"라는 기대와 "기차는 이미 떠났고, 남편은 보이지 않아!"라는 현실이 충돌할 때, 뇌섬엽은 이 차이를 감지하고 반응한다. 이런 비교 작용은 우리가 주변 환경과 행동을 조율하고 조정하는 데 필수적이다.

또한 뇌섬엽은 앞서 언급한 현저성 네트워크의 핵심 부위이기도 하다. 하지만 같은 기능 때문에, 뇌섬엽은 때로 내면의 불안을 유발하는 중심이 되기도 한다. 이 부위는 계속해서 '뭔가 잘못됐다'는 신호를 보내는데 실제로 강박 장애 환자의 경우 뇌섬엽의 부피가 증가한 모습이 나타나기도 한다.

피카르는 황홀경 발작이 일어날 때 핵심은 이 예측 오류 시스템이 잠시 꺼지는 것이라고 본다. 스트레스와 혼란 속에서도 모든 것이 딱 맞아떨어지는 순간, 우리는 강렬한 평화감과 함께 자신과 세상이 하나가 된 듯한 느낌을 받는다.

창의성이나 감탄에서 얻는 보상이 뇌의 쾌락 체계와 연결된다고 해서, 창의성이 단순히 신경적 흥분과 바로 연결된다는 뜻은 아니다. 예를 들어, 소설을 쓰는 일, 코카인을 흡입하는 일, 성관계와 새로운 은하를 발견하는 일은 모두 완전히 다른 활동이다. 하지만 이처럼 전혀 다른 활동들이 공통된 신경 기반을 공유한다는 사실은, 우리가 왜 어떤 일을 하고, 무엇에서 만족을 느끼는지를 이해하는 데 중요한 실마리를 제공한다. 이런 통찰은 개인 간 차이를 이해하고 수용하는 데도 도움이 된다. 추상적인 수학 방정식이나 이별 노래, 아름다운 외모나 고귀한 행동이 우리 뇌의 같은 영역을 자극한다는 사실을 알게 되면, 왜 서로 다른 것들이 각기 다른 사람에게 감동을 주며 사랑받는지를 설명할 수 있게 된다.

뇌가 주로 하는 업무는 예측이다. 평범한 예측(내 시야 오른쪽 끝에 보이는 희고 푸른 자국은 분명히 찻잔이다. 오른손을 이렇게 움직이면 찻잔을 입술로 가져올 수 있을 것이다.)도 하고 난해한 예측(다음 몇 문장을 어떤 식으로 잘 표현하면 당신이 예측과 뇌에 관한 내 생각을 이해할 수 있을 것이고, 그렇지 못하면 우리 둘 다 곤혹스러울 것이다.)도 한다.

예측 작업을 하려면 세상과 자기 자신을 이해할 효과적인 모델이 필요하다. 우리는 세상을 살아가면서 무의식중에 이런 모델을 항상 사용한다. 예측이 맞아떨어질 때는 보통 예측하고 있다는 사실을 깨닫지 못한다. 하지만 예측하는 뇌는 결코 쉬지 않고 끊임없이 자기 자신과 활발하게 소통한다. 생기 있는 예측 네트워크는 항상 리드미컬한 수다를 나눈다. 화제는 주로 과거 일이지만, 최근 경험을 반영해 모델을 개량하는 가운데 뇌는 미래를 주시한다. 핵심은 우리에게 중요한 대상에 관한 예측을 최적화하는 것이다. 때때로 우리는 통찰이 번뜩이는 순간이나 문득 떠오르는 생각, 꿈과 같은 의식 표면 아래서 활발하게 이뤄지고 있는 작업을 감지한다.

복잡하고 변화무쌍한 세상에서 예측은 쉬운 일이 아니다. 따라서 뇌가 낯선 문제에 참신한 해결책을 내놓을 수 있다면 아주 유리할 것이다. 이는 세상을 바라보는 모델을 다듬고 개선해 나가는 자연스러운 과정이다. 우리 인간은 참신한 상상을 하면서 생계를 꾸려왔다. 무엇보다도 우리는 이를 혼자가 아니라 함께 했다. 지금이야말로 활발히 기능하는 우리 뇌에서 선사 시대 화석으로 시선을 돌려 우리가 어떻게 상상력을 공유하고 활용하게 됐는지 살펴볼 때다.

하지만 우선 잠시 여기서 바라보는 풍경을 즐겨 보자. 반세기 전, 감각과 운동은 신경과학의 손길이 닿는 범위 안에 들어왔지만, 신경과학이 우리 경험과 행동의 미묘한 뉘앙스까지 제대로 이해할 수 있을지는 확실하지 않았다. 미지의 대뇌피질 영역을 가로지르는 불확실한 계산이 어찌어찌 자극을 반응으로 바꿔놓았을 뿐이었다. 현대 신경과학이 지난 50년 동안 밝혀낸 끊임없이 활동하고, 조화롭게 진동하고, 복잡하면서도 협조적인 네트워크를 구성한 인간의 뇌는 다채로운 인간의 자아가 머무르기에 훨씬 더 좋은 보금자리다. 인간의 정신은 뇌에 깃들어 있다는 점에서 우리는 진정으로 체화된 존재다. 그 경이로운 구조를 더 잘 이해할수록 자기 이해와 치유하는 힘이 커진다.

"너는 죽어가는 것들을 만났지만
나는 갓 태어난 아기를 만났다."

윌리엄 셰익스피어
《겨울 이야기》, 3막 3장

5장.
진화하는 상상, 루시에서 사피엔스까지

우리는 모두 자연의 아이들

　45억 년 전 먼지와 가스가 빽빽한 성운 가운데서 태양이 탄생했을 때 우주는 이미 90억 살이었다. 태양이 탄생한 지 얼마 지나지 않아 갓 태어난 별 주위를 돌아다니던 작은 물질의 집합물이 압축되기 시작했다. 그중 하나가 지구가 됐다. 이후 5억 년 동안 뜨겁고 젊은 지구는 강력한 에너지를 바탕으로 표면의 화학 혼합물에서 기묘한 분자들을 만들어냈다. 이 혼합물 속에는 고대 별들의 핵에서 만들어진 탄소, 질소, 산소, 인, 철 같은 무거운 원소들이 풍부하게 포함되어 있었다.

　이 혼합물에는 남다른 능력이 있었다. 바로 스스로 복제하는 능력이었다. 35억 년 전, 단세포 생물 덩어리가 현재 웨스턴오스트레일리아 지역에 처음 화석으로 그 흔적을 남겼을 무렵,[1] 이 작디작은 생명체는 이미 생물학적으로 거대한 진보를 이룬 상태였다. 그것들은 얇은 지방막으로 덮여 있고 기능을 분화했다. 아미노산 가닥들이 단백질 분자를 만들어내면서 생명의 화학적 기반인 신진대사를 촉진했다. 거대한 DNA 분자는 세대를 거쳐 전해지는 유전 정보를 저장하고 전달했다. 지구상에서 살아가는 모든 생물의 공통 조상last universal common ancestor, LUCA은 등장한 지 이미 아주 오래였다.[2]

1990년대에 이론 생물학자 외르스 사트마리와 존 메이너드 스미스는 오늘날 지구상의 익숙한 생명체로 이어지는 과정에서 나타난 '주요 진화적 전환'의 핵심 특징을 정리했다.[3,4] 그들에 따르면 한때는 독립적으로 존재하던 개체(예: 자기복제 분자)가 더 큰 전체의 일부로 편입되었고, 이전에는 스스로 적응하던 개체들이 점차 내부적으로 세분화되기 시작했다. 여기에 더해 유전 암호처럼 생명 활동을 조율하는 새로운 형태의 소통 방식이 출현하면서 진화의 중요한 도약이 가능해졌다.

인류로 이어지는 진화 과정에서도 이 원리에 해당하는 중요한 변화가 세 번 더 일어났다. 첫째, 염색체를 담고 있는 핵과 세포 에너지를 생산하는 미토콘드리아처럼 세분화된 구획을 갖춘 진핵세포의 등장과 진화. 둘째, 다세포 생물의 출현. 셋째, 이번 장의 주제이기도 한 문화와 상상력으로 맺어진 인간 사회의 탄생이다. 이 세 전환은 모두 사트마리와 스미스가 정의한 진화의 법칙을 충실히 따른다. 당신과 나는 우리를 둘러싼 더 큰 전체, 문화 속에서 살아가고 있다. 우리는 그 사회적 전체 안에서 매우 정교하게 분화되어 있으며 언어를 통해 세상을 전례 없이 변화시키는 방식으로 소통한다.

그림 20. 인간과 원숭이의 공통 조상을 주장한 다윈을 조롱한 19세기 풍자화

다윈 이전의 많은 사상가는 정교하게 설계한 복잡성을 구상하고 실현할 수 있는 신의 상상력을 배제하고는 생물 세계를 설명할 길이 없다고 보았다. 하지만 찰스 다윈이 《종의 기원》을 출간한 지 160년이 지난 지금, 생물 세계를 이해하는 핵심은 '우연한 변이 중에서 적자생존의 원칙에 따라 이루어지는 자연 선택'이라는 것이 실증되었다. 지질

시대를 거치면서 자연 선택으로 그 어느 때보다도 복잡하고 정교하게 적응한 생물 형태가 출현했다. 신의 섭리로 보든 자연의 우연으로 보든 우리의 상상력으로는 그 경이로움을 설명할 수 없다. 오히려 우리는 어떻게 그런 경이로운 생명체에서 우리의 상상력이 탄생하게 되었는지를 이해해야 한다.

DNA에 각인된 예측 시스템

"태어나서 처음 3분이 단연코 가장 위험하다." 내가 의대생으로 수련을 받았던 산부인과 병원 칸막이 벽에 누군가가 휘갈겨 쓴 말이었다. 그 밑에 누군가가 재치 있게 덧붙여 썼다. "마지막 3분도 꽤 위험할 수 있다." 삶이란 끝없이 위험이 이어지는 게임이다. 40억 년 동안 진화를 거치면서 다듬어진 우리 인간의 유전자 2만 5,000개는 기껏해야 앞으로 마주할 세상에 대해 불확실한 정보를 바탕으로 추측할 수밖에 없다. 지금까지는 괜찮았다고, 제대로 예측해 왔다고 말할 사람도 있을 것이다. 하지만 모피를 두른 짐승이나 깃털로 뒤덮인 새, 지느러미가 달린 물고기든 피부로 뒤덮인 인간이든 간에 유전자는 오류를 범한다. 환경이 갑자기 바뀌면 대멸종이 따른다. 화산 폭발, 소행성 충돌, 지구 온도나 해수면의 급격한 상승과 하강은 모두 우리 생명을 지탱하는 유전 예측을 왜곡한다. 지구 역사상 그런 일이 적어도 다섯 번은 있었고 그 결과는, 대멸종이었다. 그리고 우리 인간이 일으킨 여섯 번째 대멸종이 현재 진행 중이다.

조건이 안정적이고 유전 예측이 정확하더라도 생존을 위해서는 미세 조정, 즉 유전자가 직접 개입할 수 없는 단기 예측이 필요하다. 다들 알겠지만 식량원, 보금자리, 짝짓기 상대, 유용한 동료는 고정적이지 않고 언제든지 달라질 수 있다. 따라서 유기체가 변화하는 환경에 적응하려면 어느 정도 유연성과 통제 수단이 있어야 한다. 그래서 가장 단순한 단세포 생물도 영양분을 추적하고 문젯거리를 회피하는 능력을 갖고 있다. 그러나 이런 유연성 역시 유전자가 허용하는 범위 안에 있다. 유전자는 동물이 변화하는 환경에 실시간으로 대응하고 경험을 통해 배울 수 있는 통제 체계를 마련해 준다.

생물체의 통제 체계 중 가장 탁월한 시스템이 바로 뇌다. 뇌 활동만이 생물의 성공을 보장하는 유일한 방법은 아니지만, 가장 강력한 방법 중 하나인 것은 분명하다. 뇌가 있는 개체는 본능보다 기지에 더 많이 의존한다. 이는 세상이 빠르게 변화할 때 특히 유용하다. 지금까지 뇌 활동의 측정과 다른 종간의 뇌 비교 연구가 많이 이뤄져왔다.[5,6] 이는 간단한 연구가 아니다. 덩치가 큰 생물은 체구에 비례해 뇌도 크다. 코끼리의 뇌는 인간의 뇌보다 훨씬 큰데 코끼리의 뇌가 크다고 해서 그 기능도 인간보다 뛰어날까? 사고와 예측에 쓸 수 있는 잉여 뇌 surplus brain capacity의 용량을 추정하려면 유지관리 작업이 차지하는 뇌 용량 비율을 어느 정도 고려해야 한다. 이를 고려하더라도 종마다 뇌 구조가 다르므로 비교하기가 쉽지 않다.[7] 그래서 연구자들은 인지 목적으로 사용할 수 있는 여분의 뇌 용량을 추정하고자 대뇌화 지수Encephalization Quotient를 고안했다. 대뇌화 지수를 추정하는 공식에 따르면 포유류 평균의 대뇌화 지수를 1이라고 할 때 원숭이 평균은 2, 코끼리, 까마귀, 앵무새, 범고래, 침팬지의 평균은 약 4, 병코돌

고래는 6, 호모사피엔스는 8이다.[8,9]

　대뇌화 지수가 높은 동물 간의 유사점은 큰 뇌가 무엇에 유리한지 밝히는 단서를 제공한다. 침팬지, 돌고래, 까마귀 같은 생물은 모두 수명이 길고, 새끼가 성적으로 성숙하기까지 걸리는 기간이 길다. 이런 종은 모두 사회성과 의사소통 능력이 발달했다. 돌고래는 십여 마리 이상이 무리를 지어 다니면서 시그니처 휘슬signature whistle[10]◐로 소통한다. 까마귀는 대규모 보금자리에 모여 살며 서로를 개체별로 구분해 인식한다.[11] 침팬지는 15마리에서 많게는 150마리까지 무리로 생활하며 그 안에서 형성되는 연합 관계를 유지·관리하는 데 많은 시간과 에너지를 쏟는다. 이 세 종의 동물은 모두 무리 속에서 서로의 마음 상태를 어느 정도 이해한다. 예컨대 까마귀과는 먹이를 숨기는 행동이 잦다.[12] 이들은 다른 개체가 보고 있지 않을 때 먹이를 숨기고, 누군가에게 위치를 들키면 나중에 다른 곳으로 옮겨 숨긴다. 침팬지는 "다른 침팬지가 무엇을 보고, 무엇을 알고, 어떤 추론을 하고 있는지"를 파악한다.[13] 침팬지는 확실히[14] 돌고래는 아마도[15] 거울 속에 비친 자신을 알아차리는 '자기 인식' 능력을 갖고 있는 것으로 보인다.

　또한 세 종 모두 도구를 사용한다. 까마귀는 나뭇가지를 깎거나 구부려서 나무 구멍에 숨은 곤충 유충을 캐낸다. 돌고래는 해저에서

◐　시그니처 휘슬은 돌고래가 자신을 구별하기 위해 사용하는 고유한 소리 신호다. 일종의 이름처럼 기능하는데, 다른 돌고래를 식별하거나 부를 수 있다.

먹이를 찾을 때 민감한 코를 보호하고자 해면 조각을 사용하고[16] 소라 껍데기를 이용해 물고기를 잡는다. 침팬지는 조심스럽게 벗긴 나뭇가지로 흰개미를 잡아먹고, 나뭇잎에 물을 적셔 씻는다.[17] 이런 동물들이 사용하는 도구는 무리마다 다르며, 이는 도구의 사용이 문화와 학습된 행동 전통이라는 가설을 뒷받침한다. 사회성, 의사소통, 심리적 인식, 도구 사용, 관찰력, 혁신 능력을 갖춘 이들 생명체는 '동물계의 지성'이라고 할 수 있다. 이 세 동물 중 가장 집중적인 연구 대상이 되어 온 침팬지는 상황을 머릿속으로 표현하고 시뮬레이션하고 결론을 도출할 수 있다.[18] 즉 침팬지는 '생각'한다. 그렇게 생각하는 덕분에 '현재의 폭정'◐◐에서 벗어나 위험한 현실 세계에서 몸으로 부딪히는 대신 비교적 안전한 머릿속에서 가설을 시험할 수 있다.

유인원은 인간과 유사한 점이 많다. 1842년 5월 27일 빅토리아 여왕이 동물원에서 처음으로 오랑우탄 제니를 봤을 때 "고통스럽고 불쾌할 정도로 인간과 비슷"하다고 느꼈다.[19] 이보다 4년 앞서 제니를 방문했던 찰스 다윈은 좀 더 호감 어린 반응을 보이며 이렇게 적었다. "인간이 사육하는 오랑우탄을 찾아가 기분을 표현하는 칭얼거림을 듣고 말할 때 느껴지는 지능을 관찰해 보라. 마치 모든 말을 이해하는 듯하다. 자기를 아는 사람에게 애정을 드러내고 열정과 분노, 부루퉁함, 절망에서 비롯된 행동을 보인다. 그러면서도 인간이 여전히 자신을 우

◐◐ 현재 상황에 갇혀서 과거와 미래를 제대로 고려하지 못하는 상황.

월하다고 뽐내는 모습을 그대로 지켜 본다. 오만한 인간은 자신이 신이 개입할 가치가 있을 정도로 위대한 작품이라고 여긴다. 그러나 나는 인간이 동물에서 기원했다고 여기는 편이 더 겸손하고 진실이라고 믿는다."[20] 하지만 아무리 유인원의 지적 능력이 뛰어나다고 한들 동물과 인간 사이에는 어마어마한 간극이 있다. 동물의 문화는 인간의 문명에 한참 못 미친다. 동물이 사용하는 도구는 초보적인 수준이다. 동물은 인간처럼 존재의 깊이와 신비를 떠올리고 탐구할 수 없다. 제니와 크게 다르지 않았던 우리 조상이 어떻게 지금의 인간으로 변모했을까?

그 해답은 서로 평행을 이루는 두 가지 이야기 속에 있다. 첫 번째는 눈에 보이는 화석의 이야기이고, 두 번째는 다소 난해한 '진화하는 상상'의 이야기다. 우선은 확실히 밝혀진 사실부터 살펴보자.

돌과 뼈, 그리고 염색체

침팬지와 인간의 마지막 공통 조상은 약 600만 년 전 이 땅에 나타났다.[21] 현대인으로 이어지는 조상 계통에 속하는 생명체(우리 인간이 유일한 생존자다)가 바로 사람족hominins이다.[22]

사람족은 약 400만 년 전 화석 기록에 처음으로 등장한다. 가장 유명한 초기 표본이 1974년 에티오피아 하다르의 건조한 구릉지에서 도널드 조핸슨이 발견한 루시Lucy다.[23] 루시의 이름은 비틀스의 노래 〈루시 인 더 스카이 위드 다이아몬드〉에서 따왔다. 이 노래는 탐사단 캠프에서 저녁마다 크게 틀던 곡이었다. 에티오피아 암하라어로는 이 화석

시간	종	해부 구조 및 생리적 특징	물질문화	사회, 행동 및 인지(추정)
600만 년 전	침팬지와 인류의 마지막 공통 조상	뇌 약 500cc		
400만 년 전 - 약 100만 년 전	오스트랄로-피테쿠스 (후기 오스트랄로-피테쿠스와 초기 호모의 경계는 불분명하다)	뇌 약 500cc 이족보행	로메크위 도구(약 330만 년 전)와 올도완 도구(약 290만 년 전 - 170만 년 전)	집단 규모 약 50명 2차 지향성
180만 년 전 - 약 50만 년 전	호모 에르가스테르/에렉투스 (아프리카에서 처음 등장해 아시아로 확산)	뇌 약 1,000cc	손도끼 등 아슐리안 도구(175만 년 전 - 약 15만 년 전) 황토(약 100만 년 전) 불 약 80만 년 전	집단 규모 약 75명 3차/공동 지향성 공동 양육 초기 몸짓 언어 유목생활 (아프리카 밖으로 이동)
60만 년 전	고대 호모 사피엔스 예: 네안데르탈인의 조상인 호모 하이델베르겐시스 (약 50만 년 전 - 3만 년 전) 데니소바인 (약 4만 년 전)	뇌 약 1,200cc 인간과 비슷하게 말하고 듣기에 적합한 해부학 구조	목공 보금자리와 불 사용, 요리 대형동물 사냥	집단 규모 약 125명 4차 지향성 초기 구어 유목생활 (아프리카 밖으로 이동)
30만 년 전	호모 사피엔스 사피엔스	뇌 약 1,400cc	약 10만 년 전 무덤 부장품, 조개 구슬, 송곳, 단추, 자루 달린 석기	집단 규모 약 150명 5차/집단 지향성 유목생활 (아프리카 밖으로 이동)
5만 - 6만 년 전			아프리카 밖으로 최종 이주, 곧 호모 사피엔스가 지구상 유일의 사람족이 됨	
4만 년 전			'후기 구석기 혁명' 3만 년-4만 년 전 동굴 벽화	
1만 2,000년 전			최초의 마을 등장	

그림 21

을 딩키네시Dinkinesh라고 불렀는데, 이는 '너는 경이롭다'는 뜻이다.[24]

그림 21은 인류 진화의 주요 이정표를 요약한 것이다. 제시된 연대는 모두 대략적인 값이며 새로운 발견이 있을 때마다 수정될 수 있다. 특히 다섯 번째 열의 내용은 추정에 가깝다. 양육 방식, 정신적 요인에 대한 이해, 언어 변화 같은 요소는 화석으로 파악하기 어려운 특성이다. 인류 진화 과정에서 몸집 크기의 변화는 상대적으로 미미했으므로 뇌 용량의 증가는 대뇌화가 진행되었음을 시사한다.

루시는 사람보다 유인원을 더 많이 닮았다. 루시가 속한 오스트랄로피테쿠스 화석의 두개골 크기로 추정한 뇌 크기는 현대 침팬지 뇌 크기와 거의 같다. 하지만 루시는 이전 조상과 한 가지 중요한 측면에서 달랐다. 해부 구조로 보건대 루시는 직립 보행, 즉 두 발로 걸었다.

유인원의 몸은 나무를 타고 오르기 편하도록 생겼다. 루시와 그 동족은 유인원이 선호하는 삼림지대를 떠나 좀 더 탁 트인, 아마도 강가 지역으로 옮겨간 듯하다.[25] 직립 보행은 이동 속도를 높이고 태양 아래서 시원하게 보내는 데 도움이 됐다. 그들의 해부 구조는 보행의 변화를 반영한다. 유인원과 비교할 때 팔이 짧아졌다. 다리가 길어지고 골반 안으로 말려들면서 더 효율적으로 걸을 수 있게 됐다. 발목과 발은 물건을 잡을 수 있는 유인원 발에서 좀 더 안정적이지만 용도가 줄어든 생김새로 바뀌기 시작했다. 손에서도 변화가 나타났다. 엄지가 길어지고 엄지 아랫부분과 검지 및 중지 사이의 관절이 살짝 변화하면서 동작의 힘과 정확성이 모두 증가했다.[26] 이 변화는 도구를 만들 수 있는 손의 탄생을 의미한다.

현재 알려진 가장 오래된 석기는 330만 년 전 만든 것으로

2011년 케냐 로메크위에서 발견됐다. 다음 도구 유물군은 200만 년 전부터 260만 년 전까지 이어지는 올도완Oldowan❶으로, 호모 하빌리스Homo habilis라는 새로운 종과 관련이 있다. 1930년대 탄자니아 올두바이 협곡에서 처음 발견된 이 원시 올도완 도구를 만드는 데는 '기술'이 필요하다. 지금의 우리들도 호모 하빌리스의 이 도구를 만드는 법을 배우려면 몇 시간의 훈련을 받아야 한다.[27] 도구 제작자는 도구를 제작하기에 앞서 미리 구상을 했을 것이다. 원재료는 근처 강바닥에서 모은 석영이나 현무함, 흑요석 자갈이었으며 몇 킬로미터씩 이동하면서 재료를 모았다.[28] 올도완 도구는 동물 뼈에서 살을 바르고 뼈를 갈라 골수를 뽑고 견과류를 가공하는 데 사용됐다.

루시와 그 동족(혼란스럽게도 호모 하빌리스를 포함한다)은 오스트랄로피테신australopithecines으로 알려져 있다. 약 180만 년 전 우리 인류가 속한 호모 속genus Homo은 아프리카에서 처음 등장했다.[29] 뇌 크기가 거의 두 배 가까이 크게 증가해 500cc 정도에서 1,000cc에 육박하게 됐다. 호모 속은 뛰어난 유목민으로 중국과 인도네시아의 자바처럼 멀리 떨어진 곳까지 이주했다. 호모 에렉투스Homo erectus의 향상된 뇌 능력은 2차 도구 유물군인 아슐리안Acheulean 문화에서 잘 드러난다. 아슐리안 문화는 175만 년 전에 시작해 150만 년 넘게 이

❶ 올도완은 인류 진화사에서 가장 오래된 석기 도구 기술을 가리키는 용어로, 탄자니아의 올두바이 협곡에서 따온 이름이다.

어졌다. 이 아름다운 도구를 만들려면 전 세대인 올도완 도구보다 계획과 가공을 더 많이 해야 했다. 또한 호모 에렉투스가 80만 년 전 혹은 그 이전부터 불을 사용하기 시작한 것 역시 중대한 발전이었다.[30,31] 호모 에렉투스는 약 10만 년 전까지 생존했고, 우리 직계 조상을 포함하는 사람족 계통과 일정 기간 공존했다.

약 60만 년 전, 호모 하이델베르겐시스Homo heidelbergensis 같은 고대 인류가 아프리카를 중심으로 화석 기록에 등장한다.[32] 호모 하이델베르겐시스에서 뇌 크기가 2차로 급증해 1,200cc에 달했다.[33] 호모 에렉투스와 마찬가지로 이 고대 인류 역시 50만 년 전 아프리카에서 다른 대륙으로 이주했다. 그 후손으로부터 유럽을 중심으로 네안데르탈인Neanderthal이 탄생했고, 그 이후로 아시아에서 데니소바인Denisovans이 생겨났다.[34,35] 이 무렵에는 아마도 말하는 데 필요한 해부 구조의 발전이 이뤄졌을 것이다. 혀와 가슴 근육을 통제하는 신경이 발달했고, 목의 설골이 현대인과 같은 위치로 내려와 모음을 발음할 수 있게 됐다.[36]

30만 년 전, 드디어 현생 인류인 호모 사피엔스Homo sapiens가 아프리카에서 처음으로 나타났다. 이후로 10만 년 동안 호모 사피엔스의 체격은 한층 더 날씬해졌지만 뇌 크기는 마지막으로 한 번 더 커지면서 현재와 같은 1,400cc에 이르렀다. 일부 사피엔스는 아프리카 밖으로 진출하려고 시도했지만 영구적으로 자리를 잡지는 못했다.[37] 고고학 발굴물을 보면 약 10만 년 전부터 현재 인류와 유사성이 증가하는 모습을 볼 수 있다.[38,39] 이스라엘 스쿨 동굴에서는 한 남성이 부장품과 함께 묻힌 정교한 매장 유적이 발견됐다. 무덤의 주인은 멧돼지 턱을 움켜쥐고 있었다. 조개껍데기로 만든 구슬과 가열한 안료도 나왔다. 남아프리카공화국 남부 해안의 사암 절벽에 있는 블롬보스 동굴에서는 아름다운 도구, 구멍 뚫린 조개껍데기, 목걸이 흔적, 황토 조각품 및 의복 사용을 입증하는 송곳과 단추가 나왔다.

전 세계 인류 집단을 대상으로 실시한 유전자 연구에 따르면 사피엔스는 5만 년에서 6만 년 전에 아프리카에서 벗어나 먼 곳으로 이주한 것으로 보인다.[40] 이런 이주자의 후손이 세계 곳곳에서 살아가던 다른 사람족 종들을 대체했다. 그들은 그로부터 몇 천 년 안에 오스트레일리아, 3만 년 전에 북극해, 1만 3,000년 전에 남아메리카 남단에 도달했다.[41] 3만 년에서 4만 년 전 무렵에 동굴 벽화와 조각이 증가한 사실은 인간의 의식 수준이 현재 인류와 아주 비슷해졌다는 사실을 반영한다.[42,43,44]

이것이 현재까지 발견된 화석과 도구, 공예품, 유전자를 근거로 추정한 내용이다. 유인원 조상이 현대인으로 이행하는 이 장대한 여정의 결과물인 우리는 그 과정에서 다른 주목할 만한 변화도 겪게 된다. 우리는 모피를 잃고 그 유명한 '털 없는 원숭이'The Naked Ape[45]가 됐다. 눈의 공막이 하얗게 변하면서 시선이 향하는 방향을 강조하게 됐다.[46] 대부분이 오른손잡이가 됐고, 뇌의 좌우반구가 세분화됐다.[47] 일시적이든 영구적이든 간에 암수 한 쌍의 결합이 중요한 생식 및 양육 방식으로 자리 잡았다. 남녀 간의 체격 차이와 '성적 이형성'⁰이 감소했다.[48] 유아동기와 청소년기가 길어지면서 생활 형태도 바뀌었다.[49] 발정기에 암컷 피부색이 변화하는 침팬지와 달리 인간의 배란기는 눈에 띄지 않게 됐다. 그리고 폐경기가 진화하면서 할머니라는 둘도 없

는 보물이 생겨났다.⁵⁰

지난 2세기 동안 고심해서 논의한 과학 연구에서 추론한 인류 역사의 본질은 무척이나 흥미롭다. 하지만 우리가 가장 매력을 느끼는 주제인 생각과 느낌, 말과 꿈, 인간 상상력의 기원은 해부학적으로 눈에 보이지 않는다. 지금부터 그 눈에 보이지 않는 이야기를 추적해보자.

공감, 호머 사피엔스의 경쟁력

나는 아침부터 바쁘다. 아래층으로 내려가니 어린 아들이 주말에 먹다 남긴 크루아상을 맛있게 먹고 있다. 나는 남은 크루아상을 빼앗아 먹어치운 다음 출근길에 나선다. 이웃 사람이 차를 이상하게 세워 놓은 바람에 간신히 주차장에서 차를 빼낸다. 마침 그 이웃이 길에서 내려와 지나치기에 나는 차에서 뛰어내려 그 사람의 팔을 꽤나 아프게 물었다. 그래야 마땅했다. 차에 연료가 떨어져서 모퉁이 주유소에 아무렇게나 차를 세웠다. 앞에 있던 여성이 계산하러 가던 길에 매트에 걸려 넘어져서 그대로 누워 있었다. 나는 그 여성의 손을 밟고 걸어가 먼저 계산한다. 이런저런 방해물이 있었지만 다행히도 제 시간에 출근

◐ 같은 종 내에서 암컷과 수컷이 생식기 이외에 신체, 생리, 행동 특징에서 차이를 나타내는 현상.

한다.

이 글을 읽으면서 저 주인공이 나는 아닐 것이라고 생각했기를 바란다. 만약 내가 출근하는 침팬지였다면 이는 충분히 했을 법한 행동이다. 어른 침팬지는 새끼 침팬지에게 먹음직스러운 음식을 빼앗으려고 한다.[51] 침팬지는 영역 다툼이 발생하면 앙심을 품고 무는 일이 다반사다. 다른 침팬지의 불행에 몰인정하게 반응하는 경우도 꽤나 흔하다.

이와는 대조적으로 인간의 규범은 타인에게 해를 끼치지 않도록 하는 데 초점이 맞춰져 있다. 굳이 규범을 찾지 않더라도 우리는 모르는 사람을 돕고자 애쓸 때가 많다. 분명히 예외는 있지만 심하게 부당한 취급을 받았던 기억보다 누군가의 친절을 떠올리기가 더 쉽다. 인간은 '우리 일상을 규정하는 평범한 친절 1만 가지'를 좀처럼 제대로 인식하지 못한다.[52]

물론 그 관대함을 지나치게 과장해서는 안 된다. 가까운 이들에게 베푸는 호의에도 분명 한계가 있다. 독일어에는 샤덴프로이데 Schadenfreude라는 흥미로운 개념이 있다. 이는 우리가 때때로 타인의 불행을 보며 은밀하게 즐거움을 느끼는 감정을 뜻한다. 더 심각한 문제는 인간이 외부 집단(우리가 흔히 '동물'이라 부르는 존재들)을 향해 비인간적이고 야만적인 행위를 너무도 자주 저지른다는 사실이다. 그럼에도 불구하고 선의는 일상 속에서 사회적 내 집단을 규율하는 중요한 규범으로 작동한다. 이러한 선의는 타인의 신체적 안녕을 배려하는 수준을 넘어 그들의 내면세계에 대한 관심, 때로는 강렬한 호기심으로까지 확장된다.

우리 인간은 타인의 생각에 관심이 많다. 남들이 무엇을 느끼고, 믿고, 원하는지 자주 생각한다. 남들이 나를 어떻게 생각하는지 신경 쓰고 사랑하는 사람의 마음이 평안하기를 기원한다. 공통의 목표에 참여하도록 이끌거나 잠재적인 갈등을 회피하고자 주변 사람들이 무슨 생각을 하는지 추측해야 할 때도 있다. 새로운 인간관계를 맺을 때마다 혼란이 찾아온다. 그는 나를 어떻게 생각할까? 그는 내가 그를 어떻게 생각한다고 생각할까? 그는 내가 그가 나를 어떻게 생각한다고 생각하는지 어떻게 생각할까? 어떨 때는 아주 친한 사람과 거의 텔레파시로 연결되어 있다고 느끼곤 한다.

이럴 때 마음 읽기는 즉각적이고 직접적이다. 때로는 "나는 딸 친구가 무슨 계획을 세우는지 걱정하는 우리 딸을 우리 아들이 어떻게 여기는지에 대해 아내가 무슨 생각을 하고 있는지 궁금하다"처럼 빙빙 도는 양상을 보일 때도 있다. 이처럼 여러 정신 상태가 하나로 모여 있는 상태가 생각에 관한 우리 생각의 특징이다. 방금 읽은 예에는 내 생각, 아내의 생각, 아들의 생각, 딸의 생각, 딸 친구의 생각까지 총 다섯 단계가 있다.

인류학자 로빈 던바처럼 이런 생각의 단계를 연구하는 학자는 이를 가리켜 '5단계 지향성'이라고 설명한다. 여기에서 말하는 '지향성'이란 자기 자신과 남의 마음 상태를 생각하는 능력을 가리킨다.[53] 5단계는 평균적인 인간의 한계이지만 일부 소수는 7단계까지 사고할 수 있다. 던바를 비롯한 일부 과학자들은 이러한 '마음 읽기 능력'이 인간 진화, 특히 뇌 진화의 핵심이라고 주장한다. 한 개체가 속한 사회 집단의 크기는 포유류 전반에서, 특히 원숭이와 유인원 사이에서는 대뇌화를 예측하는 가장 강력한 단일 변수로 작용한다. 왜일까? 사회 집단은 포식자로부터 구성원을 지켜주고 식량원과 같은 중요한 정보를 다른 구성원의 발견을 통해 공유할 수 있는 기회를 제공하는 등 다양한 이점을 준다. 그러나 동시에 집단은 끊임없는 경쟁과 갈등이 발생할 수 있는 장이기도 해서 상당한 스트레스를 유발한다. 이러한 스트레스는 보통 협력적인 소집단을 이루고 그 안에서 친밀한 유대를 형성함으로써 극복된다.

이렇게 연합하려면 관계에 시간과 에너지를 투자해야 한다. 원숭이와 유인원은 대개 맞붙어 앉아 서로의 털을 손질하고 엉킨 털과 기생충을 제거하는 털 고르기를 통해 친밀한 관계를 유지한다. 집단 규모가 커질수록 관계를 파악하고, 중요한 동맹을 유지하며 화를 내는 것처럼 경솔한 사회적 행동을 억제하는 과제가 점점 더 어려워진다. 특히 이런 과제를 수행하려면 뇌가 더 커져야 한다. 따라서 사람족 공동체의 크기가 커지면서 인간 뇌 크기가 커지는 데 유리한 조건(선택 압력)이 생겨났다.

영장류에서 뇌 크기와 집단 규모 사이에는 뚜렷한 상관관계가 있다. 따라서 화석 두개골을 측정해 추정한 뇌 크기를 바탕으로 우리 조상들이 형성했을 공동체의 규모를 예측할 수 있다. 이 접근법[54]에 따르면, 오스트랄로피테신은 약 50명 정도의 공동체에서 생활했고 호모 에렉투스는 약 80명 규모의 집단을 이루었다. 호모 하이델베르겐시스는 약 130명 규모의 집단으로 생활한 것으로 보인다.

현재 인류의 뇌 크기로 추정컨대 우리 종의 사회 집단 규모는 150여 명이다. '던바의 수'로 알려진 이 수치는 수렵채집인 사이에서 유대감을 형성한 공동체나 씨족의 규모이자 우리가 자신에게 중요하다고 인식하는 사람의 수, 즉 우리가 개인사의 중요한 부분을 공유하는 사람의 수와 대체로 일치한다. 이 계산을 통해서 사람족의 사회적 사고가 얼마나 복잡한지 알 수 있다.

오스트랄로피테신은 침팬지처럼 2차 지향성 수준으로 생각할 수 있었다("나는 네가 저기 있는 음식을 생각하고 있다는 것을 알 수 있다."). 호모 에렉투스는 3차 지향성("빌은 프레드가 에델을 어떻게 생각하는지에 관심이 있다."), 하이델베르겐시스는 4차 지향성 수준까지 가능했던 것으로 추정된다. 앞에서 살펴봤듯이 우리는 5차 지향성 수준으로 사고할 수 있다. 유인원과 비슷한 우리 조상과 현생 인류 간의 사회적 관점 변화는 단순히 정도의 문제가 아니었다. 좀 더 근본적인 변혁이 일어났다. 경솔하고 자기중심적이던 사고방식이 성찰하는 사회적 사고방식으로 바뀌었다. 미국 심리학자 마이클 토마셀로는 이 변화를 밝히고자 유인원과 어린아이들을 수천 시간 동안 비교 관찰했다.

토마셀로는 이 여정을 세 단계로 나눈다.[55] 유인원은 '개인 지향성'을 지닌다. 그들은 활발하게 사고한다. 주변 세상의 사물에 대해서 생각할 수 있고, 어느 정도는 다른 개체의 마음을 생각할 수 있다. 하지만 그들의 사고는 근본적으로 경쟁적이라서 대체로 자기 자신만을 생각한다. 200만 년 전에서 40만 년 전 사이에 우리 조상은 공동 사냥 같은 집단행동으로 힘을 합치는 중대한 능력을 획득했다. 집단행동을 하려면 내가 세운 목표를 다른 사람이 공유하고 쌍방이 그 상황을 알고 있어야 한다. 공통 목적에 주의를 집중하고 관점을 유연하게 전환함으로써 내가 상대방의 행동을 예측할 수 있고 상대방도 나의 행동을 예측할 수 있어야 한다.

일단 이런 식으로 관심을 모으고 목표를 공유하면 우리 사이에 생긴 공통분모가 의사소통에 필요한 비옥한 토양을 만든다. 처음에는 아마도 몸짓과 흉내로 의사소통했을 것이다. 유인원 사이에서는 이런 유형의 '마음 공유'를 거의 혹은 전혀 볼 수 없다. 토마셀로는 이를 가리켜 '공동 지향성' 혹은 '양자 간 사고'의 발달이라고 설명한다. 당신과 나는 이 일을 함께하고 있으며 성공으로 나아가는 길을 번갈아 닦아 나간다는 의식이 생겨났다는 것이다. 공동의 목적을 신뢰하고 이해할 수 있어야 한다는 인식 안에서 우리는 서로에게 책임을 지게 되고, 이를 바탕으로 규칙을 만든다. 인간의 유아는 생후 일 년 동안 공동 지향성을 키울 기술과 동기를 갖추는데(유인원 새끼는 그렇지 않다),[56] 이는 사회로 나아가는 데 꼭 필요한 발판이 된다. 공동 지향성 발달의 원동력은 아마도 적대적 환경에서 힘을 합쳐야 할 필요성, 특히 식량을 함께 채집해야 할 필요성이었을 것이다.

약 40만 년에서 10만 년 전 사이에 새로운 압력이 등장했다. 인구가 증가하고 인간 집단의 규모가 커지면서, 서로 간의 충돌이 불가피해졌다. 집단이 커질수록 활동을 조율하고 집단 정체성을 확립할 새로운 방식이 필요해졌다. 공동의 목적을 위해 이루어지던 임시적인 협력은 점차 체계화되었고, 몸짓이나 흉내 같은 유동적인 소통 방식은 언어라는 확고한 매체로 교체됐다. '공동 노력'이라는 유연한 형태의 도덕성은 명확한 규범으로 발전했고, 인간 삶에서 전통은 점점 더 강력한 힘을 갖게 되었다. 이렇게 축적된 전통의 총합, 즉 문화는 독자적인 진화의 길을 걷기 시작했고, 마침내 이 글을 내가 쓰고 당신이 읽고 있는 지금 이 순간으로 우리를 이끌었다. 마이클 토마셀로의 표현을 빌리자면, '공동 지향성'은 '집단 지향성'으로 진화했다.

인간은 본질적으로 마음을 공유하는 존재다. 인류는 흔히 '초협력적'[57]이고 '초사회적'[58]인 종으로 묘사된다. 우리는 '강한 사회성'을 토대로 집단을 유지·관리한다.[59] 우리가 가진 공감과 관용은 자부심, 수치심, 죄책감, 창피함 같은 사회적 정서뿐 아니라, 공동 주의joint attention와 의사소통 능력처럼 협력적 성향을 보여주는 특성들과도 맞닿아 있다.[60] 특히 자부심이나 수치심, 창피함으로 얼굴이 붉어지는 반응은 인간만이 보이는 특징으로,[61] 타인의 마음속에서 자신이 어떤 위치에 있는지를 자각하는 인간 특유의 능력을 잘 보여준다. '나는 혼자가 되기를 스스로 선택한 존재'라고 주장하는 사람은 사회 속에서 자신을 근본적으로 분리하려는 용감하지만 헛된 시도를 하고 있는 것이다.[62] 겉보기에는 독립적으로 보일지라도, 우리의 생각과 상상은 결코 온전히 우리만의 것이 아니다.

솜씨 좋은 손

당신과 내가 사회성의 세부사항들을 자세히 살펴보고 있는 동안 당신 가족 중 누군가는 조용히 무엇인가를 수리하고 있었을지도 모른다. 손재주가 서투른 나는 손재주 뛰어난 이들과 교류하면서 큰 혜택을 누린다. 손재주는 고대로부터 이어졌다. 사람족에 속한 우리 조상이 도구를 만들기 시작한 지는 300만 년이 넘는다. 그때부터 인류는 줄기차게 도구를 사용해 왔다. 도구 없는 삶은 상상도 할 수 없다.

당신이 "킹윌리엄섬 해변에 고립됐는데[63] 11월이라서 매우 춥다"고 상상해 보자. 이곳의 11월은 평균 영하 20도 안팎, 때로는 영하 27도까지 떨어진다. 당신은 구조될 때까지 가혹한 북극권 환경에서 스스로를 지켜내야 한다. 놀랍게도, 이런 극한 조건 속에서도 살아가는 사람들이 있다. 바로 이누이트 족이다. 그들이 살아남을 수 있었던 것은 수세기에 걸쳐 고안되고 선별된 도구, 재료, 그리고 지식이 세대를 거쳐 전해졌기 때문이다. 그들이 이 추운 곳에 살아가는 법에 대해 잠시 살펴보자. 얇게 편 순록 가죽을 가는 뼈바늘과 순록 힘줄에서 뽑은 실로 외투 안쪽에 꿰매어 붙이고, 외투 후드 가장자리에는 족제비 모피를 단다. 톱니 모양 뼈칼로 눈덩이를 잘라 얼음 위에 이글루를 짓는다. 이끼로 만든 심지를 꽂은 동석 램프에 바다표범 지방을 태워 열과 빛을 얻는다. 북극곰 뼈를 날카롭게 갈아서 만든 촉을 순록 뿔을 깎아 만든 작살 끝에 꽂아 바다표범이 호흡하려고 수면 위로 떠올랐을 때를 노려 사냥한다.

그러나 난파당한 외부인은 이런 정보를 얻을 길이 없다. 실제로 1845년부터 1846년에 걸쳐 존 프랭클린이 이끄는 탐험대가 당한 사고는 비극적인 결말로 끝났다. 영국왕립협회 회원이자 노련한 북극 탐험가였던 프랭클린은 북아메리카 북부 해안과 북서 항로를 탐험하고자 배 두 척을 이끌고 출항했다. 선원은 신중하게 선발했고, 배에는 충분해 보이는 식량과 함께 상당한 책도 실었다. 그런데 탐험대는 1846년 겨울 킹윌리엄섬 근처에서 유빙流氷을 만나 갇히고 만다. 그렇게 오도가도 못하는 상황에서 2년을 버텼지만 식량이 바닥나기 시작하자 선원들은 배를 버리고 육로로 탈출을 시도한다. 하지만 선원

129명 중 단 한 사람도 살아남지 못했다. 반면, 같은 섬에서 이누이트의 넷실리크족은 거의 1,000년에 걸쳐 삶을 이어왔다.

이 사례는 극단적인 예이지만, 우리는 이보다 훨씬 덜 가혹한 환경에서도 늘 기술에 의존하며 살아간다. 지금 이 순간, 내가 글을 쓰는 데에도 책상, 종이, 연필, 지우개, 연필깎이, 노트북, 녹음기, 시계, 컵 등 다양한 도구가 손닿는 곳에 있다. 기술은 우리의 생존과 표현을 가능하게 해주는 배경이다.

다시 우리 조상들의 이야기로 돌아가보자. 루시와 그의 후손들은 정착 생활을 하며 점점 더 정교하고 아름다운 도구를 만드는 법을 익혀 나갔다. 이들이 만든 도구는 지금도 남아 있지만, 도구를 만드는 과정에 대해서는 여전히 많은 부분이 미지로 남아 있다. 다만, 제작자들이 먼 거리에서 재료를 모으고, 점점 더 복잡하고 세련된 물건을 만들어냈다는 것은 분명히 알 수 있다. 최상의 자갈을 발견한 강바닥에 대한 기억이나 완벽한 도끼를 만들고자 하는 열망은 그들의 현재에 큰 영향을 미쳤을 것이다.

고고학자들은 이러한 고대 도구 제작 방식—예컨대 올도완 도구나 아슐리안 도구—을 스스로 익힌 후 그 과정에서의 뇌 활동을 뇌영상법을 통해 분석했다. 연구에 따르면, 도구 제작의 요구가 커질수록 상상한 목표를 향해 손과 몸을 유연하게 반복적으로 움직이는 과정에 관여하는 전두엽과 두정엽의 활동 역시 함께 증가했다.[64,65]

2015년에 실시한 한 야심 찬 실험은 올도완 도구를 만드는 방법을 배우는 다양한 접근법을 비교했다.[66] 훈련을 받은 적이 없는 참가자를 모집해 다섯 가지 서로 다른 환경에서 도구 만들기를 시도하도록 했다. 첫 번째 집단에는 완성품 예시와 원재료만 제공했다. 두 번째 집단에는 강사가 시범을 보이고 따라 하도록 했다. 세 번째 집단에는 강사가 작업 과정을 명확히 가르치고 실험 참가자의 자세를 고쳐주는 등 '기본 교육'을 제공했다(이는 유인원이 자신의 새끼들에게 하는 방법과 비슷한 수준이다). 네 번째 집단은 여기에 몸짓 교육(예를 들어 손가락으로 가리키는 행동)을 추가했다. 마지막 다섯 번째 집단은 강사와 실험 참가자들이 말을 주고받는 구두 교육까지 더 했다. 실험 결과, 5분간의 교육만으로도 성과에서 큰 차이가 나타났다. 특히 구두 교육이 가장 큰 효과를 발휘했다. 260만 년 전, 초기 올도완 도구 제작자가 어떤 식으로 도구 제작을 익혔는지 알 수 없다. 그러나 이 연구는 사람들 사이의 소통 방식이 도구 제작을 가능하게 했다는 사실을 분명히 보여준다.

모방은 적극적인 교습에 비해 효과는 다소 떨어질 수 있지만, 분명 일정한 장점을 지니고 있었다. 인간이 도구를 만들기 시작한 아주 초기, 즉 언어가 등장하기 이전의 시대에는 모방이 학습의 핵심 수단이었을 것이다. 그렇다면, 모방이 가능하려면 무엇이 필요할까? 예를 들어, 돌을 깨서 박편을 만들어내는 것처럼 정교한 동작을 수행하기 위해서는 먼저 그 일련의 동작을 눈과 뇌가 정확히 인식하고 평가해야 한다. 이어서 뇌는 관찰한 움직임을 완전히 다른 유형의 '운동 명령'으로 전환해 관련 근육에 지시를 내려야 한다.

이러한 모방이 가능하려면, 뇌는 두 가지 연결 방식에 모두 민감해야 한다. 하나는 숙련된 행동을 구성하는 여러 동작들 간의 수평적 연결, 다른 하나는 관찰한 동작과 실제 실행 동작 사이의 수직적 연결이다.[67] 이 복잡한 변환 과정이 바로 인간 뇌의 핵심 능력 중 하나다.

1980년대 이탈리아 생리학자 자코모 리촐라티가 원숭이 전두엽과 두정엽에서 거울 뉴런mirror neuron을 발견하면서 뇌가 모방을 실현하는 방식에 대한 새로운 지평이 열렸다.[68] 거울 뉴런은 원숭이가 다른 개체가 특정 행동을 하는 모습을 볼 때와 자신이 그 행동을 직접 수행할 때 모두 반응한다. 예를 들어, 다른 원숭이가 땅콩을 까는 모습을 보거나 자신이 땅콩을 깔 때 똑같이 활성화된다. 다시 말해, 거울 뉴런은 관찰한 행동과 수행한 행동을 뇌 안에서 동일하게 처리한다. 특히 주목할 점은 이러한 뉴런의 활성화가 반드시 실제 행동으로 이어지지 않아도 된다는 것이다. 즉, 실행 가능한 행동도 뇌는 이미 '내 행동'으로 간주한다.

이처럼 거울 효과는 행위자와 관찰자 사이에 리촐라티가 말한 '공유된 행동 공간'을 형성한다. 내가 당신의 동작을 암묵적으로 모방한다면 이는 당신의 동작이 '나의 뇌'에 머물고 나의 동작 역시 '당신의 뇌'에 자리 잡는다는 뜻이다. 거울 효과는 단지 모방에 그치지 않는다. 뇌의 여러 영역에서 발생하는 이 메커니즘은 정서와 공감 형성에도 깊이 관여한다. 이러한 공감과 상호 이해의 능력은 함께 무언가를 만들고 더 복잡한 방식으로 소통하는 토대가 된다.

인간 고유의 정교한 도구 사용과 언어 사용이 서로 연결되어 있다고 추정할 수 있는 데는 몇 가지 흥미로운 이유가 있다.

첫째는 신경학적 이유다. 이는 다소 단순해 보이지만, 매우 설득력 있는 설명이다. 인구의 약 90퍼센트는 오른손잡인데, 뇌의 좌반구가 대개 오른손을 통제한다. 그리고 이 좌반구는 응용 동작이나 숙련된 행동과도 깊이 관련되어 있다. 흥미롭게도 언어를 지배하는 뇌 영역 역시 좌반구다. 즉, 도구 사용에 필요한 정교한 손의 움직임을 제어하는 뇌 부위와 언어를 담당하는 영역이 상당 부분 겹쳐 있다. 이런 연결 구조를 깊이 들여다보면 '발화'란 일종의 숙련 동작이라는 결론에 도달하게 된다. 언어 표현과 도구 사용은 모두 손이나 성도(聲道)의 소근육을 정밀하게 제어하고 시간 순서에 따라 일련의 움직임을 조직해야 하는 공통점이 있다. 실제로 오늘날에도 말을 할 때 몸짓이 자연스럽게 동반되곤 한다는 점은 이 유사성을 방증한다.

둘째는 기술을 가르치고 배울 때 발생하는 '공동 주의 집중' 현상이다. 이 현상은 의사소통, 학습, 사회적 상호작용의 기초가 되는 인지 능력이며, 특히 언어 발달과 문화 전달에서 중요한 역할을 한다. 언어가 처음 등장할 때는 이런 마음 공유 능력이 먼저 갖추어져야 했지만 언어가 발달하면서 언어는 오히려 마음 공유 능력을 비약적으로 확장하는 도구가 됐다. 공동 주의 집중은 마음 공유 능력의 핵심 요소이자 거의 동의어로 볼 수 있다.

셋째, 앞서 살펴본 바와 같이, 언어를 활용하는 능력은 새로운 기술을 배우는 학습자에게 매우 큰 도움을 준다.[69] 이처럼 도구 사용과 언어는 뇌 구조, 학습 방식, 사회적 상호작용이라는 여러 차원에서 긴밀하게 얽혀 있으며 인간 고유의 능력을 설명하는 핵심 연결 고리다.

현대적 의미의 언어가 아직 없었던 260만 년 전, 당신이 나에게 망치로 돌을 깨는 법을 알려주고자 한다고 상상해 보자. 당신은 박편을 떼어내기에 적당한 자리를 잡는다. 망치로 내려치기 전에 돌을 만지면서 손가락으로 가볍게 두드린다. 내 거울 뉴런이 그 동작을 추적한다. 나는 머릿속으로 돌을 두드리면서 당신이 달성하려는 목적을 감지한다. 당신이 망치를 내려치고 박편이 떨어진다. 나는 미소를 짓고 이해한다. 그것이 바로 가르치는 법이었다. 당신이 나에게 시범을 보여주고 떨어져 나온 박편을 가리킨다. 박편을 손으로 가리키는 그 전형적인 인간의 몸짓은 언어의 기원을 암시한다. 이제부터 언어의 기원을 살펴보자.

언어의 탄생

아구스틴 푸엔테스는 인류학이 동물학에 대한 열의와 인문학에 대한 흥미를 결합할 수 있는 학문임을 깨닫고 인류학자가 됐다. 푸엔테스가 프린스턴대학교로 옮긴 지 얼마 지나지 않았을 때 우리는 영상 통화를 나눴다. 대화를 나누면서 내가 무엇을 배웠는지는 나중에 자세히 설명하겠지만, 가장 주목할 특징은 그 대화가 가능했다는 사실 '그 자체'였다. 각각 스코틀랜드 동부 해안과 북아메리카에 사는 우리는 공기에 미세한 진동을 일으킴으로써 다양한 아이디어를 교환했다. 언어는 무한하게 조합할 수 있는 상징을 활용해 지식을 공유하는 대단히 특별한 능력을 인간에게 선사한다. 인간 이외에 이런 능력을 지닌 종은 없다. 도대체 어떻게 이런 일이 가능했을까?

이른바 인간만이 가진 능력이라고 하더라도 늘 그렇듯이 동물계에도 유사한 행위가 있기 마련이다. 어떤 동물은 음성 혹은 눈에 보이는 신호를 활용해 정보를 공유한다. 예컨대 버빗원숭이는 뱀, 독수리, 표범이 나타났을 때 이를 주변에 알리는 독특한 경보 체계를 갖고 있다. 아마도 "아래를 봐!", "위를 봐!", "앞을 봐!"와 같은 뜻일 것이다.[70]

포식자에게 공격당할 위험에 노출된 미어캣 역시 뱀, 맹금류, 자칼을 경고음으로 구별한다.[71] 경고음의 억양으로 포식자가 정지 상태인지, 이동 중인지, 위험이 긴급한지를 표현한다. 꿀을 따서 집으로 돌아온 꿀벌이 꿀이 있는 곳의 거리, 방향, 품질을 '8자 춤'으로 알린다는 사실은 잘 알려져 있다.[72] 하지만 사물에 끝없이 이름을 붙이고 그에 대해 끝없는 토론을 벌이는 동물은 우리 인간뿐이다.

석기 제작으로 돌아가 보자. 박편을 떼어내는 데 성공한 직후 우리 아이가 동굴로 걸어 들어갔다. 나는 그 사실을 알아차렸지만 당신은 눈치채지 못했다. 나는 당신을 보며 엄지와 중지로 뒤뚱뒤뚱 걷는 우리 아이의 걸음걸이를 흉내 낸 다음 동굴을 가리킨다. 당신은 살짝 걱정스러운 표정으로 동굴 속 그늘을 들여다본다.

우리 두 사람은 '원시 언어'를 사용하고 있다. 이 시점에서는 언어라고 할 수 없을 정도로 원시적이라고 할 수도 있겠다. 하지만 이런 몸짓과 흉내에는 의미로 세상을 바꿀 가능성이 넘친다. 그저 암묵적일지라도 일단 어떤 것(예를 들어 두 손가락의 움직임)으로 무엇인가를 나타낼 수 있다고 정하면, 우리의 생각은 새롭고 무한한 영역으로 들어간다. 좀 더 정교한 상징(몸짓, 흉내, 결국에는 언어)을 사용해 우리는 당장 이곳에 없는 장소, 물건, 사람에 관해 창의적으로 의사소통을 할 수 있다. '모든 것'이 '다른 어떤 것'이 될 수 있다. 언어학자 데릭 비커턴이 언급한 '변위 참조 능력', 즉 상징을 사용해 지금 여기에 없는 것들을 언급할 수 있는 능력은 언어의 핵심 요소 중 하나다.[73]

우리가 말할 때 사용하는 대부분의 단어와 달리, 흉내는 분명히 도상적iconica이다. 흉내는 단어와 의미 사이의 관계가 임의적인 것이 아니라, 적어도 일부분에서는 유사성을 통해 의미를 전달한다. 그러나 단어와 그것이 지칭하는 사물 사이의 관계가 온전히 임의적이라는 전통적인 언어 이론은 최근 단어와 의미 사이의 상징적 유사성이 언어의 학습, 사용, 진화에 중요한 역할을 한다는 여러 증거에 의해 흔들리고 있다.[74] 이러한 증거는 청각장애인이 사용하는 수어와 일반인이 사용하는 구어 양쪽 모두에서 확인할 수 있다.

수어는 시각적으로 인식할 수 있고 신체를 사용하기 때문에 상징적 유사성을 표현하기에 매우 적합한 언어 체계다. 예를 들어, 영국 수어에서 '밀다'는 실제 밀어내는 동작을 그대로 반영한다. '나무'를 나타내는 수어는 나무의 특징을 도식적이지만 알아볼 수 있도록 형상화한다. 수어는 손뿐만 아니라 신체의 여러 부위를 활용하는데, 예를 들어 볼을 부풀리는 동작은 '둥글다'는 의미를, 입술을 양옆으로 늘리는 동작은 '얇다'는 의미를 전달한다. 구어에서도 유사한 방식으로 소리와 의미 사이의 연결이 나타난다. '딸깍', '텀벙', '야옹', '쾅', '음매', '매애', '악', '윙윙', '후루룩', '철벅'과 같은 의성어는 소리의 인상을 그대로 언어로 표현한 것이다. 이러한 소리와 의미의 짝짓기는 수어만큼 명확하지는 않지만 인간 언어 전반에 걸쳐 보편적으로 나타나는 흥미로운 현상이다.[75]

예컨대 그림 22에 제시된 두 물체 중 어느 것이 '키키'이고 어느 것이 '부바'인지를 사람들은 직관적으로 구분한다. 일반적으로 둥근 형태의 물체는 후설 모음, 뾰족한 형태의 물체는 전설 모음과 어울린다. 이러한 경향은 단지 실험적 현상에 그치지 않고, 언어 전반에 걸쳐 반복적으로 관찰된다. '큰 것'과 '작은 것'(예: huge vs. teeny), '남성 이름'

그림 22

과 '여성 이름'(예: Thomas vs. Emily), '먼 것'과 '가까운 것'(예: that vs. this, far vs. near)의 구분에서도 비슷한 음운적 대비가 나타난다. 심지어 전 세계 대부분의 언어에서 '입술'을 뜻하는 단어에는 입술을 실제로 사용하는 양순음이 포함되어 있다.[76]

물론 '임의성'은 우리가 쓰는 언어의 핵심적인 특징이다. 여기서 임의성이란, 단어의 형태와 그것이 가리키는 대상 사이에 필연적인 연결이 없다는 뜻이다. 예를 들어, '나무'라는 단어와 실제 나무 사이에는 본질적인 관계가 없으며, 다른 언어에서는 동일한 대상을 전혀 다른 소리로 지칭할 수 있다. 바로 이러한 속성 덕분에 언어는 훨씬 더 유연해지고 다양한 방식의 표현을 가능하게 한다. 그러나 동시에 언어는 도상성iconicity(사물과 닮은 형태), 유사성, 그리고 미메시스(모방)와 같은 원리로도 작동한다. 찰스 다윈 역시 언어의 기원에 '모방을 통한 흥내'가 중요한 역할을 했다고 주장한 바 있다.

언어의 또 다른 기본 요소인 단어를 조합해서 문장을 만드는 능력은 어떨까? 앞에서 예시로 들었던 어린아이에 대한 언급은 주어와 동사, 서술부를 통해 "우리 아이가 동굴로 들어갔다"라는 상황을 표현한 아주 간단한 원시 문장이라고 할 수 있다. 확실히 당신이 내 말을 이해할 수 있는 이유는 우리가 현재 상황에 대한 지식을 공유하고 있기 때문이다. 맥락에 의존하지 않고 언어를 사용하려면 의미를 담는 구성요소를 이해하기 쉬운 방식으로 조합해야 한다. 다시 말해 어휘와 통사론syntax❶이 모두 필요하다.

통사론의 본질은 각 요소를 이해하기 쉬운 순서로 배열하는 것이며, 각 요소는 그 자체로 다른 요소를 내포하기도 한다. 이를 설명하기 위해 W. H. 오든의 시 〈어느 날 저녁에 산책하면서As I Walked Out One Evening〉 중 두 번째 행을 예로 들어보자.

"The crowds upon the pavement / Were fields of harvest wheat.길 위 인파가 / 추수철 밀밭이었다"[77] 이 문장에서 우리는 주어구(길 위 인파가), 동사구(~이었다), 그리고 서술부 또는 보어(추수철 밀밭)를 구분할 수 있다. 이 세 요소가 합쳐져 하나의 완전한 문장을 구성한다. 이처럼 요소를 순서대로 이해하고 조합하는 능력은 언어에만 국한되지 않는다. 복잡한 도구를 제작할 때도 마찬가지다. 먼저

❶ 단어가 모여 문장을 구성하는 방식을 연구하는 학문.

필요한 재료를 선택해야 하는데, 이 과정만 해도 여러 하위 과업을 포함한다. 이어서 자리를 잡고, 돌망치와 재료가 되는 돌을 적절한 위치에 놓은 다음, 돌을 회전시키며 염두에 둔 작업 목표에 따라 필요한 수만큼 박편을 떼어낸다.

다른 사람의 생각을 이해하려 할 때도 이와 유사한 순차적 능력이 필요하다. 특히 의사소통을 위해서는 앞서 언급한 것처럼 '생각에 대한 생각'을 일정한 순서로 정돈하여 전달할 수 있어야 한다. 예컨대 지금 나는 당신이 동굴에 들어간 내 아이에 대한 내 생각을 이해했다고 생각한다. 이처럼 타인의 마음을 추론하고 도구를 사용하기 시작한 생명체들 사이에서 통사론은 점차 필요불가결한 능력으로 떠올랐다. 결국 '언어를 받아들일 준비가 된 뇌'와 결합되면서 뇌의 진화 역시 촉진되었을 것이다.

나는 푸엔테스에게 언제, 어떻게 언어가 시작되었는지에 대한 그의 생각을 물었다. 그는 인류가 영원히 명확히 답할 수 없는 질문 중 하나일 것이라고 말하면서도 어느 정도 짐작할 수 있는 단서들은 존재한다고 말했다. 나와 마찬가지로 푸엔테스 역시 언어의 기원이 아주 오래전 고대에 뿌리를 두고 있다고 본다. 도구 제작이 이미 300만 년 이상 전부터 이루어졌다는 점, 그리고 언어가 그러한 기술을 배우고 가르치는 데 실질적으로 기여했으리라는 사실은 앞서 살펴보았다.

푸엔테스는 몸짓이 초기 언어에 중요한 역할을 했다는 주장에 공감하면서도 목소리 역시 머지않아 사용되었을 것이라고 추측한다. 원시 언어의 가장 초기 단계가 몸짓 언어였을 가능성이 크다고 여겨지는 이유는 여러 가지다.[78] 유인원의 울음이나 외침은 인간 언어와 본질적으로 다르다. 그나마 인간의 구어와 유사한 부분이 있다면 그 부분은 욕설에 가깝다. 유인원의 울음과 외침은 적나라한 정서를 관장하는 뇌의 깊은 영역에서 비롯되는데 우리가 사용하는 언어와 같은 체계적 표현과는 거리가 있다. 게다가 유인원의 혀, 목, 후두 등 성도의 해부학적 구조는 인간 언어에 필요한 다양한 소리, 특히 모음 발성에 적합하지 않다. 반면에 몸짓은 도구 제작과 같은 복잡한 행동에 관여하는 뇌 영역에서 통제되며, 이 영역은 이미 300만 년 전부터 활발히 작동해 온 것으로 추정된다.

앞서 언급했듯이, 인간이 언어와 유사한 소리를 낼 수 있게 만든 성도의 해부학적 변화는 약 50만 년 전쯤 일어났다. 이에 상응하는 청각기관(귀)의 구조 변화 역시 비슷한 시기에 나타났다.[79]

푸엔테스의 말대로 언어가 언제 어떻게 시작되었는지는 영영 알 수 없을지도 모른다. 하지만 그 기원은 이제 예전보다 많이 밝혀졌다. 식량 탐색과 도구 제작 같은 공동 작업에서 비롯되는 상호 이해를 공유하는 가족 무리 안에서 몸짓과 모방으로 원시 언어가 처음 등장했다는 가설은 무척 그럴듯하다. 원시 언어는 200만 년에서 300만 년에 걸쳐 서서히 출현했고 50만 년에 걸쳐 온전히 인간 언어의 형태를 갖추게 되었을 것이다.

전달하는 메시지까지는 이해하기 어렵더라도 재료를 상징적으로 사용했다는 증거가 또 있을까? 푸엔테스와 그의 동료 마크 키슬은 전 세계에서 이 흥미로운 흔적을 모아 데이터베이스를 구축했다.[80,81] 황토의 사용은 거의 100만 년 전까지 거슬러 올라가는데, 남아프리카에서 호모 에렉투스가 살던 동굴에서 처음 발견됐다. 50만 년 전에는 그들이 코끼리뼈에 평행선을 새겼다. 호모 에렉투스가 초기에 착용하던 장신구인 구멍 뚫린 조개껍데기는 13만 5,000년 전부터 등장했다. 이런 유물은 인간의 핵심 가능성인 의미의 탄생을 짜릿하게 보여준다.

우리가 발음하는 단어들은 그 가능성을 마음껏 활용해 의사소통 도구라는 정교한 무기를 제공한다. 언어가 어떻게 출현했든, 어떻게 생겨났든 간에 언어는 금세 다양한 용도를 찾았을 것이다. 사실을 전달하는 수단, 교육 보조[82], 공동 활동을 계획하고 조정하는 수단[83], 소문을 퍼트리고 몸단장을 하는 매개체[84]이자 남을 속이는 비할 데 없는 기회를 제공한다.[85] 이처럼 언어는 사회적으로 중요한 도구이지만 동시에 강력한 사고 수단이기도 하다.[86] 내 생각을 다른 사람과 나눌 수 있게 되면서 언어를 자기 자신과 대화하는 데도 활용할 수 있게 됐다. 이것이야말로 인간 특유의 의식이 시작된 진정한 기원이다.

실제로 '의식'은 '지식을 함께 나눔'을 뜻하는 라틴어 콘시엔티아 conscientia에서 유래했다.[87] 우리는 언어라는 사회적 매체를 통해 자신과 타인의 상상력을 조율하고, 그 결과를 서로 공유하는 힘을 얻게 된다.

진화발생생물학

강렬한 마음 공유와 타인에 대한 관심, 도구를 만드는 손재주와 무한히 생성하는 언어는 우리 인간이 특별한 이유다. 하지만 우리 인간과 다른 종을 나누는 진짜 근본적인 차이는 유전자에 있다고 주장하는 학자들이 있다. 공감 능력, 손재주, 언어 활용의 기반이 되는 유전자를 찾기만 한다면 인간 본성의 원천을 자랑스럽게 여길 수 있을 것 같다고 생각하기 쉽다. 내 마음속 한 구석에도 비슷한 생각이 자리 잡은 적이 있다. 하지만 이는 오해에서 비롯된 것이다. 그 이유를 이해하면 새로운 깨달음을 얻을 수 있다.

다윈이 19세기 중반에 진화론을 구상할 때, 생존과 번식에 가장 유리한 유전 변이체가 경쟁을 거쳐 선택되고 그 결과 새로운 종이 탄생한다고 주장했다. 당시 그는 유전과 변이를 일으키는 구체적인 메커니즘에 대해서는 거의 알지 못했다. 그럼에도 그는 이 기제를 별다른 의심 없이 전제로 삼았다. 그리고 《종의 기원》이 출간된 지 약 100년 후인 1953년, 제임스 왓슨과 프랜시스 크릭이 우리 유전 물질인 DNA가 이중 나선 구조를 갖고 있다는 짧은 논문을 발표하면서,[88] 분자유전학Molecular Genetics이라는 혁신적인 과학 분야가 새롭게 열렸다.

DNA의 이중 나선 구조는 사다리의 가로대를 중심으로 두 가닥이 서로를 휘감고 있는 형태다. 각 가로대는 상보적인 염기쌍으로 이루어지며 아데닌은 항상 티민과, 구아닌은 항상 사이토신과 짝을 이룬다. 유전자는 이 네 가지 염기가 특정한 순서로 연결된 가닥이다. 이는 단백질을 생성하는 데 필요한 아미노산 배열을 지정하는 역할을 한다. 세포가 분열할 때 DNA의 이중 나선은 두 가닥으로 분리되고, 각 가닥은 복제 과정을 통해 새로운 이중 나선을 형성한다. 이 과정은 왓슨과 크릭이 《네이처》에 발표한 논문에서 강조한 것처럼, DNA의 염기들이 짝을 이루는 '상보성' 원리를 바탕으로 작동한다.

그런데 유전자는 때때로 우연히 변이를 일으킨다. 가장 단순한 형태의 변이는 염기쌍 하나가 삽입되거나 삭제되거나 변경되는 '점 돌연변이'로 이는 낫적혈구 빈혈이나 낭포성 섬유증과 같은 질환의 원인이 되기도 한다. 그러나 어떤 경우에는 이러한 변이가 단점이 아닌 유리한 형질로 작용하는데, 이는 전체 집단으로 퍼져나가기도 한다.

점 돌연변이는 시작에 불과하다. 유전자는 대량으로 복제될 수 있으며, 약간의 변형을 통해 새로운 기능을 획득할 수도 있다. 특히 인류의 진화 과정에서 중요한 것은 유전자의 염기 서열 자체가 아니라 유전자가 언제, 어디서, 어떻게 발현되는지를 조절하는 다양한 인자들(예컨대 전사 인자, 인핸서enhancer, 프로모터promoter)의 변이에 있다. 이러한 조절 인자들의 변화는 서로 연관된 유전자들의 작동 시기와 위치, 활성도를 미세하게 또는 근본적으로 바꿀 수 있으며, 이는 복잡한 유전자 네트워크 전체의 조정에 중대한 영향을 미친다.[89]

인간 유전 물질의 총체를 뜻하는 인간 유전체genome는 주로 세포의 핵 안에 있다. 유전체에는 약 30억 개의 염기쌍이 있으며 이는 염색체 23쌍으로 구성된다. 염색체 23쌍은 상염색체 22쌍과 성염색체 한 쌍(여성의 성염색체는 X 염색체 2개, 남성의 성염색체는 X 염색체 1개와 Y 염색체 1개)으로 이뤄진다. 이런 염색체에는 2만 개에서 2만 5,000개의 유전자가 들어있다. 그렇다면 인간 유전체와 인간과 가장 가까운 친척 침팬지의 유전체의 차이는 무엇일까?

비율로 보면 인간과 침팬지의 유전적 차이는 아주 미미해 보인다. 측정 방식에 따라 다르지만, 인간 DNA의 약 1~5퍼센트 정도만이 침팬지의 DNA와 다르다. 그러나 염색체 수준에서 살펴보면, 그 차이는 훨씬 더 두드러진다.

예컨대, 인간과 침팬지의 DNA를 비교했을 때 약 3,500만 개의 염기쌍이 서로 다르다. 이는 DNA를 구성하는 기본 단위 염기인 아데닌(A), 티민(T), 구아닌(G), 사이토신(C) 중 하나가 다른 것으로 바뀐 경우로, 예를 들어 침팬지의 특정 위치에 구아닌이 있는 반면 인간은 같은 위치에 아데닌을 지니고 있는 식이다. 이와 같은 변화가 수천만 건에 달한다는 사실은 두 종 사이의 유전적 차이를 보여주는 중요한 지표다. 인간과 침팬지 사이에는 구조 변이도 적지 않다. 염기 서열이 통째로 삽입되거나 삭제되고 재배열되는 구조 변이는 9,000만 건으로 추정된다. 그 결과, 단백질을 구성하는 약 5만 개의 아미노산이 서로 다르게 나타나며, 이것이 인간과 침팬지를 구분 짓는 정체성의 일부가 된다.[90,91]

그러나 이러한 유전적 변화들 가운데 상당수는 중립적 변화로 간주된다. 다시 말해, 이 차이는 인간의 신체나 뇌, 행동에 뚜렷한 영향을 미치지 않는다. 그렇다면 우리와 침팬지를 진정으로 구분 짓는 유의미한 차이는 어디에서 비롯되는 것일까? 유력한 후보 중 하나는 뇌 성장 조절에 관여하는 유전자들이다. 인간의 뇌는 크기 면에서 침팬지보다 약 세 배가량 크지만 전체적인 구조는 매우 유사하다.[92,93] 양자의 발달 차이는 주로 발달의 속도와 시기에 있다. 흥미롭게도, 인간의 뇌는 여러 측면에서 침팬지보다 더 느리게 자라난다.

뇌를 구성할 세포 대부분은 태어나기 전에 생성된다. 뇌 중심부에 있는 액체로 채워진 공간 주변을 둘러싼 '신경 전구세포'는 유인원의 뇌보다 인간의 뇌에서 더 빠르고 더 오랫동안 분열한다. 다른 영장류의 경우 시냅스 연결의 생성과 성숙이 출생 직후에 절정을 맞이하지만 인간 뇌에서는 그 과정이 몇 년 후까지 이어진다. 이후 시냅스 가지치기와 제거 과정은 침팬지의 경우 10세 무렵에 끝나지만 인간의 경우 성인기까지 이어진다.[94,95] 이는 마치 발달 초기 단계가 연장된 듯한 현상으로 생물학에서는 이를 '유생연장'prolonged larval stage이라고 부른다. 유생연장은 예전부터 진화의 원동력 중 하나로 꼽혔다(이런 이유로 진화에서 발달 변화의 역할을 연구하는 진화발생생물학이 생겨났다). 인간의 뇌는 유년기 전반에 걸쳐 유인원의 뇌보다 더 빠르게 성장한다. 출생 전부터 이미 뇌세포 수가 최고치에 도달하며, 출생 이후에도 뇌 발달의 흡수성, 가소성, 유지성이 유지되는 시기가 상대적으로 길다. 지난 30여 년간의 연구를 통해, 발달 과정을 조율하는 데 관여하는 유전자뿐 아니라, 침팬지와 인류의 계통이 갈라진 이후 돌연변이를 거친 유전자들까지도 폭넓게 규명되었다.

이제 돌연변이를 일으킨 뇌 성장 유전자 중 하나를 자세히 살펴보면서 그 특이한 성질을 알아보자. GADD45G 유전자는 뇌 성장을 억제한다.[96] 사람족이 진화하는 초기에 현생 인류와 네안데르탈인 계통의 공통 조상에서 이 유전자를 활성화하는 DNA의 일부분이 사라지면서 사람족의 뇌 크기가 약간 증가하게 됐다. 유인원의 뇌와 인간의 뇌 사이에서 조금도 논란의 여지가 없는 차이는 바로 그 크기다. 연산 능력의 단순한 증가가 유인원과 인간의 정신 능력을 가르는 근원일까? 그 영향도 분명히 있기는 하겠지만 인간의 뇌에서 좀 더 구체적인 적응이 일어나서 인간 본성이라는 특이성을 형성했다는 구체적인 증거도 있다. 당연하게도 언어에 많은 관심이 쏠렸다.

언어, 특히 문법에 관여하는 인간 뇌 영역에는 특별한 구조물이 있다. 궁상 섬유arcuate fasciculus는 음성에서 의미를 추출하는 데 관여하는 측두엽 영역과 전두엽의 브로카 영역을 연결하는 섬유 다발이다.[97] 브로카 영역은 특히 문법, 그중에서도 문장 구조의 통사론 분석과 시작하는 구절 형성 과정에 관여한다.[98] 인간의 궁상 섬유는 침팬지의 궁상 섬유보다 측두엽 속으로 훨씬 깊게 뻗어있다는 점에서 특별하다.[99] 의미와 통사론을 연결하는 언어 기능을 뒷받침하고자 진화했을 가능성이 있다. 관련 유전자는 아직 밝혀지지 않았지만 특히 언어 반복에 영향을 미치는 유전 장애가 있는 가계를 분석한 연구에서 '언어 유전자'를 발견할 가능성이 재기됐다. 예를 들어보자. 1990년에 처음 보고된 'KE 가족'은 단어를 반복하는 데에 유난히 큰 어려움을 겪는 사례로 주목을 받았다. 특히 이 문제가 가족 내에서 세대를 거쳐 유전되는 양상을 보였기 때문에 연구자들은 하나의 단일 유전자 돌연변이에 의해 발생하는 우성 유전 질환일 가능성을 제기했다. 그리고 마침내 2001년, 그 유전자가 밝혀졌다. 문제의 유전자는 DNA의 특정 부위에 결합해 다른 유전자의 작동 방식을 조절하는 전사 인자로 포크헤드 박스Forkhead box라는 유전자 계열에 속했다. 이 유전자는 FOXP2라는 이름으로 명명되었다.[100]

이후, 침팬지와 인간의 FOXP2 유전자가 다르다는 연구 결과가 나오자 오랫동안 기다려온 '언어 유전자'의 발견이라는 해석이 뒤따랐다.[101] 더욱 흥미로운 사실은 인간의 FOXP2 변이가 100개가 넘는 다른 유전자의 발현에 영향을 준다는 사실이다.[102] 이는 FOXP2가 단지 하나의 언어 기능에 관여하는 유전자가 아니라, 뇌의 해부학적 구조와 기능 전반을 정교하게 조절하는 핵심 유전자임을 의미한다.

그러나 상황은 한층 더 복잡해졌다. 네안데르탈인 또한 이 FOXP2 유전자를 보유하고 있었다는 사실이 밝혀지면서 이 유전자의 기원은 적어도 50만 년 전, 인간과 네안데르탈인의 공통 조상 시기까지 거슬러 올라가게 되었다. 그럼에도 불구하고, FOXP2 유전자가 인간 고유의 언어 능력에 기여했을 가능성은 여전히 유효하다. 왜냐하면, FOXP2 유전자 자체는 네안데르탈인과 공유하지만, 그 유전자의 작동 방식을 조절하는 인자 중 일부는 현생 인류만 가지고 있다고 밝혀졌기 때문이다.[103]

크릭과 왓슨이 시동을 건 진화발생생물학은 이제 시작 단계에 있다. 인류의 유전자 진화 연구는 아직 초기 단계에 있다. 흥미롭게도 최근 연구에서는 신경 영상법으로 새로 발견한 사실(인간 뇌의 휴지기 네트워크)과 유전학 접근법을 연결하기 시작했다. 2년 전 네덜란드계 미국인 연구팀이 유전체의 '인간 가속 영역'◑에 속한 유전자가 인간의 사고 및 상상과 관련된 뇌 네트워크, 특히 디폴트 모드 네트워크에서 아주 강력하게 발현된다고 보고했다.[104]

이런 방향의 연구로 우리는 우리 자신에 대해서 앞으로 더 알게 될 것이다. 하지만 인간 본성을 완전히 설명하는 유전자 모음을 찾고 싶은 열망을 완전히 이루지는 못할 것이다. 우리 몸의 다른 부분과 마찬가지로 유전자는 우리가 살아가는 세상 및 그 안에서 우리가 하는

◑   인간에게서만 유난히 빠르게 변화한 영역.

활동과 끊임없이 상호작용한다. 쉽게 말해 우리는 유전자가 지시를 내린다고 생각하지만 사실은 허가한 것뿐이다.

유전자 변이와 인간 문화의 진화 사이의 관계를 해석하는 일은 여전히 거대한 과제로 남아 있다. 이처럼 서로 전혀 닮지 않아 보이는 두 영역 사이에도, 일반적으로 생각하는 것보다 훨씬 더 밀접한 관련이 존재한다는 점은 충분히 주목할 만하다. 이번 장을 마무리하려면, 바로 이 지점을 분명히 짚고 넘어갈 필요가 있다.

문화적 생물체

다윈은 혹독한 겨울과 같은 선택 압력이 자연 선택을 일으킨다고 보았다. 충분한 지방을 축적하고, 사냥 기술을 익히며, 깊은 동면 상태에 들어가는 등 더 철저히 대비한 동물이 그렇지 못한 개체보다 살아남아 번식할 가능성이 높다고 생각한 것이다.[105] 이러한 특성이 유전된다면 해당 유전자는 퍼져나가게 된다.

동물의 생활에 지장을 주고 생존 가능성에 직접적으로 영향을 미치는 환경적 특성을 진화적 지위evolutionary niche라고 한다. 기후, 지형, 가족 구조, 포식자, 먹잇감, 식량 등이 모두 여기에 포함된다. 이는 곧 동물이 스스로 만들어내지 않은 조건과 맞서야 한다는 뜻이다. 어떤 생물도 추운 겨울을 손쉽게 따뜻하게 바꾸거나, 축축한 봄을 금세 뽀송하게 만들 수는 없다. 그러나 이렇게만 설명한다면 동물을 지나치게 수동적인 존재로 보는 셈이다.

새가 둥지를 짓고 거미가 그물을 치고 비버가 개울에 둑을 쌓고

산호초에서 폴립이 석회화하는 행위는 모두 환경을 바꾸는 적극적 행동이며 자신의 진화를 형성하는 힘마저 바꾼다. 동물은 단순히 시냇물 속 조약돌 같은 환경에 영향을 받는 것이 아니라 능동적으로 선택적 생태적 지위를 획득한다. 무엇보다 우리 인간과 사람족 조상은 지구상 그 어떤 생명체보다도 이 설명에 부합한다.

300만 년 전부터 인류는 돌, 나무, 뼈로 도구를 만드는 법을 발전시켜왔다. 불을 능숙하게 다루고 스스로 옷을 지어 입었다. 거대한 동물을 사냥하고 요리했으며 보금자리를 지었다. 자기 자신과 주변 환경을 꾸미고 죽은 자를 매장했다. 1만 년 전 마지막 빙하 시대 끝 무렵, 신석기 혁명으로 농경 시대와 정착 문명이 도래하기 훨씬 전부터 이미 이렇게 했다. 이런 업적은 다른 동물에서 나타나는 수준을 훨씬 능가하는 문화 전통의 존재, 전승, 축적 덕분에 가능했다. 그 덕분에 우리 조상은 자기만의 문화적 지위를 형성하고 지구를 정복했다.

문화의 진화, 즉 문화사는 그 자체로 대단히 흥미롭다. 문화의 진화는 생물 진화와 유사점도 있고 차이점도 있다. 도구 제작에 필요한 충실한 정보 전달과 무작위 오류가 양쪽 모두에서 중요한 역할을 수행한다.[106] 하지만 인류 문화의 고대사에는 자주 간과되지만 무척이나 풍부한 함의가 있다. 우리 인류가 공통 조상에서 침팬지와 유전적으로 갈라지던 시기에 우리 뇌 크기가 세 배로 증가하는 동안 우리 조상은 전통을 발전 및 계승하고 문화적 지위를 구축하는 한편, 스스로 진화하기에 적합한 조건을 만들어냈다. 그 조건이 바로 '문화'다. 새의 몸과 뇌가 비행에 적응하고 물고기가 헤엄치는 데 적응하는 동안 우리 조상은 문화에 적응했다. 젊은 세대가 언어, 관습, 신념 같은 사회의 관행을 배우고 흡수하는 열의와 성과는 부족의 역사뿐만 아니라 생명 활동의 결과이기도 하다. 우리 몸과 뇌는 우리 문화와 공진화했다.[107,108,109]

먼저 우리 몸을 생각해 보자. 호모 에렉투스가 등장할 무렵이었던 약 190만 년 전, 침팬지 턱 근육에서 발현되는 유전자가 비활성화되면서 씹는 근육의 부피가 눈에 띄게 감소했다.[110] 이에 따라 두개골에 전달되는 힘의 작용이 변화하면서 뇌와 두개골이 성장하는 데 제약이 사라졌다. 문화 발전이 이런 유전적 변화를 불러왔는지는 확실하지 않지만 그랬을 가능성이 높아 보인다. 이 무렵 우리 조상은 석기를 휘두르고 고기를 찾아다니고 나무 열매를 깨부순 지 100만 년이 되었다. 호모 에렉투스가 오랫동안 군림하는 동안 불을 다루는 법을 익히고 요리법을 고안하면서 고기, 씨앗, 덩이줄기의 소비량이 증가하자 인간의 소화관 길이는 인간과 같은 몸집의 영장류에 비해 거의 절반으로 줄어들었다.[111] 또한 점점 더 많은 영양분을 필요로 하는 뇌에도 충분한 연료를 공급할 수 있게 됐다.

문화의 출현 역시 그런 탐욕스러운 뇌의 진화에 깊은 영향을 미쳤다. 사람족의 생활이 점차 지적 활용(협동, 의사소통, 도구 제작 및 사용)에 의존하게 되면서 뇌의 잠재적 이점이 늘어났다. 뇌 크기가 세 배로 증가한 현상과 우리 조상의 문화적 지위의 점진적 발전은 서로 영향을 주고받았다. 그 결과 뇌의 지적 능력이 전반적으로 향상했을까, 아니면 인간의 특정한 필요에 좀 더 구체적인 적응이 이뤄졌을까? 진화발생생물학을 탐색하면서 살펴봤듯이 둘 다 일어났다.

인간은 동물계 전반에 퍼져 있는 연상 학습 능력을 가지고 있는데, 이 강력한 능력 덕분에 사회 학습이나 모방과 같이 문화 진화에 필수적인 기술이 가능해진다.[112] 특히, 뇌 속의 '궁상 섬유'라는 독특한 신경 다발 구조는 언어의 출현과 함께 발달한 뇌 진화의 중요한 특징을 보여준다. 또한, 사람들이 주로 쓰는 손(우세손)과 한쪽 대뇌 반구가 발달한 것은 손을 더 정교하게 쓰는 기술이 인간 뇌의 독특한 생물학적 특성을 형성하는 데 기여했음을 시사한다.

인간의 뇌 안팎에서 나타나는 대부분의 특성은, 문화적 삶에 대한 적응의 결과로 보아야 비로소 온전히 이해될 수 있다. 극도로 의존적인 인간의 아기는 부모뿐 아니라 다른 양육자의 협력이 있어야만 생존할 수 있는 존재다. 인간의 긴 유년기는 풍부한 문화 전통을 흡수하고 내면화할 수 있도록 진화한 결과다. 폐경기는 기꺼이 육아에 참여하는 '할머니의 노동력'을 사회가 활용할 수 있게 만든 생물학적 기반이다. 우리의 사회성, 손재주, 언어 능력 모두는 공동체적 삶과 깊이 얽혀 있다. 그렇기에 역사는 생물학이 끝나는 지점에서 시작되는 것이 아니라, 생물학과 문화가 긴밀히 얽혀 있는 연속선 위에서 전개된다. 우리는 말 그대로 뼛속까지 문화적인 생물체다.

인간이 지닌 독특한 특징은 무엇일까? 지난 600만 년에 걸친 인류 진화 여정을 살펴본 지금, 이 질문에 신중하게 접근해야 한다.

인간 본성은 깊이 뿌리내린 사회성, 상징 사용, 기술력이라는 세 가지 고유한 특성으로 구성된 적응 복합체이자 상호 작용 네크워크로 이해할 수 있다. 이들 각각의 특성은 독립적으로 기능하는 것이 아니라, 서로 긴밀하게 연결되어 있으며 상호 보완적인 방식으로 기여하고 있다. 예컨대, 내가 당신의 관점을 받아들일 수 있다면, 이는 곧 당신의 몸짓을 이해하는 데 필요한 공통 기반을 마련해 준다. 그렇게 당신의 몸짓을 이해할 수 있게 되면, 당신은 자신이 가진 기술을 나에게 더 효과적으로 가르칠 수 있게 된다. 그리고 내가 당신의 제자로서 함께 일하다 보면, 점차 당신의 관점으로 세상을 바라보게 된다.

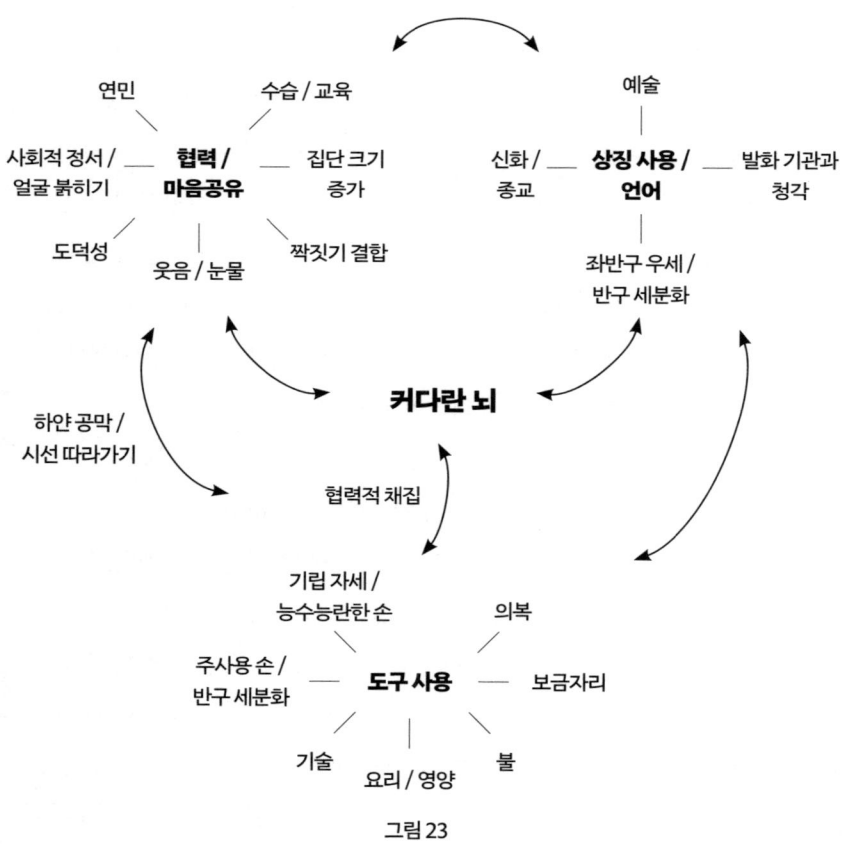

그림 23

이러한 일련의 과정은 마치 인간이라는 네트워크를 구성하는 톱니바퀴들이 정밀하게 맞물려 돌아가는 것과 같다. 이 덕분에 머나먼 과거에 인간의 뇌가 더 크게 성장할 수 있는 압력이 형성되었으며, 그 결과 타인에게 의존하고 협력하는 능력 또한 점차 확장되었다. 그림 23에 나타난 다양한 요소들은 고립된 것이 아니라 다른 요소들과 끊임없이 상호작용하고 있다.

이러한 인간의 능력은 뇌 성장에서 비롯된 동시에 뇌의 발달을 촉진해 전반적인 정보 처리 능력, 특히 자신의 마음을 통제하는 능력을 높였다. 뇌가 커지면서 사회 집단이 확대되고, 생활 구조 역시 바뀌었다. 아이들은 인간 사회의 어엿한 일원이 될 시간을 확보하게 됐다. 축적과 협력으로 확보한 문화적 지위는 인간의 삶에서 그 어느 때보다도 풍요롭고 지배적인 특징이 됐다.

상징 사용이 발달하면서 우리의 내밀한 자아가 사회성을 갖추게 됐다. 뇌 크기, 상징 사용, 인지 통제가 다 함께 발달하면서 우리 생각과 마음은 비로소 자유로워졌다. 우리는 현재에서 벗어나 과거, 미래, 상상의 세계로 뻗어나갔고 시간과 공간을 초월해 모든 사람과 소통할 수 있게 됐다. 상상이 사회적 차원으로 확장됐다. 우리는 자신의 마음을 타인이나 자기 자신과 공유하는 힘을 얻었다. 우리는 상상하는 바를 공유하도록 진화했다.

"새롭게 시작하려면

처음으로

돌아가야 한다."

찰스 셰링턴

6장.
우리는 어떻게 상상을 배우는가

우리는 모두 단 하나의 세포였다

　당신은 단 하나의 세포였다. 어머니의 난소와 자궁을 연결하는 가느다란 나팔관에서 수정되었을 당신의 첫 번째 세포체는 불확실한 미래를 향해 나아가기 시작했다. 사흘 안에 하나의 세포가 16개로 분열했다. 이틀 후 당신이 어머니 자궁벽을 조심스럽게 침투하자 세포가 증식하면서 원반 모양으로 퍼졌다. 21일째가 되면 이제 세 배로 두꺼워진 그 원반은 이미 장기를 빚어내기 시작한다. 머지않아 발달 중인 심장에서 첫 번째 심장 박동이 울릴 것이다. 아직 현미경으로나 겨우 보일 이 유기체보다 더 연약한 존재가 세상에 있을까? 태곳적 생명의 지혜가 갓 모습을 드러낸 이 존재보다 더 강력한 것이 있을까?

　당신으로 성장할 태아를 구성하는 세포 하나하나는 인간을 형성하는 데 필요한 유전자를 모두 갖고 있다. 당신 몸의 외형과 내부 기관은 유전자와 주변 환경의 끊임없는 변화가 나눈 복잡한 대화에서 탄생했다. 농도 기울기와 극성, 신호와 반응에 이끌려 피부, 신경, 근육, 뼈, 혈관, 내장이 수정 후 8주 만에 형태를 갖췄다. 이 무렵에는 인간의 몸이 변화해 온 오랜 역사를 엿볼 수 있다. 수정 후 한 달째인 당신에게는 꼬리가 있고 아가미가 뚜렷하게 보인다.

단세포로 시작한 지 9개월쯤 지나서 양수로 가득 찬 자궁 안의 세계를 떠나 상쾌한 바깥공기를 쐬면서 처음으로 숨을 들이마실 무렵, 당신은 눈앞에 닥친 거대한 과제를 수행할 최선의 준비를 갖춘 상태다. 뇌는 산도를 통과해야 한다는 엄격한 제약 안에서 가능한 한 크게 성장해 뉴런을 최대 허용량만큼 획득했다. 출생 시 뇌 크기가 이미 유인원 성체의 뇌 크기와 엇비슷했어도 갓난아기인 당신은 아직 무력하다. 따라서 이 세상에 온 당신을 환영하고 학습이라는 중대한 임무를 시작하도록 당신을 이끌어준 어른에게 전적으로 의존해야 했다.

세상이라는 무대에 태어난 당신이 처음으로 맡은 과제는 세상을 발견하고, 나아가 그것을 타인과 함께 만들어 나가는 일이었다. 이를 위해 당신은 뇌 안에 자신과 주변 세계를 이해하기 위한 모델을 구축해야 했다. 이 중요한 작업에는 어머니와 아버지를 비롯한 첫 양육자들이 애정 어린 안내자로 함께 했을 가능성이 크다. 그들은 당신이 처음으로 무언가를 발견했을 때 그것을 함께 나누고, 기뻐하고, 축하해주었을 것이다. 그들의 이러한 참여는 생애 초기 몇 년 동안 당신이 맞이하게 되는 주요 과제, 즉 당신이 경험한 세계를 언어로 표현하는 능력의 발달에 결정적인 영향을 미친다.

언어의 힘은 단지 세계를 설명하는 능력만을 부여하지 않는다.

동시에 잘못 설명할 수 있는 능력, 곧 허구나 왜곡도 만들어낼 수 있는 잠재력도 함께 부여한다. 당신은 진실된 이야기만큼이나 터무니없는 이야기들도 즐겼다.

그리고 어느 순간, 당신은 그 이야기들에 마음에 드는 소품을 가져다 붙이고, 직접 연기하기 시작했다. 즉, 가장하는 법, 다시 말해 상상의 세계를 실제처럼 표현하고 즐기는 능력을 익히기 시작한 것이다. 두 살 무렵 당신은 이미 놀라울 만큼 능숙하게 상상력을 발휘하는 존재가 되어 있었다.

그러나 그 무렵의 상상력은 훗날 당신이 도달하게 될 수준에 비하면 여전히 미숙했다. 세 살이 되자 당신은 다른 사람의 마음을 상상하는 능력을 본격적으로 갖추게 되었다. 사람마다 자신만의 관점을 가지고 있으며 타인도 당신처럼 오해하거나 속을 수 있다는 사실을 깨닫기 시작한 것이다. 과거의 사건이나 미래의 가능성에 대한 인식도 한층 발전했는데, 비록 구체적인 세부 사항은 여전히 흐릿했지만 이전보다 훨씬 또렷한 초점으로 세상을 바라볼 수 있게 됐다. 이 시기부터 당신은 눈에 보이지 않는 세계(타인의 마음, 멀리 있는 장소, 현실과 상상의 경계 너머에 있는 정보들)를 익숙하게 탐색하며 그 경험을 타인과 공유하는 법을 배웠다.

그리고 예닐곱 살 무렵이 되면 마침내 "대체로 합리적이고, 대체로 책임감 있는"[1] 사람으로 성장한다. 이 시점에서 당신은 자신이 속한 문화가 만들어낸 상상의 세계에 깊이 뿌리를 내리고 학습이라는 위대하고도 끝없는 과업을 수행할 준비를 마치게 된다.

이번 장의 목적은 단세포 생물에서 출발해 상상력이 폭발하는 인간 정신의 탄생에 이르기까지, 인간이 생애 초기에 반드시 거쳐야 하는 이 특별한 여정의 흐름을 이해하는 것이다. 그 여정에서 가끔 멈칫거리거나 돌아서게 되더라도, 이는 지극히 자연스러운 일이다. 우리에겐 이 여정을 함께할 안내자가 필요하다. 처음에는 이름이 없지만 그냥 '마라'라고 부르기로 하자.

엄마의 뱃속에서

진화 과정에서 끊임없이 환경에 적응하며 단련된 우리의 몸은 우리가 살아가는 세상에 정교하게 맞춰져 있다. 우리의 발은 우리가 걸어온 지형에, 손은 우리가 다뤄온 도구와 사물에 적응해 형태와 기능이 변화해 왔다. 이때 뇌가 맡은 가장 핵심적인 역할은 환경과 행동을 연결하는 인터페이스를 제공하는 것이다. 이 기능 덕분에 뇌는 내면 세계와 외부 세계에 대한 지도와 심상을 풍부하게 구성할 수 있다.

그리고 이러한 지도와 심상의 기초가 되는 정보는 단지 개인의 경험에 의해 형성된 것이 아니라 인류의 고대 환경에 대한 경험과 지식이 오랜 세월에 걸쳐 유전자의 형태로 새겨진 결과이다. 즉, 우리는 태어나기도 훨씬 전부터 환경에 반응하는 법을 일정 부분 유전적으로 물려받는다.

수정 후 3주차가 되면 '마라'의 세 겹의 배아조직 중 가장 바깥층인 외배엽ectoderm은 신경계로 분화한다.[2,3] 외배엽의 첫 번째 과제는 관을 형성하는 것이다. 이후로 이어지는 모든 변이 과정에서 중추신경계(뇌와 척수)는 속이 빈 채 액체로 채워진 중심부를 유지한다. 수정 후

27일째가 되면 신경관이 닫힌다. 28일째에는 신경관 위쪽 끝이 불룩하게 부풀면서 향후 뇌의 주요 부위가 자리할 위치를 표시한다. 전뇌는 대뇌반구가 되고 중뇌는 의식에 꼭 필요한 경고 신호를 보내며 후뇌는 심장과 폐를 통제하게 된다(그림 24). 한편 뉴런을 생성하는 세포는 맡은 바 임무인 개체 수 확대를 위해 부지런히 세포 수를 늘린다. 43일째가 되면 대칭 분열(단순한 자가 증식)에서 비대칭 세포 분열로 전환해 뇌에 뉴런을 대량으로 생성하기 시작한다. 이후 몇 달 동안 860억 개 정도의 뉴런이 생성된다. 이 무렵이면 '신경 발생'이 거의 완료된다. 출생 후에는 두세 개의 작은 뇌 영역에서만 새로운 뉴런이 생성된다.

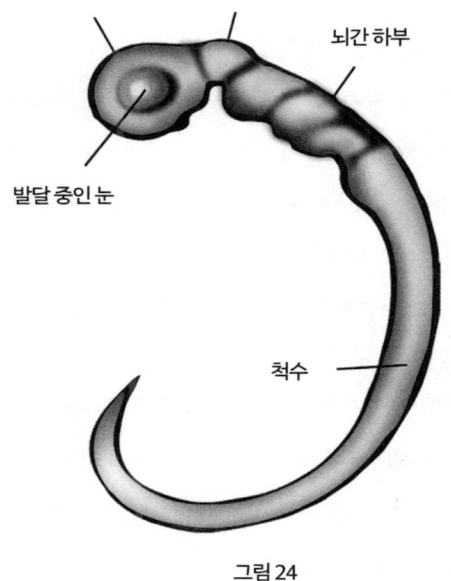

그림 24

이후에도 변이는 계속된다.[4] 새롭게 형성된 뉴런은 제 위치로 이동해 무성한 수상돌기를 키우기 시작하고 축삭돌기를 내보내 인접한 뉴런과 시냅스 접속을 형성한다. 이 접속은 말 그대로 생명을 키운다. 인접 뉴런을 자극한 세포들은 그 보답으로 자신을 지탱하는 '영양 신호'를 받는다. 그런데 이렇게 형성된 접속을 확립하지 못한 세포는 대량으로 '세포자멸사', 즉 세포 자살에 이른다.[5] 살아남은 세포는 수신한 신호를 국지에서 처리하는 '연합 뉴런'이나 멀리 떨어진 영역으로 신호를 전송하는 '투사 뉴런'으로 각자 맡은 역할에 적응한다.

출생 시기가 다가오는 무렵이면 마라의 뇌는 이미 활발히 활동하고 고도로 조직화되어 있다. 아직은 보이지 않는 시각 세계 지도, 아직은 잘 들리지 않는 소리 풍경 지도, 신체 표면과 팔다리 동작 지도가 뇌에 새겨져 있다. 유전자 프로그램이 뉴런을 이끌어왔지만 뇌 활동은 처음부터 뉴런의 성장 방향에 영향을 미쳐왔다.

하지만 태어날 때 아기의 뇌는 이렇게 정교하게 패턴화되어 있음에도 여전히 미완성 상태다. 어찌 보면 이는 당연하다. 마라는 앞으로 수많은 광경과 소리, 촉감, 맛, 냄새를 경험하게 될 것이다. 그러나 무엇을 발견하고, 그 발견이 어떤 의미를 가지게 될지는 결국 마라가 언제, 어디에서 태어났는가에 달려 있다. 지구상의 어떤 생명체보다도 인간 영아의 미래는 학습에 크게 의존한다. 그리고 학습은 궁극적으로 뉴런 간 연결 지점인 시냅스의 가소성에 의해 이루어진다.

이 사실을 뒷받침하는 증거는 오래전 연구에서도 찾을 수 있다. 풍요로운 환경에서 자란 동물은 수상돌기가 더 많이 발달하고, 시냅스의 수 역시 증가한다.[6] 최근에는 학습 중에 '기억 저장 세포'로 불리는

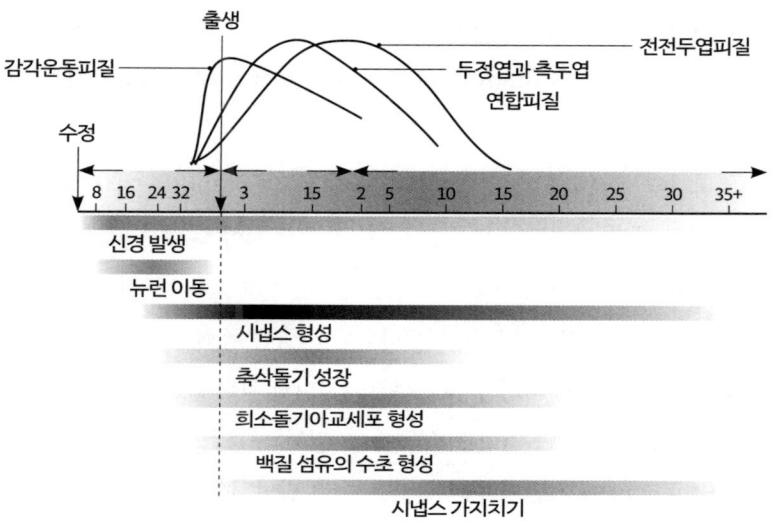

그림 25: 신경 발생은 뉴런의 형성, 뉴런 이동은 뉴런이 뇌에서 자리를 잡는 과정, 시냅스 형성은 그림 윗부분에 표시한 시냅스의 형성, 희소돌기아교세포 형성은 뇌의 백질 축삭돌기를 감싸는 수초를 만들어내는 세포 형성, 시냅스 가지치기는 아동기와 청소년기에 걸쳐 시냅스 수가 서서히 감소하는 과정을 가리킨다.

뉴런의 시냅스에서 변화가 일어난다는 사실이 밝혀지면서, 이러한 가소성의 중요성이 다시금 확인되고 있다.[7]

　마라의 뇌에서 수정 후 1개월째부터 시냅스가 형성되기 시작한다. 그리고 출생이 다가올수록 형성 속도가 급격하게 빨라진다(그림 25). 시냅스 생성이 광범위하게 일어나면서 생후 2년 동안 시냅스 수가 성인의 2배 수준으로 증가한다. 생후 6개월 동안 시각을 담당하는 인간 뇌 영역에서만 매초 시냅스 10만 개가 형성된다.[8] 이렇게 생겨난 시냅스는 아동기와 청소년기에 가지치기를 거치면서 가장 유용한다고 판단한 접속만 남는다. 가지치기를 하더라도 마라의 뇌에 최종으로 확보되는 저장 공간은 어마어마하다. 성인의 뇌에는 평균 860억 개의 뉴런이 있으며 시냅스의 수는 약 60조 개에 이른다.[9]

마라의 삶에서 학습이 대단히 중요하다고 해서 마라의 뇌나 정신이 완전히 백지 상태라는 뜻은 아니다. 마라가 접하게 되는 바깥세상과 자신의 신체로부터 들어오는 모든 신호는 이미 고도로 진화한 감각 기관을 통해 선별적으로 수집된다. 또한, 학습 능력 자체도 유전적으로 통제되고 있다. 마라가 유년기를 거치면서 시력을 더욱 선명하게 하고 청력을 조율하며 언어를 습득할 수 있는 '프로그램된 기회의 창'이 차례로 열렸다가 닫힌다.[10] 인간은 이런 발달의 기회가 열리는 순간, 반드시 그것을 포착해야만 한다. 윌리엄 제임스가 말한 바와 같이, '활짝 피어 있고 윙윙거리는 혼돈'으로 가득 찬 감각의 세계에 태어난 마라가 처음으로 맞닥뜨리는 과제는 바로 그 혼돈 속에서 세상을 창조하고 인간으로서의 자아를 형성해 나가는 일이다. 나와 당신이 그랬던 것처럼.

지식은 생명 그 자체다

마라가 태어나 처음으로 눈과 귀를 열고 자궁 밖의 생생하고 소란스러운 세상으로 나왔을 때, 과연 어떤 기분이었을까? 아마 우리처럼 마라도 그 순간을 기억하지는 못할 것이다. 심리학자 윌리엄 제임스는 신생아의 인지 능력이 매우 미숙하다고 보았다. 그러나 영아 행동 연구에 따르면, 마라는 태어난 직후부터 이미 엄마의 목소리를 인식하고 다른 사람의 목소리보다 엄마의 목소리를 더 선호한다.

엄마가 사용하는 언어 특유의 리듬감까지 구별하고 선호하는 경향을 보인다.[11] 마라는 주변의 복잡한 광경보다는 사람의 얼굴, 특히 자신을 바라보는 얼굴이나 얼굴처럼 보이는 패턴을 우선적으로 찾는다. 이처럼 익숙한 목소리와 다정한 표정은, 혼란스러운 세상 속에서 마라가 식별할 수 있는 의미 있는 신호가 된다. 이러한 신호는 마라가 생존을 위해 가장 중요한 사람들(엄마를 비롯한 직계 가족)과 즉각적인 관계를 맺을 수 있게 해주므로 분명히 유용하다. 그러나 마라가 앞으로 배워야 할 거의 모든 것들은, 이 작은 보호 범위를 벗어난 더 넓은 세계 속에 있다.

마라는 태어날 때부터 주변 세상을 듣고 볼 수 있으니 그런 의미에서 이미 감각이 기능하고 있다고 할 수 있다. 하지만 마라의 시력은 흐릿해서 운전면허를 딸 수 있는 수준을 충족하지 못하고 높은 주파수의 소리는 잘 듣지 못한다. 마라의 감각 체계, 즉 감각 기관과 뇌에 있는 연결은 성숙해야 하지만 동시에 적절한 경험도 필요하다.[12]

데이비드 허블과 토르스텐 비셀은 뇌의 시각 체계를 발견한 공로로 1981년 노벨상을 수상했다. 그들의 실험에 따르면, 시각 경험이 비정상적인 경우(예를 들어 한쪽 눈에 시각 신호가 입력되지 않거나, 한쪽 눈의 움직임이 한 방향으로만 제한되는 경우) 뇌의 시각을 담당하는 세포들이 이에 맞게 조정된다. 이 현상은 "함께 발화하는 세포들이 함께 연결된다"라는 헵의 법칙Hebb's rule으로 설명할 수 있다. 즉, 시각 피질의 활동을 자극하는 시각 입력이 한쪽 눈에만 들어오면 그 눈과 연결된 신경 회로가 선택적으로 강화된다. 반면 다른 눈에서 들어오는 정보는 점차 약화되고 쇠퇴한다. 이로 인해 어린 시절에 곁눈질(사시)을 지속하면 약시가 될 가능성이 높다. 뇌가 두 눈으로부터 들어오는 서로 충돌하는 정보를 제대로 통합하지 못하고 결국 한쪽 눈에서 들어오는 정보를 억압하게 되기 때문이다. 이러한 변화는 돌이킬 수 없는 결과를 초래할 수 있다. 이처럼 감각 기관은 경험에 의해 빚어지고 형성된다.

감각이란 마라와 주변 세계의 접점에서 일어나는 현상이다. 예를 들어 시각의 경우, 눈과 시야를 지도로 나타내는 '일차시각피질'에서 국소적인 윤곽, 색깔, 움직임, 깊이 등을 탐지한다. 즉, 감각은 우리 감각 기관의 표면 자극에서 비롯되는 현상이다. 반면 지각은 사물이 어떻게 보이고, 들리고, 느껴지는지를 해석하는 과정이다.[13]

생후 몇 달 동안 마라는 익숙한 얼굴, 물체, 소리, 질감, 냄새, 맛 등을 금세 식별할 수 있게 되며 이를 통해 수많은 예상치를 쌓아간다. 한 실험은 이러한 종류의 학습이 명시적인 기억이 없어도 일어날 수 있고 심지어 성인에게도 적용된다는 사실을 보여준다. 이 실험에서 중증 기억상실증을 앓고 있는 성인 세 명이 실험 당일 컴퓨터 게임인 '테트리스'를 오랜 시간 동안 했다. 그날 밤, 연구팀은 이들이 잠든 직후 깨워 무엇이 떠오르는지 물었다. 그들은 테트리스를 했던 기억 자체는 떠올리지 못했지만 게임에서 비롯된 심상, 예컨대 블록이 떨어지는 이미지 등을 보고 있다고 답했다. 이는 그들의 지각 체계가 더는 의식적으로 기억할 수 없는 게임의 모습을 여전히 활발히 재연하고 있었음을 보여준다. 즉, 모든 학습에서 반복은 중요하며 지각과 기억의 관계는 단순한 의식적 기억 그 이상임을 시사한다.

생후 몇 개월 동안 일어난 지각 학습은 경험을 좁히기도 하고 깊어지게도 한다. 생후 1개월이 되기 전에 영아는 전 세계 언어에서 발견되는 거의 모든 자음과 모음을 구별할 수 있게 된다.[14] 생후 4~5개월이 되면 남녀노소의 목소리에 상관없이 모국어의 동일한 모음을 식별할 수 있다.

하지만 생후 6~8개월이 지난 영아는 익숙하지 않은 언어의 모음 대조를 구별하는 능력을 잃기 시작한다. 9~12개월 무렵에는 이런 능력 상실이 한층 더 강화되고 익숙하지 않은 자음을 구별하는 능력도 떨어지기 시작한다(일본어 원어민이 영어의 /r/과 /l/ 소리를 구별하지 못하는 예시는 유명하다). 하지만 이제 익숙한 여러 단어는 말하는 사람이 누구인지와 상관없이 식별할 수 있다.

마라는 감각하고 지각하는 법을 배우면서 움직이는 법도 배운다. 감각, 지각, 운동은 서로 깊이 얽혀 있다. 움직임은 신체 내부와 바깥 세상 모두에서 우리가 감각하고 지각하는 바를 바꾼다. 우리가 감각하고 지각한 정보가 행동에 영향을 미치고 이끈다. 감각 및 지각과 마찬가지로 성장과 성숙 역시 마라의 운동 능력 발달에 기여하지만 실습과 실험도 중요하다. 이는 마라에게 자신의 한계와 세계의 시작을 가르치고 자율성의 씨앗을 심는다. 또한 효율적으로 움직이는 데 필요한 신경 경로를 형성한다. 아기가 기술을 하나하나 습득하려고 반복해서 단호하게 노력하는 시도를 지켜본 사람이라면 습득하려는 아이의 추진력이 얼마나 강력하고 효과적인지 의심하지 않을 것이다.

기억상실증을 앓는 성인에 대한 연구는 뚜렷한 기억이 없어도 운동 학습은 가능하다는 사실을 보여준다. 3장에서 소개한 유명한 환자 HM은 1~2분 전에 일어난 일은 전혀 기억하지 못했지만, '미러 드로

잉'mirror drawing 같은 새로운 운동 기술은 배울 수 있었다. 이런 학습은 기억을 떠올리는 능력과는 관계없이 운동과 관련된 뇌 영역(운동 피질, 기저핵, 소뇌)의 시냅스가 강해지면서 이루어진다. 사실 우리도 생후 몇 년 동안은 모두 HM과 같다. 기술을 익혔다는 사실은 기억하지 못하지만, 부지런히 새로운 기술을 몸에 습득한다.

자신의 존재와 세계를 탐색하고 모델링하면서 마라는 사건에 또 다른 색체, 즉 감정과 정서의 뉘앙스를 발견한다. 포옹의 온기, 우유의 흐름, 움직임의 리듬은 위로가 되고 즐거우며 바람직하다. 기저귀 갈기, 배고픔, 목욕 후 옷 갈아입기는 불쾌하고 힘들고 피하고 싶다. 생후 첫 해 동안 마라는 무슨 일이 일어날지 감각하는 법을 배우고 그 과정의 주체로서 자신이 선호하는 방향으로 사건을 유도하는 법을 배운다.

마라는 생후 7~10개월 무렵에는 다른 학습에도 힘쓴다. 즉 개념을 습득한다. 개념은 우리가 세상을 이해하는 데 사용하는 범주다.[15,16] 개념은 우리가 언어를 사용하기 이전에 생겨난 좀 더 근본적인 의미의 방대한 그물망에 들어가 있다. 단어는 그 그물망 안에서 중심점을 골라 밤과 낮, 생물과 무생물 같은 중요한 구분을 드러낸다. 심리학자는 개념 지식의 축적물을 '의미 기억'semantic memory이라고 부른다. 이 용어는 '표시'를 의미하는 그리스어 세마sēma에서 유래했다. 성인의 의미 기억은 단어 의미에 대한 지식을 포함한다.

하지만 영아에게 기본 과제는 감각으로 얻은 정보를 통합해 유용한 범주를 만드는, 즉 '세상을 자연스럽게 구분'하는 작업이다. 예를 들어 다리로 정신없이 움직이고 가끔씩 흥분해서 소리를 내며 털이 북슬

북슬한 사물은 바퀴로 굴러가는 반짝이는 물건과 상당히 다른 범주에 속한다는 것을 배운다.

의미 기억을 연구하는 학자들 사이에는 크게 두 가지 논쟁이 있다. 첫 번째는 고대 철학에서부터 이어져 온 질문이다. '대상'이나 '주체'처럼 중요한 개념이 사람에게 태어날 때부터 이미 갖춰져 있는가 하는 것이다. 만약 이런 개념이 선천적으로 주어진 것이라면 그것이 바탕이 되어 더 구체적인 생각의 틀이 만들어질 수 있다.

두 번째 논쟁은 뇌가 개념을 나누어 저장하는 특별한 체계를 가지고 있는가 하는 문제다. 예를 들어, 어떤 사람의 뇌 특정 부위가 손상되었을 때 동물에 관한 지식은 잃지만 도구에 관한 지식은 그대로 남아 있거나, 그 반대의 경우가 발견되기도 했다. 이런 연구 결과는 뇌 속에 개념을 구분해 저장하는 전용 영역이 따로 있을 수 있음을 의미한다.

마라가 개념이라는 보물 상자를 손에 넣으면서 무엇을 하고 있었는지, 그런 개념이 어떻게 작용하는지 이해할 수 있는 명쾌한 예가 있다. 마라가 집에 키우는 삼색고양이를 만났을 때를 딸랑이와 마주쳤을 때와 비교해 보면 된다.

마라는 고양이와 시간을 보낼 때 대부분 고양이가 어슬렁거리고, 자고, 먹고, 마시는 모습을 바라본다. 때때로 마라는 고양이가 가르랑거리는 소리를 듣고 어쩌다가 한 번씩 털을 쓰다듬을 기회를 얻는다. 다른 고양이들을 만난 적이 있는 마라는 고양이라는 개념을 뒷받침하는 특성의 일관된 '공변이'[●]를 감지한다. 마라가 고양이에 대해서 알고 있는 지식은 주로 감각 특성(색깔, 질감, 소리)과 이어져 있으며 쓰다듬는 행위와는 관련성이 낮다.

반면에 마라가 딸랑이와 함께하는 시간은 훨씬 활발하다. 가끔씩 딸랑이를 바라볼 때도 있지만 대부분은 딸랑이를 흔들고, 다른 물건을 두드리고, 떨어뜨리면서 논다. 이런 행동을 하면 부모님은 주로 흐뭇하다는 반응을 보인다. 마라가 생각하는 딸랑이의 개념은 주로 자기가 그것으로 무엇을 할 수 있는지와 관련이 있다.

의미 기억을 설명하는 가장 발전된 이론 가운데 하나는, 마라가 고양이나 딸랑이에 대해 알고 있는 지식이 처음 그것들과 연결했던 감각적 경험과 움직임 경험에 끝까지 묶여 있다는 점을 강조한다.[17] 즉, 감각과 움직임은 서로 다른 뇌 영역과 연결되어 있기 때문에 뇌의 손상 부위에 따라 생물과 인공물 개념 이해에 미치는 영향이 달라질 수 있다는 것이다.

이 이론에 따르면, 측두엽에 있는 '비감각 허브'non-sensory hub라는 영역이 지각·운동·정서와 깊이 연결된 여러 뇌 영역의 기능을 통합한다. 쉽게 말해, 비감각 허브는 다양한 감각과 경험을 한데 모아 '의미'라는 큰 그림을 그려주는 종합 센터와 같다. 따라서 이 영역이 손상되면 의미 기억 전반에 문제가 생긴다.

이 이론을 발전시킨 연구팀은 의미 체계를 설명하는 컴퓨터 모델을 만들어 자신들의 이론을 실험했다. 이 컴퓨터 모델은 뇌의 주요 연

◐ 두 개 이상의 변수나 특징이 어떻게 함께 변화하는지 나타내는 개념.

결 구조에 대한 지식과 랜덤 네트워크 기반 학습 알고리즘(오류 역전파)을 결합해 다양한 항목을 분류하도록 훈련됐다. 이렇게 구축된 네트워크는 우리와 마라처럼 새로운 항목을 분류하는 법을 배울 수 있었다. 그런데 모델의 일부 구성 요소를 손상시키면 실제로 뇌의 특정 부위가 손상됐을 때 나타나는 현상과 비슷한 효과가 관찰됐다.

결국 이 접근법은 기존의 논의 틀을 바꾸어 놓았다. 의미 체계는 선천적으로 특정 개념을 포함하고 있는 것이 아니라 뇌의 타고난 해부학적 연결 구조에 의해 결정된다는 것이다. 개념 분류를 전담하는 단일한 뇌 체계가 있는 것이 아니라, 여러 뇌 영역이 서로 다른 방식으로 다양한 개념 형성에 기여한다는 것이 이 이론의 결론이다.

첫 번째 생일을 맞을 무렵 마라는 세상과 자기를 발견했다. 좀 더 정확하게 말하면 마라는 이 둘을 함께 창조해 나갔다. 즉 뇌에서 세상과 자기의 특징을 예측하는 모델을 구축했다. 마라는 이 모델로 자기 자신과 세상을 예측해 필요에 따라 경험을 만들어 낼 수 있게 된다. 이런 모델 구축을 가능하게 하는 과정은 철저히 '물리적'이다. 앞에서 살펴봤듯이 학습과 기억에는 시냅스 강도 변화와 눈에 보이는 시냅스 성장이 따른다. 뇌에 있어 지식은 생명 그 자체다.

지금까지는 이 이야기에서 중요한 부분을 빼고 말했다. 세상과 자기 자신을 발견하는 놀라운 경험을 하는 동안 마라는 결코 혼자가 아니었다.

공유 감각

마라가 아직 생후 9주였던 어느 날 저녁, 엄마는 요람에 누운 마라의 맞은편에 자리를 잡았다. 엄마는 마라에게 오늘 하루가 어땠는지 물었다. 두 사람은 서로를 바라봤다. 마라는 웃으면서 집중하는 표정으로 답했고 기쁜 듯이 작게 소리를 내면서 뜻을 알 수 없는 말을 옹알거리고 팔다리를 격하게 움직였다. 엄마는 마라의 대답을 끝까지 기다렸다가 다음 화제로 넘어갔다. 두 사람은 이런 식으로 서로 번갈아가며 5분 넘게 대화를 나눴다. 마라는 계속해서 엄마에게 시선을 고정했다.

마라의 아빠는 스마트폰으로 이런 '원시 대화'를 찍었다. 그 동영상을 보고 있으면 마라와 엄마 사이에서 깊은 정서적 유대감이 느껴진다. 두 사람은 서로 기쁨을 표현하고 나누었다. 이런 친밀하고 직관적이고 상상력이 풍부한 상호 교류는 친밀한 엄마와 아기 사이에서 보편적으로 나타난다. "모든 인간 문화권에서 모든 엄마와 아기가 같은 소리, 소통, 맥박, 공감, 시간 사용 양상을 나타낸다."[18] 이 같은 '의사소통의 음악성'은 인간 특유의 마음 공유 중 가장 초기 형태이며 음악의 가장 초기 형태일 가능성도 있다. 다른 유인원에게는 이와 비슷한 소통을 찾아볼 수 없다.

대형 유인원 중에서도 마라의 유년기는 독특한 특징을 지니고 있다. 그중 하나는 마라의 엄마가 마라를 타인과 '공유한다'는 점이다. 다른 유인원의 어미들은 대체로 강한 소유욕을 보인다. 예를 들어 침팬지, 고릴라, 오랑우탄의 어미들은 새끼를 4~7년 동안 양육하는데 생후 몇 달 동안은 항상 새끼를 곁에 두고 잠재적 조력자조차 접근하지 못하도록 막는다. 그러나 마라는 전혀 다른 경험을 한다. 태어나자마자 아빠의 품에 안긴다. 몇 시간 후에는 할머니의 품에 안긴다. 태어난 지 일주일 만에 열린 가족 파티에서는 손님들까지 돌아가며 마라를 안아 보았다.

행복 연구자 모르텐 크링겔바흐가 실시한 뇌 영상 연구는 마라가 이렇게 환영받는 이유를 설명한다. 영아의 얼굴을 보면 '안와전두피질'이 빠르고 강력하게 활성화되는데, 이 부위는 아름다움의 경험과 보상 중추와 연관된 영역이다.[19]

대가족, 특히 할머니가 언제 처음으로 우리 조상의 자녀 양육에 관여하게 되었는지는 아무도 모른다. 그러나 모든 수렵채집 사회에서 이런 일이 일어난다는 사실, 그리고 일부 사회에서는 다른 여성의 아이에게 젖을 먹이는 비율이 80%를 넘는다는 사실은, 협동 번식이 아마도 200만 년 이상 이어져 온 인류의 오랜 역사적 전통임을 시사한다. 인류학자 사라 흘디는 통찰력 넘치는 저서 《어머니, 그리고 다른 사람들》에서 이러한 협동 번식이 영아의 사교성 발달은 물론, 인간의 전반적인 협력적 본성을 설명해주는 열쇠라고 주장했다.[20]

생후 9개월 동안 마라는 가까운 가족과 유대감을 강화해나간다. 마라의 상호 작용은 주로 양자 간 관계에 머무르면서 한 번에 보호자 한 명의 관심을 공유한다. 생후 7개월 무렵에 마라는 장난감 주고받기를 즐기며 다른 사람의 시선을 따라가기 시작했다. 9개월 무렵에는 사소하지만 대단히 의미 있는 혁명이 일어난다. 가까운 사람과 일대일로 주고받던 교감이 외부로 확장되기 시작한다.

마라는 보호자와 함께 사물과 사건을 향한 관심을 공유하기 시작한다. 그들은 서로와 바깥세상에 있는 사물 사이에서 삼각관계를 형성한다. 마라는 손가락으로 세상을 가리킨다.[21] "고양이가 물을 마시고 있어요!"라고 표현하고 "저기 엄마가 찾는 열쇠가 있어요!"라면서 정보를 제공한다. "그거 가져도 돼요?"라고 요청하기도 한다. 야생의 유인원은 좀처럼 손가락질을 하지는 않는다.[22] 그렇게 하면서 마라는 인간의 사고와 의사소통으로 크게 한 걸음 나아간다. 마라는 마음에 둔 물건에 주목하면서도 다른 사람의 마음도 의식한다. "나는 너도 이것을 봤으면 좋겠어." 마라는 한층 더 중요한 마음 공유 기술을 익혀 나간다. 동기가 없으면 기술은 무용지물이다. 마라는 마음속에 있는 것을 열렬히 공유하고 싶다. 경험을 공유하려는 열망에 따라 마라는 힘들어하는 다른 사람을 위로하기 시작한다. 이는 공감이 싹트는 신호다.

일단 타인과 바깥세상에 있는 대상에 대해 주의를 기울이고 일종의 정신적 공통 기반을 쌓을 수 있다면 마라는 의사소통의 중대한 다음 단계를 밟을 준비를 마친 셈이다. 바로 어떤 것을 사용해 다른 것을 나타내는 단계다. 처음은 흉내 내기부터 시작한다. 흉내를 좋아하는 엄마의 격려를 받아서 까마귀가 우는 소리를 따라 한다. 아빠의 기침 소리를 흉내 낼 때는 "나는 재미로 하는 거야"라는 의미의 미소를 지어 보인다. 손을 빙글빙글 돌리는 모습은 헬리콥터를 떠올리게 한다. 곧 레퍼토리에 단어를 추가한다. 마라는 몇 달 동안 꽤 많은 단어를 이해했지만 첫 번째 생일을 맞을 무렵에는 엄마, 아빠, 치즈, 토스트, 시계 같은 말을 하기 시작한다.

몇 달 후에는 "더 엄마 마라 안아줘"와 같이 단어를 문법에 맞지 않는 덩어리로 조합한다. 마라는 숨 막히는 속도로 상징의 요령을 터득하고 의사소통할 때 '모든 것은 다른 어떤 것도 될 수 있다'는 사실을 발견한다. 머지않아 마라는 같이 목욕하는 오리 장난감은 친구 애나라고 말하고 엉뚱하게도 엄마는 가재라고 주장한다.

생후 18개월이 된 마라는 정서를 원시 대화로 공유했던 단계를 거쳐, 9개월째에는 손가락을 가리키며 의사소통하는 단계에 도달했고 이제는 눈앞에 없는 사물을 나타내는 상징을 사용해 마음속 생각을 공유하는 단계에 이르렀다. 생후 2년 차로 접어들 때 마라는 주변에서 사용하는 언어에서 여러 유용한 단어를 외우고 직접 만든 말도 사용한다.

마라는 유사성을 발견하는 것을 무척이나 좋아해서 똑같은 것을 발견하면 "구구"라고 외친다. 마라는 사실을 알아내려는 열정("구구")과 더불어 오류도 즐기게 됐다. 마라는 즐겁다는 듯이 주황색 냄비를 가리키며 "저건 할머니야"라고 주장한다. 그리고 마침내 마라는 자기 자신을 발견한다. 생후 15개월에 거울에 비친 자신의 모습을 처음으로 인식했고 일인칭 대명사를 사용하기 시작한다.[23] 상징을 이해하는 능력은 놀이를 할 때 큰 도움을 준다. 18개월이 된 마라가 부모에게 상상의 음식을 먹였을 때 부모는 때 이른 호들갑이라는 사실을 알면서도 아이가 이제 다 컸다고 느낀다.

음식 선물은 마라의 성장 과정에서 인간 특유의 또 다른 측면을 드러낸다. 유인원과 달리 마라는 어느 정도까지 서로 돕고 나누는 데 적극적이다. 어린아이는 유인원과 달리 도움을 주려는 내적 동기를 타고난 듯 보인다.[24] 남을 돕는 그 자체가 보상이다. 아이들은 요구를 받지 않아도 필요한 도움을 제공하려고 한다. 어려움에 처한 사람을 향한 공감은 당면한 상황을 넘어 확장된다. 어린아이는 어느 정도까지 "상상으로 자기 자신을 다른 사람의 입장에 대입"할 수 있다.[25] 유인원은 자신에게만 보상이 생기는 행동과 자신 및 다른 개체에게 똑같이 보상이 생기는 행동 중 하나를 선택해야 할 때 아무 쪽이나 선택한다. 생후 25개월인 유아는 둘 다에게 보상이 생기는 선택지를 선호한다.[26] 유인원과 달리 인간의 아이는 생후 2년이 되면 공동으로 노력하는 '우리'라는 감각을 키우기 시작하고, 혼자서 할 수 있는 일에도 어른을 참여시키려고 한다.[27]

2007년 《사이언스》에 발표한 논문에서 에스더 헤르만은 심리학자 마이클 토마셀로 연구팀과 함께 침팬지 106마리, 오랑우탄 32마리, 2세 유아 105명을 대상으로 물리적 세계와 사회적 세계에 관한 사고력을 측정하는 광범위한 연구를 실시했다.[28] 결과는 놀랍도록 분명했다. 유아와 유인원은 물리적 사고 척도에서 무척 비슷한 성적을 보였지만, 사회적 사고 척도에서는 아직 어린 2세 유아가 훨씬 더 성숙하게 생각하는 모습을 보였다. (그림 26)

유아가 뛰어난 성적을 거둔 시험은 다른 이를 관찰하고 배우는 능력, 의사소통할 때 몸짓을 활용하는 능력, 그리고 다른 이의 의도를 파악하는 능력을 평가하는 것이었다. 헤르만 연구팀은 2세 유아가 이렇게 사회 학습, 의사소통, 마음 이론을 조기에 습득하는 현상을 '문화 지능 가설'을 뒷받침하는 증거로 해석했다. 이 가설은 인간 고유의 지적 기술이 완전히 일반적인 것이 아니라고 본다. 오히려 마라와 같은 '흡수하는 마음'을 지닐 수 있도록 이끄는 사회적 능력이 특수하게 진화해 왔다고 가정한다.

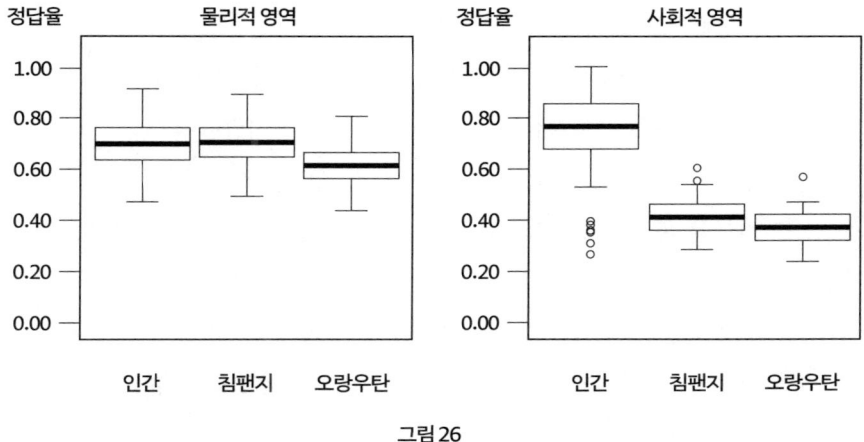
그림 26

세 살이 된 마라는 여전히 열심히 놀고 있다. "너는 헬리콥터, 나는 비행기." 때때로 자기인식이 깊어지는 낌새도 보인다. "나는 불을 끄는 척하고 있어." "아빠, 저 여우 좀 주세요!" "어느 여우?" "갈색 여우요. 봄에는 안 보여요."

해가 갈수록 마라의 부모는 새로운 발달 사항을 두 가지 깨닫는다. 마라는 이제 어린이집에서 친구들과 '함께' 논다. 이는 '유아기의 두 번째 세계'에 들어서고 있다는 뜻이다. 마라가 잘 지내려면 유아기의 첫 번째 세계를 만들어 준 어른, 부모, 보호자들이 여전히 중요하지만 이제 마라는 또래 친구들 사이에서 자신의 자리를 찾고 있다. 또한 '규칙'을 만들고 따르는 데도 관심을 갖게 됐다. "우리는 이렇게 해!" "내가 어떻게 하는지 알려줄게!" "내가 규칙을 바꿨어!" 이제 마라는 남들은 물론이고 자기 자신도 따라야 하는 강력한 규범과 전통이 있는

공동체에 자신이 속해 있다고 생각한다.[29]

그 후 학교에 입학하기 전까지 몇 년간 마라는 눈에 보이지 않는 사물을 다루는 데 점점 더 익숙해진다. 마라가 사람마다 사물을 보는 방식이 다르다는 사실을 이해한 지는 꽤 됐다. 다섯 살이 될 무렵이면 사물의 본질과 우리가 '생각'하는 사물이 다르다는 사실을 파악한다. 마라는 신념과 기만의 작동 방식을 이해하면서 마음 이론을 터득한다.[30] 또한 이제 시간 개념을 능숙하게 받아들인다. 지난 주말 눈밭을 걸었던 추억을 떠올릴 수 있고 다가오는 봄에 남동생이 태어나기를 고대할 수 있다.

학교에 입학할 무렵까지 마라는 자신이 속한 문화의 핵심을 익힌다. 자신의 내면 세계를 적어도 어느 정도까지는 풍부한 어휘로 표현할 수 있다. 의사소통에 사용하는 말도 스스로 생각해 낸다. 언어는 마음의 작동 방식을 정리할 수 있는 사고 수단을 제공한다. 언어와 더불어 행동을 제어하는 기준이 되는 규칙을 반복해서 들으며 배운다. 가끔은 반항하기도 하지만 자신을 돌아볼 때 마라는 늘 그런 규칙을 떠올리게 된다.

마라가 세 살이 되자 아빠는 또 한 번 더 마라가 성장했다고 느꼈다. 아빠는 마라가 한 말을 기억하려고 다음과 같이 기록했다.

> 자전거를 타고 어린이집까지 갔다.
> 지난주부터 낙엽이 떨어졌다.
> "오늘 저녁에 집에 돌아가면
> 엄마한테 낙엽을 보여줄 거야.

엄마는 아직 낙엽이 진 걸 몰라.

엄마가 분명 좋아할 거야."

놀이하는 인간

부모가 기억하는 한 마라는 줄곧 놀았다. 아기였을 때 마라는 손에 닿는 것은 무엇이든 움켜쥐었고 요람 주변에 걸린 모빌을 신나게 내리쳤다. '독특하고 희귀하고 이상한'[31] 물건에는 특히 관심을 보였고 틈새, 흠집, 라벨에 세심한 주의를 기울였다. 기어 다닐 수 있게 된 이후로는 탐험을 즐겼다. 특히 금지된 영역에 들어갈 수 있을 때 더욱 기뻐했다. 걸을 수 있게 되자 걷는 행위 그 자체를 즐기는 듯 보였다. 세 살 무렵에는 흉내 놀이에 푹 빠져서 "말들은 건초를 먹느라 바쁘니까"라고 말하며 기사와 검을 금속 거북이에 태워 싸움터로 보냈다. 이런 아이의 모습은 지극히 정상이다. 흥미로운 변형이 있기는 하지만 놀이는 보편적이며 모든 인간 문화권의 아이들에게서 볼 수 있다.[32,33]

놀이를 정의하기는 까다롭다. 역사학자 요한 하위징아는 저서 《호모 루덴스》에서 인류는 본질적으로 놀이를 즐긴다고 주장한 것으로 유명하다.[34] 마라의 활동이 하위징아의 기준에 어떻게 부합하는지 살펴보자.

하위징아는 "무엇보다도 모든 놀이는 자발적 행위다… 놀이는… 자유 그 자체다"라고 했다. 마라는 확실히 이 기준을 충족한다. 실제로 우리는 아이들이 자유롭게 하는 모든 행위를 놀이라고 표현하곤 한다. 이어서 하위징아는 놀이란 실제 생활에서 벗어나 있고 통상적인 필요와 욕구의 충족을 목표로 삼지 않으며 공간과 시간의 제약을 받고 '혼란스러운 삶'에 '일시적으로 제한된 완벽함'을 가져다주고 '놀이 공동체'를 동반한다고 주장했다. 그러나 이는 어른들이 하는 놀이의 특징을 포착하려는 기준이다. 이탈리아 의사이자 교육자로 훌륭한 아동 교육 전통을 창시한 마리아 몬테소리가 분명히 설명했듯이 이러한 기준이 마라와 같은 아이들의 놀이 형태에는 그대로 적용되지 않는다. 아이들에게 놀이란 일시적인 탈출이 아니라 달콤한 삶 그 자체이기 때문이다.

놀이는 다양한 기능을 수행하는데 이를 5P로 정리할 수 있다.[35] 놀이는 즐거움Pleasure을 제공한다. 공기방울을 부는 돌고래, 신나게 나무를 타는 침팬지, 사방치기나 술래잡기를 하는 아이들은 모두 즐거워 보인다. 왜 아니겠는가? 놀이를 하려면 에너지를 써야 한다는 점에서 즐겁지 않게 보일 수도 있지만, 한편으로는 남아도는 에너지가 있다는 사실을 널리 알리는 행위이기도 하다. 활기찬 모습이 포식자를 저지하고 짝짓기 상대를 끌어당길 가능성을 보여준다. 따라서 놀이는 수행perform으로서 성과를 올릴 수 있다. 놀이는 폭력에 호소하지 않고도 위계질서를 확립하는 데 도움을 줄 수 있다. 이를 뒷받침하는 근거는 여러 가지가 있지만, 특히 싸움을 흉내 낸 놀이가 집단 내 '평화 유지'에 도움을 준다는 점이 대표적이다. 나아가 놀이는 연습Practice 기회를 제공한다. 마라는 손을 뻗고 내리치고 탐험하면서 꼭 필요한 운동 기술을 연마했다. 또한 놀이는 이 책에서 반복해서 다룬 주제인 다섯 번째 P인 예측Prediction을 뒷받침한다. 마라가 일찍부터 '독특하고 희귀하고 이상한' 물건을 선호한 현상은 우연이 아니다. 아기는 뭔가 유용한 정보를 줄 것 같은 새롭고 눈에 띄고 뜻밖의 사물에 주의를 기울이면서 사물의 작동 방식에 대한 예측을 시험하고 업데이트한다.

5P는 신체 및 탐색 활동이 중심인 놀이를 충분히 설명한다. 하지만 마라의 흉내 놀이는 완전히 설명하지 못하는 듯하다. 마라는 새로운 기술을 연습하거나 뽐내면서 세상에 대해 직접 배우기보다는 인형 놀이처럼 스스로 문제Problem를 만들면서 즐거워하는 듯하다. 이 문제가 기묘한 여섯 번째 P다. 가장 놀이pretend play는 3세부터 6세까지가 절정기로 어린이 중 40퍼센트가 가상의 인물을 만들고[36] 대다수가 상상한 역할과 이야기를 행동으로 옮긴다. 흥미롭게도 영아기와 아동기 중간에 낀 이 유아기는 인간 특유의 발달 단계다.[37] 흉내 놀이 역시 인간에게서만 볼 수 있다. 유인원에게는 아주 희미하게 흔적만 보이므로 거의 그렇다고 봐도 무방하다.[38]

흉내 놀이에는 소소한 창의성이 필요하다. 잘 팔릴 것 같지는 않지만 마라가 기사(이전에는 소방관 샘 역할을 했던 작은 플라스틱 인형), 거북이 말(움직이면 소리나 울리는 금속 장난감), 커다란 검(한쪽 끝이 부러진 붉은 막대)으로 지어낸 돈키호테 같은 이야기는 마라의 작은 세계에서는 대단히 유용하다. 마라의 놀이는 2장에서 살펴본 '스키드스'에 담긴 능력을 활용한다. 놀이는 언어와 미세한 운동 통제 같은 여러 세밀한 기술을 이용한다. 또한 일종의 분리 또는 심리적 거리를 활용한다. 마라가 가지고 노는 작은 플라스틱 인형은 확실히 '상징적' 기사다. 마지막으로 요한 하위징아가 바랐듯이 마라의 놀이는 자발적이고 자유로우며 몽상을 활발하게 실현하는 행위다.

마라는 이야기를 들을 때와 마찬가지로 놀 때도 전사, 말, 무기,

질병, 치료, 병원 등으로 다양한 정신 모형을 반복해서 실행하며 조금씩 바꿔나간다. 마라는 실제로 말이나 병원을 마주했을 때와 똑같은 정신 모형을 사용한다. 놀이 중에 마라의 마음, 뇌, 몸에서 일어나는 일은 이런 상상이 실제가 됐을 때 일어날 법한 일을 희미하게 반영한다.[39]

마라는 놀면서 자기 자신을 시험하는 듯하다. 창의적인 해결책과 참신한 계획이 필요한 사소한 문제와 새로운 목표를 만들어낸다.[40] 나중에 중대한 창의성을 발휘하는 사람은 이런 습관을 끝까지 고수한다. 상상력이 풍부한 흉내 놀이가 마라의 발달을 촉진하는 데 어디까지 도움이 될지는 논란이 있다.[41] 하지만 놀이는 분명히 마라의 능력을 즐겁게 표현하는 행위다. 또한 독립적인 창작자라는 자기 정체성을 북돋아 줄 것이다.

놀이는 매우 정교하다. 아동의 상상력을 오랫동안 탐구한 폴 해리스는 옥스퍼드대학교와 하버드대학교를 거점으로 연구하는 심리학자로 발달 과정에서 상상력이 차지하는 위상에 영향을 미친 두 관점을 비교했다.[42] 지크문트 프로이트와 스위스 아동 심리학의 아버지 장 피아제는 상상력을 소망 성취와 현실 왜곡이 주도하는 원시적이고 혼자 하는 행위로 취급했다. 프로이트는 상상력의 작용을 쾌락 원칙이 이끄는 1차 과정이라고 부르면서 현실이 지배하는 논리적 사고라는 2차 과정과 대비시켰다. 피아제는 어린이의 상상을 현실에서 벗어나 내면 세계로 후퇴한다는 의미에서 '동화적 사고'라고 불렀다. 이는 세계를 있는 그대로 받아들이는 '조절적 사고'가 대비되는 개념이다. 이처럼 프로이트와 피아제는 상상력이 풍부한 사고방식을 1차적이라고 보았고 구체적인 사실이 점차 그 자리를 대체하게 될 것으로 여겼다. 반면에 폴 해리스는 조현병schizophrenia이라는 용어를 만든 사람으로 유명한 스위스 정신과 의사 오이겐 블로일러의 주장을 따라 상상이란 혼자 하는 행위가 아니라 사회적 행위이고 원시적인 것이 아니라 정교하다. 정서를 불러일으킬 수 있지만 딱히 좌절된 욕구를 가리키지는 않으며 현실 이해를 풍부하게 해주는 도구라고 설명했다.

해리스가 이렇게 주장하는 데는 설득력 있는 이유가 있다. 가장 놀이는 1차적이거나 원시적이지 않으며 생후 2년 차까지는 나타나지 않는다. 인간과 가장 가까운 영장류 친척인 유인원에서도 가장 놀이는 전혀 혹은 거의 찾아볼 수 없다. 흉내 놀이 특유의 상징적 특징이 결여된 반복 활동에 주로 몰두하는 자폐아에게도 가장 놀이는 전혀 혹은 거의 나타나지 않는다.

해리스는 아동기 가장 놀이를 어른이 되어 소설을 즐기게 되는 전조라고 보았다. 둘 다 다른 사람의 마음을 이해하는 능력과 관련이 있으며 이 능력은 사회생활을 헤쳐 나가는 데 큰 도움이 된다. 무엇보다도 가장 놀이를 하거나 소설을 읽을 때처럼 상상력을 활용해서 서사를 추적하는 능력은 다른 사람이 말하는 현실 세계 이야기를 이해하고 정서적으로 반응하는 데 꼭 필요하다. 그래야 상대방의 경험에 공감하고 그 경험에서 '학습'할 수 있다.

아이의 상상력은 때때로 현실에서 멀어지곤 한다. 예를 들어 불가능한 이야기에서 즐거움을 찾기도 한다. 하지만 보통은 현실 세계에 대한 분석을 심화하는 쪽에 가깝다. 무엇이 무엇을 일으키는지 파악하는 과정에서 아이는 어른처럼 만약 특정 조건이 바뀌면 상황이 어떻게 흘러갈지 생각해 본다. 즉 '반사실'을 고려한다. 아이는 자연스럽게 실제로 일어난 일(샘은 물감을 가지고 놀기 전에 앞치마를 하지 않았다)과 일어났을 수도 있는 일(엄마가 시키는 대로 했다면 어떻게 됐을지)을 대조한다.

다섯 살 생일을 맞이할 무렵 마라는 끊임없이 놀이를 하면서 풍부한 상상력을 키웠다. 과거와 미래, 일어난 일과 일어날 수 있었던 일, 결코 볼 수 없는 광경, 주변 사람들에 대한 진실하고 거짓된 믿음, 마법 등 눈에 보이지 않는 폭넓은 세계를 깊이 생각할 수 있게 됐다. 마라는 가능성을 간파하는 통찰력을 지닌 존재로서 인간이 타고난 권리를 누리게 됐다.

차우셰스쿠의 아이들

언뜻 보기에 마라는 매력 있는 종, 의사소통 능력이 뛰어나고 대단히 사교적인 뛰어난 마음 읽기 능력을 지닌 무리에 속한 듯하다. 하지만 만사가 항상 순조롭게 흘러가지는 않는다. 이유는 개인적일 수도 있고 집단적일 수도 있으나 둘 다인 경우가 가장 흔하다.

니콜라에 차우셰스쿠는 제1차 세계대전 마지막 해에 루마니아 남부의 가난한 가정에서 태어났다.[43] 열한 살일 때 폭력적인 아버지에게서 벗어나 수도 부쿠레슈티에 살게 된 10대 청소년은 공산주의자가 되어 길거리에서 투쟁하기에 이르렀다. 1965년 그는 공산당 총서기에 취임했고 24년 후 동유럽에서 공산주의가 붕괴하는 과정에서 총살형에 처해질 때까지 독재자로 군림했다. 차우셰스쿠는 독단적인 정책을 밀어붙였는데, 특히 감소하는 인구를 늘리겠다고 임신중절을 금지하고 피임을 엄격하게 제한했다. 자녀 다섯 명을 출산한 어머니는 보상을 받았고 열 명을 출산한 어머니는 국가 영웅이 됐다. 자녀가 없는 가정에는 세금을 부과했다. 하지만 루마니아는 번영하지 못했고 많은 부모가 '차우셰스쿠의 아이들'을 방치했다. 결국 차우셰스쿠가 통치한 기간 중 약 50만 명의 아이들이 고아원에서 자랐다.

　이 고아원들은 집처럼 편안한 곳이 아니었다. 아기들을 몇 줄로 늘어세운 아기 침대에 눕혀 놓고 거의 돌보지 않았다.[44] 저임금에 훈련도 제대로 받지 못한 직원들이 시설을 운영했으며, 간호사 한 명당 아이 서른 명 정도를 담당했다. 물리적인 환경도 열악했지만 가장 잔혹한 방치는 정서적 측면이었다. 아무도 어린 아기들을 안아주거나 쓰다듬지 않았다. 말을 걸지도 않았다. 아기들은 스스로 살아남아야 했다. 1989년에 차우셰스쿠 정권이 갑자기 종말을 맞이했을 때 루마니아에는 700개 고아원에 약 17만 명의 아이가 있었다.

　머지않아 아이들의 힘든 처지가 전 세계에 알려졌다. 고아원에서 나온 아이들은 여전히 힘겹게 살아갔다. 길거리 생활, 구걸, 성매매에 내몰렸다. 일부 아이들은 해외로 입양을 가거나 위탁 부모에게 맡겨지기도 했다. 미국과 영국의 두 연구팀이 이 아이들을 연구하면서 이런 생애 초기의 불우한 처지가 정신 및 신경 발달에 미치는 영향을 조사했다. 연구 결과는 마음과 뇌의 취약성과 회복탄력성을 예리하게 짚어냈다.

　〈영국과 루마니아 입양아 연구〉는 출생 직후부터 최대 43개월까지 고아원에 있다가 영국으로 입양된 루마니아 고아 165명과 영국인 입양아 52명을 비교했다.[45,46] 아이가 고아원에 체류한 기간은 대개

입소 시기 및 공산주의 몰락과 관련된 우연의 산물이었다. 2017년까지 연구팀은 아이들을 청년기까지 추적했다. 고아원에서 보낸 기간이 6개월 이하였던 아이들은 영국 입양아와 대체로 비슷하게 성장했다. 반면 고아원 체류 기간이 6개월보다 길었던 아이들은 어려움을 겪는 비율이 높았지만 시간이 지나면서 긍정적인 변화를 보였다. 처음에는 지능이 낮았으나 성인이 되자 늦게나마 만난 긍정적인 양육 환경에 반응해 정상 수준으로 회복했다. 그럼에도 행동 문제는 처음부터 많았고 계속 그 수준을 유지했다. 5분의 1 정도는 자폐증, 3분의 1은 ADHD와 비슷한 주의력 결핍과 과잉행동 문제를 보였다. 열 명 중 한 명 정도는 사회적으로 탈억제 상태여서 낯선 사람과 친한 사람을 구별하지 않고 사회적 경계를 무시했다. 처음에는 정서적 문제가 눈에 띄지 않았지만 청년기가 될 무렵에는 절반가량이 영향을 받았다. 이들은 영국 입양아나 6개월 미만으로 루마니아 고아원에서 생활한 아이들과 비교해 학업에 실패하거나 정신 건강 치료를 받거나 실업자가 될 가능성이 훨씬 높았다. 아이들은 고아원에서 정서적으로는 물론 신체적으로도 어려움을 겪었지만(예를 들어 영양 상태가 나빴다), 이런 장애를 일으키는 결정적인 원인은 양육자에게 친밀한 지원을 받지 못했기 때문이었다. 그들은 사랑에 굶주렸다.

    이런 굶주림의 대가는 주로 뇌에 미쳤다. 루마니아 고아원에서 3~41개월을 보낸 아이 67명에게 뇌 스캔을 해보니[47] 아이들의 뇌 부피는 약 9퍼센트 감소해 있었다. 고아원에서 한 달을 더 보낼 때마다 뇌 부피가 0.3퍼센트 더 감소한 셈이다. 뇌 크기 감소는 지능 저하 및 ADHD 비슷한 증상을 나타내는 원인이 됐다. 심리적 방치가 신체에 미치는 영향이 이처럼 상세하게 밝혀진 경우는 드물다.

하버드 의과대학이 주도한 미국의 고아원 연구는 훨씬 더 깊은 통찰을 제공한다. '부쿠레슈티 조기 개입 프로젝트'에서는 생후 6~31개월 사이의 고아 136명을 무작위로 두 집단에 배정했다. 한 집단은 고아원에 남도록 했고, 다른 집단은 위탁 가정에서 양육을 받게 했다.[48] 이 다소 가혹한 실험은 제한된 자원 탓에 불가피했다. 모든 아이에게 입양 가정을 찾아줄 수 없었기 때문이다. 연구팀이 아이들이 8세에서 11세가 되었을 때 뇌를 스캔한 결과, 고아원 아동과 위탁 가정 아동 모두에서 뉴런이 밀집된 뇌의 바깥층, 즉 대뇌 피질 회백질이 감소한 것으로 나타났다. 위탁 가정에서 자란 경우에도 이 감소가 완전히 회복되지는 않았다.

그러나 피질 영역들 간 혹은 피질과 뇌의 다른 부위를 연결하는 섬유를 포함하는 '백질'의 경우에는 차이가 있었다. 고아원에 남았던 아동은 백질의 감소가 나타난 반면 위탁 가정에서 자란 아동은 정상에 가까운 수준으로 회복했다. 연구팀은 이를 통해 위탁 양육이 아이들의 뇌를 적어도 일부 회복시켰다는 결론을 내렸다.

이 사실은 또 다른 흥미로운 발견과도 연결된다. 연구 시작 당시 고아 집단 전체에서 뇌 활동 능력이 현저하게 감소해 있었지만,[49] 위탁 가정에서 양육을 받은 아동은 뇌의 활동 능력이 회복되었고 더 일찍 입양된 아이일수록 회복 정도가 더 컸다. 이러한 회복은 백질의 회복과 밀접한 관련이 있는 것으로 보인다.

두 연구를 통해 뇌 가소성과 회복 탄력성에 대해 많은 사실을 알게 됐다. 방치와 결핍은 뇌에 새겨지지만 아예 지울 수 없는 것은 아니다. 한계는 있지만 우리 인간은 극단적 역경에서 회복할 수 있다. 그중에는 남보다 더 쉽게 회복하는 아이들도 있었다. 그 이유를 결정하는 요인은 여전히 연구 중이다.

정서적, 신체적, 성적으로 심각한 학대를 받은 아동을 대상으로 실시한 연구에서도 뇌 구조, 기능, 조직상 변화가 나타났다.[50] 학대는 학대받은 감각 경로에 영향을 미치고 위협에 대한 뇌의 민감도를 높인다. 반대로 보상에 대한 민감도를 낮추어 상상에 중요한 역할을 하는 디폴트 모드 네트워크 기능을 방해했다. 길고 취약한 아동기에 당한 방치와 학대는 지워지지 않는 흉터를 남긴다.

루마니아 고아원의 아이들이 겪은 애정 결핍은 풍부한 언어 능력과 협동 기술을 익히는 데 꼭 필요한 상호 이해의 발달을 위태롭게 하고 때로는 완전히 방해했다.[51] 정서 학대는 앞에서 살펴본 바와 같이 창의성이 한참 발달해야 할 시기에 뇌의 성장을 방해한다.

25억 초(약 80년)라는 인생 여정에 나섰을 때 마라는 이미 막대한 유산을 받은 상속인이었다. 마라는 머나먼 생물학적 과거에서 모든 살아있는 조직이 지닌 가소성을 물려받았다. 그 가소성 덕분에 뉴런과 시냅스는 경험에 따라 변화할 수 있고, 그 덕분에 마라는 감각과 운동, 접근과 회피는 물론 자신이 일부는 창조하고 일부는 발견할 세상을 읽는 법을 배웠다.

하지만 마라는 내면에 더 많은 것을 지니고 있다. 조상들이 물리적 환경과 무수히 만나면서 얻은 지혜뿐만 아니라 인류가 20만 세대에 걸쳐 사랑과 동맹, 갈등과 적대, 도구와 창조에서 얻은 지혜도 가지고 있다. 인류는 문화라는 토대 위에서 진화했다.

마라가 가진 '흡수하는 마음'[52]은 문화를 빨아들이도록 진화했다. 흡수하는 마음의 출현은 인간 창조성의 개화와 서로 영향을 주고받았다. 어린이집으로 자전거를 타고 가는 길에 세 살배기 마라는 우리가 이 책에서 탐구하고 있는 고대 집단 인류의 재능을 자기만의 특별한 형태로 표현했다. 자신이 상상한 내용을 통제하고 공유하려고 했다. 단세포에서 작디작은 존재로 시작한 마라는 이제 끝나지 않은 인류의 노래를 부르는 새로운 가수가 되었다.

3부

상상의 그림자, 부유하는 뇌

"정상인들 사이에서 환시는

일반적으로 생각하는 것보다

훨씬 더 흔하게 나타난다."

프랜시스 골턴,
《인간 능력과 그 발달에 관한 탐구》

7장.
환영과 환청 : 너무나 특별한 그러나 평범한

어느 날, 정신병동에서의 호출

　4월 어느 날, 어둠이 내린 직후인 9시 무렵에 나는 다음날 필요한 메모를 가지러 병동으로 들어갔다. 분위기가 뭔가 수상했다. 잠시 후에야 소화기가 쓰러져 있고 복도로 이어지는 입구 근처에 있는 안락의자가 기울어져 있다는 사실을 알아차렸다. 나는 의자 뒤에 숨어 있는 간호사를 발견하고 소란의 원인을 알게 됐다.

　나는 피트와 모르는 사이였지만 그는 전혀 개의치 않았다. "알잖아, 사람들을 정거장으로 옮기지 못하면 끝장이야. 당장 옮겨!" 불길한 징후가 몇 가지 있었지만 저녁식사를 마친 후 편안한 기분이었던 나는 피트가 무엇을 걱정하는지 좀 더 알고 싶었다. 나는 그에게 설명을 부탁했다. "최대한 많은 사람을 나르고 있어." "어디로요?" "우주 정거장으로. 나는 방금 우주 정거장에서 왔어. 내가 선장이야. 거기 있는 사람들은 은하계 곳곳에서 왔어.' "그러면 당신이 실어 나르고 있는 사람들은 왜 필요하죠?" "연료 때문이잖아. 파멸을 막아야 하니까. 그놈들이 우리 모두를 핵폭탄으로 폭격하기까지 이틀밖에 남지 않았어." "상황이 꽤 안 좋군요. 제가 할 수 있는 일이 있을까요?" "경청이 첫걸음이지. 당신처럼 말이 통하는 사람은 처음이야. 아무도 내 말을 진지하게 받아들이지 않아!"

피트는 지구에 중대한 위험이 닥치기 직전이라고 외쳤다. 일단 그의 신뢰를 얻어서 다행이었다. 마침 의자 뒤에 숨은 간호사가 호출한 건장한 직원 두 사람이 나타난 덕분에 든든하기도 했다. 우리는 도와주겠다고 약속하며 피트를 달래 간신히 병실로 돌려보냈다. 안타깝게도 도움은 그가 찾고 있던 외계의 연료 보급 부대가 아니라 강력한 진정제였다. 알고 보니 피트는 심정지로 인해 한동안 뇌에 꼭 필요한 연료인 산소와 포도당 공급이 중단되면서 환각 증세에 시달리고 있었다. 내가 피트를 마주친 그 날은 유독 신경계가 심하게 요동치면서 심각한 정신병 증세가 나타났다. 정신병이란 환각(실제로는 존재하지 않지만 존재하는 듯이 느껴지는 생생하고 원치 않는 체험)과 망상(흔들리지 않는 잘못된 믿음)으로 일상적인 현실 접촉에 지장이 발생하는 장애다.

20여 년 전 수련의 시절, 긴급 호출을 받고 병동으로 달려가 만난 환자가 지금도 생생히 기억난다. '휴'라는 이름의 그 환자는 '그 냄새'가 돌아왔다면서 고통스러워했다. 다른 그 누구도 그 냄새를 맡지 못했지만 휴의 의식에는 고무 타는 냄새나 상한 우유 냄새와는 다른, 형언할 수 없을 만큼 혐오스러운 냄새가 가득했다. 이 끔찍한 냄새는 뇌전증의 전조 증세였다. 지독한 냄새는 측두엽 신경 세포 상당수가 한꺼번에 발화하면서 뇌의 나머지 부분을 동원해 발작을 일으키고, 곧장 의식을 완전히 잃게 될 것이라고 알리는 경고 신호였다. 측두엽에 있는 작은 종양이 문제의 원인이었다.

뇌 질환을 앓는 환자에게서는 종종 지각의 왜곡이나 잘못된 믿음이 나타난다. 앞으로 살펴보겠지만, 적절한 계기와 조건이 갖춰지면 누구나 이런 상황에 놓일 수 있다. 이는 전혀 이상한 일이 아니다. 경험이란 본질적으로 '제어된 환각'이다. 그래서 때로는 현실과 환상을 구분하기가 매우 어려울 수 있다.

이번 장에서는 생생한 환각의 영역을, 다음 장에서는 망상과 '생각에 따른 질병'이라는 상상의 그림자들을 돌아보고자 한다.

죽은 남편이 찾아왔다

"텔레비전 옆에 앉아 있을 때 평소처럼 그가 '슬슬 잘까?'라고 말하는 소리가 들렸어요. 돌아보니 예전처럼 그가 내 옆 의자에 앉아 있었죠. 내가 '응, 늦었네'라고 말하려는 순간, 그가 사라졌어요. 처음에는 마음이 따뜻하고 행복했다가 그가 사라져서 너무 슬펐죠. 뭘 믿어야 할지 몰라서 그냥 마음속에 묻어두기로 했어요."

스웨덴 예테보리 출신의 73세 이르마는 남편이 죽은 뒤 몇 주 만에 남편의 목소리를 듣고 모습을 보는 경험을 했다. 이상하게 들리겠지만 이는 일반적인 현상이다.[1] 배우자를 잃은 지 3개월 후에 인터뷰를 한 노년층의 82퍼센트가 사랑하는 사람과 관련된 지각 경험을 했다고 보고했다. 가장 흔한 경험은 사망한 배우자의 존재를 생생하게 느끼는 것으로, 약 3분의 1이 배우자의 목소리를 듣거나, 모습을 보거나, 배우자에게 말을 걸었다고 답했다. 신체적 접촉을 했다고 보고한 사례도 있었다. 1960년대 웨일스 중부에서 일했던 가정의 데위 리스는 배우자를 잃은 사람 300명을 인터뷰해 비슷한 결과를 얻었다.[2] 이런 환각은 결혼생활이 길고 행복했을수록 일어날 가능성이 높고 자녀가 있는 경우 더 흔하게 나타났다. 수십 년 동안 이어지는 경우도 흔했다. 사별한 사람들은 대체로 이런 현상을 반겼다. 대부분이 살아가는데 도움이 된다고 느꼈지만 남에게 언급하는 경우는 드물었다. 리스는 배우자의 환각을 경험하는 사람은 재혼할 가능성이 낮다고 언급했다.

그렇다면 이런 환각은 왜 일어날까? 배우자의 존재만큼 우리 마음과 뇌에 깊이 각인된 예측은 드물다. 그런데 이런 예측이 계속 어긋나면, 뇌는 마치 굶주린 듯 결핍된 존재를 찾아 채우려 한다.[3] 때로는 그 결핍을 메우려는 과정에서 아내의 목소리나 남편의 손길 같은 내면의 심상이 생생하게 떠올라 그 이미지가 현실을 왜곡하기도 한다. 그 순간, 사랑하는 사람이 눈앞에 나타난 듯한 마법 같은 경험이 펼쳐진다. 잠시지만 황홀한 순간이다.

뇌는 애착을 형성하고 사랑에 빠지도록 진화해 왔다. 우리가 앞으로 인생을 함께할 사람을 뇌가 미리 알 수는 없지만, 세월이 흐르면서 이런 애착은 뇌에 얽혀 들어간다. 자기 자신의 몸에 대한 애착은 태어날 때부터 존재하며 뇌 안에 널리 분포하는 타고난 감각과 운동 지도가 이를 반영한다. 따라서 팔이나 다리를 잃었을 때(우리의 '반쪽'을 잃었을 때와 마찬가지로) 환영을 계속해서 경험하는 것은 예외가 아니라 일반적인 현상이다.

이런 감각에 관한 가장 오래된 의학 기록은 16세기 브르타뉴에서 목수의 아들로 태어난 앙브루아즈 파레가 쓴 것이다.[4,5] 파레는 프랑스 국왕의 주치의까지 오른 인물이었다. 그는 군의관 시절 사지 절단 수술을 많이 했는데, 환자들이 자주 "팔다리를 절단한 후에 거짓된 허위 감각에 사로잡혔으며, 신체 일부가 잘려나간 후에도 오랫동안 절단된 부위에 대해 불평한다"라고 기록했다. 파레는 이런 환상통이 뇌에서 비롯되었을 것으로 생각했다.

전쟁은 또 다른 의사에게 팔다리를 잃은 사람들이 겪는 '기묘하고 경이로운' 경험을 알려줬다. 미국 신경학의 창시자이자 시인이고 소설가인 사일러스 위어 미첼은 1861년 남북전쟁이 일어났을 때 32세였다. 이 전쟁에서 약 3만 개의 팔다리가 잘려나갔다.[6] 미첼이 환지감각phantom limb sensation이라는 현상을 처음으로 기술한 글은 소설이었다. 그는 '데드로'라는 이름의 의사가 차례로 팔다리를 잃는 이야기를 썼다. 이 이야기는 엄청난 대중의 관심과 공감을 받았고(허구의 인물에게 상당한 기부가 이뤄지기도 했다) 대중의 관심에 힘입어 미첼은 1871년 환지phantom limb라는 용어를 만들었다. 과학적 설명[7]을 발표하기까지 미첼은 사지 절단 환자 90명을 연구했고, 그중 86명이 환지 감각을 호소했다.

미첼은 이런 환지의 특이점을 지적했다. 환지는 불완전한 경우가 많았다. "잘려나간 팔다리를 전체로 느끼는 경우는 거의 없다. 거의 언제나 가장 뚜렷하게 느끼는 부위는 발이나 손이다." 환지는 시간이 흐르면서 존재하지 않는 팔다리가 점차 짧아지는 듯한 감각을 불러일으키며, 절단 이전의 자세를 재현하거나 비정상적인 자세로 나타나기도 한다. 흥미롭게도 인공사지를 사용하면 이런 감각 왜곡을 바로잡을 수 있다. "잃어버린 다리를 인공다리로 대체하면 발이 다시 제자리를 찾을 때까지 다리가 다시 길어진 것처럼 보인다."

이처럼 환지 현상이 사라지더라도 주변 신경에 전기 자극을 가하면 감각이 생생하게 되살아날 수 있다. 미첼이 2년 전에 환지 현상이 사라진 환자의 팔에 전기 자극을 주자, "그가 갑자기 '아, 내 손, 내 손'이라고 외치면서 잃어버린 손을 잡으려고 했다." 미첼은 환자의 상태를 신경학적으로 묘사하면서 동시에 소설적인 요소와 공감 어린 태도를 곁들였다. 그의 저작은 환지통 연구가 본격적으로 시작되는 계기가 되었다.[8]

만약 우리가 세상을 온전히 경험하지 못하게 된다면 어떻게 될까? 1950년대에 캐나다 심리학자들이 '완전 감각 박탈'의 영향을 연구했다.[9] 대학생 14명에게 '밝은 개인 공간에 놓인 편안한 침대'에 격리된 상태로 반투명 고글과 손목 부분이 골판지로 된 장갑을 착용한 채 이틀에서 사흘 동안 지내게 했더니, 참가자 모두 빛의 강도를 착각하고 기하학적 패턴의 환각을 보는 경험을 했다. 11명은 좀 더 복잡한 '벽지 무늬 패턴'을 봤고, 7명은 고립된 사물을 봤으며, 3명은 '다람쥐가 배낭을 메고 결의에 차서 눈밭을 가로질러 행진하다가 시야에서 사라지는 행렬'을 비롯한 온갖 복잡한 장면을 봤다.

이보다 빈도는 낮았지만 청각 및 촉각 환각도 경험했다. 두 명은 혼자 누워 있으면서도 옆에 다른 사람이 누워있는 듯한 불안한 감각을 호소했다. 이후 감각 차단 탱크◐를 사용한 연구에서는 감각 박탈이 몇 시간에서 며칠 안에 건강한 사람 대다수에게 환각을 유발한다는 결론

을 증명했다.[10]

뇌 영상법 연구는 이런 감각 박탈의 영향을 설명하는 데 어느 정도 도움이 된다.[11,12] 한 시간 정도 눈을 가리기만 해도 시각 뇌의 흥분성이 증가하고, 평소 외부에서 들어오는 신호를 해석하는 시각적 기대의 흐름이 드러난다. 역설적이게도 외부 자극은 뇌의 활동을 억제한다. 따라서 외부 자극을 제거하면 뇌 안에서 활발하게 일어나는 신경 활동이 드러난다.

이는 어둠 속에 장시간 갇힌 죄수나 인질이 시각적 자극이 사라진 상태에서 빛과 무늬가 보이는 환각을 보는 죄수의 영화관prisoner's cinema 현상, 극지 탐험가들이 보고한 신비로운 '존재감', 그리고 제한된 식단과 환경 속에서 종교적 금욕주의자가 마주하는 환각 현상을 이해하는 데 도움이 된다. 스트레스·피로·배고픔도 영향을 미치지만 이 모든 사례를 관통하는 핵심은 습관적이고 예측 가능한 경험이 차단될 때 생겨나는 감각 박탈이다.[13]

주로 노년기에 시력이 있던 사람이 실명을 하면 그들 중 약 80퍼센트는 환각을 경험한다. 이 환각은 섬광, 점, 줄무늬 같은 단순한 형태에서부터 그물·격자·모자이크·불규칙한 형상 같은 기하학적 무늬에 이르기까지 다양하다.[14] 이 가운데 10퍼센트에서 30퍼센트는 훨

◐ 약 34~35도의 물과 소금을 혼합한 용액을 채운 밀폐된 캡슐로 그 안에 들어간 사람은 무중력 상태를 경험하게 된다.

씬 더 복잡한 심상을 본다. 이러한 현상은 샤를 보네 증후군Charles Bonnet Syndrome이라 불리는데, 부분적 혹은 전체적으로 시력을 잃었지만 그 외에는 신경학적으로 건강한 사람에게서 나타나는 시각적 환각을 가리킨다. 이 명칭은 스위스의 법률가이자 생물학자인 샤를 보네의 이름에서 유래했다.[15,16] 그는 외할아버지가 시력을 잃은 뒤 생생한 환각을 경험한 사실을 기록했는데 보네 자신도 말년에 시력을 잃고 같은 환각을 경험했다고 전해진다. 샤를 보네 증후군의 특징은 다채롭고 생생한 심상이 환자의 통제를 벗어나 외부 공간에 투영되는 것이다. 그러나 환각은 위협적이지 않고 차분하며 대체로 상황의 맥락에 잘 들어맞는다.

 1988년부터 샤를 보네 증후군을 다룬 뇌 영상법 연구에서는 환각을 보는 사람의 뇌 시각 영역 활동이 꾸준히 증가한다고 밝혔다.[17] 환각과 관련된 뇌 활동은 환각이 발생하기 약 10초 전부터 서서히 증가했다. 활동이 일어나는 위치는 환각의 내용에 부합했다. 색채 환각을 보는 환자의 경우, 색채 환각에 중요한 역할을 하는 뇌의 V4 영역에서 상응하는 활동이 일어났다. 낯선 얼굴을 환각으로 보는 환자의 경우 방추상 얼굴 영역fusiform face area이 활성화했다. '벽돌, 울타리, 지도'를 보는 환자은 시각 질감에 반응하는 영역과 관련이 있었다.

 증후군에 발견자의 이름을 붙이는 경우를 보면 과학이 개인의 창의성에 의존한다는 사실을 다시 한번 상기하게 된다. 하지만 동시에 그 증후군이 예외적인 사례라는 오해를 불러일으킬 수 있다. 샤를 보네 증후군은 환지 경험이나 감각 박탈 효과와 밀접하게 관련된 환각 지각[18]의 한 형태다. 청각을 상실한 사람은 목소리, 음악, 주변 소리를

환청으로 듣는 경우가 흔한 데, 중증 청각 장애자 중 4분의 1이 환청을 경험한다.[19]

시각적 환각 가운데에서도 가장 현실감이 강하고 생생한 것으로 알려진 '대뇌다리 환시증'은 레르미트 증후군Lhermitte's syndrome과 유사하다. 이 환시증은 뇌 자체에 손상이 생겼을 때 나타나며, 특히 심부나 상부 뇌간에 뇌졸중을 겪은 환자들 가운데 일부가 기묘하고 생생한 환각을 반복적으로 경험한다.

뇌간은 여러 흥미로운 기능을 담당하는 영역이지만 신경해부학

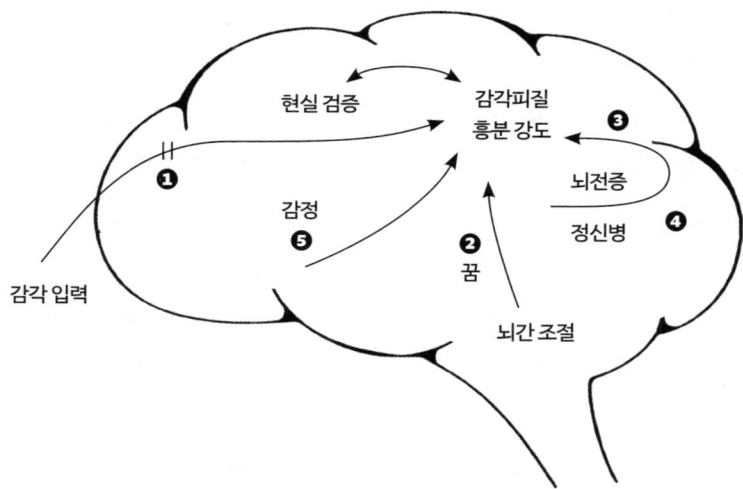

그림 27. 환각이 발생하는 주요 경로 개요 — 감각이 입력되면 뇌의 영역에서 흥분이 발생한다. 이 영역은 뇌간에서 받는 신호에도 영향을 받으며 현실 검증을 관장하는 전두엽 부위와 상호작용한다. 환각은 (1) 감각 박탈, (2) 꿈을 꿀 때처럼 수면 중 발생하는 뇌 활동의 광범위한 변화, (3) 뇌전증으로 인한 과도한 흥분, (4) 정신병 상태에서 흥분의 원인을 잘못 해석, (5) 외상 후 스트레스 장애에서 과도한 정서의 영향으로도 발생할 수 있다.

적으로 볼 때 시각피질과는 매우 멀리 떨어져 있다. 그렇다면 이렇게 먼 부위에 발생한 뇌졸중이 어떻게 놀라운 시각 경험을 유발하는가? 하버드대학교의 마이클 폭스 박사는 임상 뇌 영상을 분석하기 위해 뇌 손상 네트워크 지도화lesion network mapping라는 새로운 기법을 고안했다. 이 방법은 국소적 뇌 손상이 광범위한 뇌 네트워크에 어떤 영향을 미치는지를 밝히는 데 초점을 맞춘다. 신경망과 증후군 환자의 경우, 손상 부위는 평소 시각피질을 억제하는 신경망과 연결되어 있었다.[20]

이 모든 환각 형태(사별 후에 느끼는 존재감 환각, 절단된 팔다리가 여전히 있는 것처럼 느끼는 환지 감각, 감각 차단 탱크에서 경험하는 환각, 실명이나 청각 상실로 인한 환각, 시각피질이나 뇌간 영역의 손상으로 생기는 환각)은 공통적으로 '본질적인 결핍'에서 비롯된다.(그림 27) 평소에 들어오던 감각 입력이 갑자기 사라지면, 마음과 뇌는 그 결핍을 채우기 위해 유사한 자극을 찾게 되고 그 결과 실제로는 존재하지 않는 것을 상상으로 만들어내기도 한다. 이런 뇌의 활동이 너무 과도해지면 환각으로 나타난다. 다만, 레르미트 증후군의 경우에는 감각 입력 자체는 그대로 유지되지만, 뇌의 내부 억제 기능(브레이크)이 갑자기 풀려버리면서, 예를 들어 목을 앞으로 숙일 때 전기 충격처럼 뻗치는 강한 감각과 같은 비정상적인 감각이나 환각이 생겨난다.

이처럼 환각은 평소에는 감각 자극과 뇌의 흥분·억제 시스템이 섬세한 균형을 이루어 우리가 경험하는 세계가 현실과 잘 들어맞도록 유지되고 있다는 사실을 보여준다. 또한, 환각은 우리의 뇌가 눈에 보이지 않는 방식으로 끊임없이 세상을 예측하고 구성하고 있다는 것,

그리고 필요할 때는 존재하지 않는 것조차 만들어낼 수 있는 창의적인 기관임을 잘 보여준다.

꿈의 과학

하루가 끝나갈 무렵, 우리는 평범했던 의식의 상태를 보다 풍요롭고 낯선 경험으로 바꾸는 과정을 겪는다. 바로 수면이다. 수면은 상상력이 풍부한 마음속 작용을 들여다볼 수 있는 소중한 기회를 제공한다. 특히 꿈에서의 경험은 환각의 모든 특징을 갖추고 있다. 꿈은 매우 생생하면서도 통제할 수 없고 마치 현실처럼 느껴진다. 하지만 잠든 상태에서 일어난다는 이유로 우리는 꿈을 환각과 같은 범주로 생각하지 않는다. 그러나 깨어 있는 동안에 나타나는 환각이 '침입적 꿈' 즉, 깨어난 뒤에도 계속 떠올라 불편함을 주는 생생한 꿈에서 비롯된다는 생각은 예로부터 존재해왔다. 이제부터 오늘 밤 우리가 경험하게 될지도 모를 좋은 꿈 혹은 달갑지 않은 꿈의 가능성과 그 의미를 함께 살펴보자.

19세기 프랑스 역사학자이자 철학자 이폴리트 텐은 잠드는 순간의 경험을 이렇게 설명했다. "모든 외부 심상이 서서히 희미해지고 내면은 강렬하고 뚜렷하고 다채롭고 꾸준하며 지속된다. 확장감과 편안함을 동반하는 일종의 황홀감이 느껴진다. 건축, 풍경, 움직이는 형상이 천천히 흘러가고 때로는 비길 데 없는 형체의 명료함과 존재의 충실함이 남는다. 잠이 찾아오고 나는 더는 아무것도 모른다."[21]

가끔이라도 이런 종류의 시각 경험을 한다고 말하는 사람이 전체

인구의 약 70퍼센트에 이른다.[22,23] 전화벨, 초인종, 음악 소절, 말소리가 들리는 청각 심상 또한 흔하다. 최근 경험에서 비롯된 지속적 소재도 있고(겨울에 장거리 운전한 후에 나는 눈송이를 맞는 듯한 기분으로 잠들었다) 소설가 에드거 앨런 포가 잠들 때 보는 심상에 대해서 쓴 글처럼 '참신 그 자체'인 소재도 있다.[24]◐ 잠들 때 일어나는 이런 자율적 경험은 꿈과는 다르다. 우리는 드라마 속 주인공이 아니라 슬라이드 쇼를 보는 관객이고 정서 역시 스쳐가듯이 개입할 뿐이다. 잠들 때 발생하는 이런 체험은 어떻게 생겨나는 것일까?

수면의 가장 초기 단계(그림 28)인 N1에 들어가면 초당 약 10회 주기로 편안하게 깨어 있던 뇌의 알파 리듬이 느린 주파수의 혼합으로 바뀐다. 눈이 움직이고 근육이 이완되며 촉각이나 소리에 대한 반응이 감소한다. 앞에서 마커스 레이클이 에밀리와 함께했던 실험에서 살펴봤던 휴지기 네트워크는 수면 초기에 상당히 온전하게 유지되지만, 사소하나 분명한 변화[25,26]가 나타난다. 평소에는 우리의 생각과 행동을 조율하는 '집행 네트워크'가 뇌 활동을 주도한다. 그러나 잠들 때가 되면 이 집행 네트워크의 주도권이 조금 느슨해진다. 또한, 디폴트 모드 네트워크와 '과업 지향' 영역 사이에서 평소에 나타나던 길항 관계(서로를 억제하는 관계)도 약해진다. 이때 디폴트 모드 네트워크 내의 영역들

◐ 에드거 앨런 포는 잠들기 직전이나 깨어날 무렵에 떠오르는 생생하고 독특한 심상을 '참신한 그 자체'라고 말하며 이 경험이 자신의 창작 소 원천이라고 설명했다.

사이에서도 힘의 균형이 달라지는데 이러한 변화는 뇌 촬영으로 확인할 수 있다.

이러한 뇌의 변화는 우리의 주관적 경험과도 잘 들어맞는다. 잠들기 시작하면 우리는 더 이상 의식적으로 지시를 내리지 않지만 마음속에서는 여전히 쇼가 계속된다. 마치 조명이 꺼질 때까지 우리는 1열에 앉아서 쇼를 지켜보는 관객이 되는 것과 같다.

입면 상태는 창의적인 아이디어를 만들어 내는 데도 도움이 된다.[27] 잠이 들 무렵 때때로 상당히 특이한 현상이 일어나기도 한다. 수면이 깊어지는 단계(N1, N2, N3)를 건너뛰고 곧장 꿈(급속 안구 운동)을 꾸는 렘수면으로 돌입하는 현상은 기면증의 특징인데, 심각하게 수면이 부족한 사람에게도 가끔씩 일어난다.

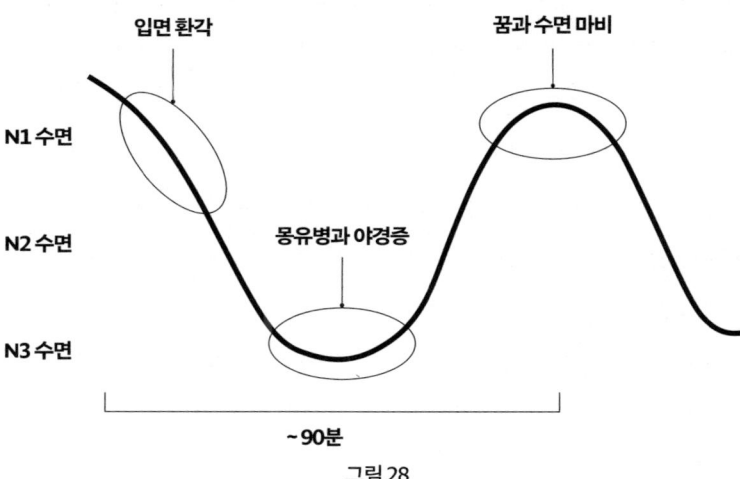

그림 28

41세 사회복지사 이사벨은 서른 살 무렵부터 머릿속에서 영화 한 편이 끊임없이 흘러간다고 느끼기 시작했다. 내가 이사벨을 만났을 무렵에는 그 영화가 개별 사진으로 바뀌어 1~2초 간격으로 머릿속에 떠오르는 상태였다. 24시간 동안 뇌파를 기록한 결과, 이런 심상을 떠올릴 때 실제로 이사벨은 단시간 렘수면 상태였다. 추적 검사 결과 그때까지 의심했던 뇌전증(간질성 발작 환각)이 아니라 기면증(수면 장애)이라는 진단이 나왔다.[28]

하지만 사람들은 대부분 서서히 잠이 깊어지는 단계에 따라서 잠이 들고 약 45분 후에 뇌와 몸이 가장 활발히 회복되는 N3 서파 수면에 들어간다. 신기하게도 꿈을 꾸는 렘수면이 아니라 이 서파 수면이 가장 극적인 수면 장애인 야경증과 몽유병의 출발점이다. 이 두 증상은 깊은 수면 중에도 뇌가 완전히 안정되지 않았을 때 발생한다. 예컨대 촉각이나 청각 자극에 반응해 뇌의 일부는 깨어 있지만 나머지는 여전히 잠들어 있을 수 있다.[29] 이로 인해 몸은 움직이지만 의사소통은 불가능한 몽유병 증세가 나타난다. 이 상태에서 깨어난 사람은 특별히 기억하는 것이 거의 없고, 있다 하더라도 "거미가 있어!" "조심해, 뱀이 있어!" "천장이 무너지고 있어!"[30] 같은 단순하고 정서적인 표현을 내놓는 정도다. 이러한 '서파 사건 수면'(사건 수면은 수면 중에 발생하는 경험이나 행동의 교란을 뜻한다)은 최근에 일어난 활동을 재현하기도 한다. 이는 뇌의 재생 경향을 보여주는 또 다른 사례다. 내가 만났던 한 환자는 주말 내내 손수 집을 수리했는데, 그 여파로 한밤에 아파트 벽을 붓도 없이 칠했다. 온종일 양털을 깎은 한 농부는 잠자면서 아내의 머리카락을 깎았다.

그림 29: 수면 마비와 입면기에 발생할 수 있는 유체이탈 경험

깊은 서파 수면 기간이 지나면, 우리는 다시 수면 단계를 올라가면서 약 90분 후 뇌파 활동이 각성 상태와 비슷해지지만 몸은 깊이 이완된, 이른바 역설적인 수면 상태(렘수면)에 들어간다. 이 시기에는 꿈을 꾸고 있지만 근육이 움직이지 않는 마비 상태(렘수면 무긴장증)가 유지되는데, 이는 꿈의 내용을 실제로 수행하지 않기 위해 필요한 생리적 현상이다.

그런데, '수면 마비'를 자각하는 사람도 적지 않다. 인구의 약 3분의 1이 이 현상을 경험하는데, 이는 렘수면 무긴장증이 깨어 있는 상태에서도 몸을 움직일 수 없는 병적 현상이다. 세계 곳곳에서 이 수면 마비 현상을 초자연적인 존재로 설명해왔다. 고대 로마에서는 인큐버스incubus(눌러 앉는 자)의 방문으로 여겼고, 독일에서는 알프드럭

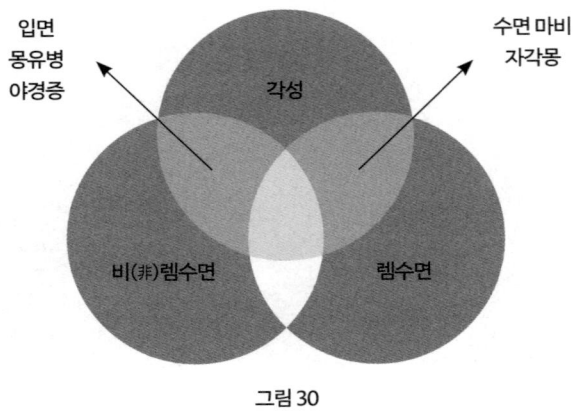

그림 30

Alpdruck(알프라는 존재가 눌러서 생기는 현상)의 공격이라 생각했다. 영국에서는 '악몽'의 일종, 또는 '마녀'의 짓이라고 여겼다.[31,32] 캐나다에서 실시한 대규모 연구에 따르면, 수면 마비는 세 가지 증상군이 결합된 경험이다. 존재감과 강렬한 두려움, 청각 및 시각적 환각을 동반하는 침입자 감각, 가슴이 눌려 숨 쉬기 어렵고 통증을 느끼는 인큐버스 증상, 그리고 부유감이나 유체이탈 경험, 행복감 등으로 구성된 특이한 신체 경험이 동반된다.

　수면 마비는 몽유병처럼 평소에는 분리돼 있는 뇌상태가 부분적으로 융합될 때 일어난다(그림 30).[33] 몽유병 환자의 경우 깊은 서파 수면과 각성 상태가 뒤섞인다. 수면 마비는 꿈을 꾸는 수면과 각성 상태 사이의 통상적 경계를 허문다. 자신이 깨어 있고 주변 상황을 인식하지만, 렘수면 무긴장증 때문에 몸은 여전히 마비된 상태다. 그 결과 꾸고 있던 꿈의 생생한 심상과 강한 정서를 계속해서 체험하게 된다. 우리의 뇌는 잠이 들 때도, 가장 깊은 수면에 이르렀을 때도, 깨어날 때도 상상 속에서 공포와 기쁨을 끝없이 만들어낸다. 그러니, 아침에 일어나 피곤함을 느끼는 것도 무리는 아니다.

뇌전증, 엄마가 들려주던 노래

"배에서 익숙한 울렁거림이 느껴지고 약간 메스꺼워요. 그러다가 해초가 썩는 듯한 악취가 풍기죠. 아무것도 할 수 없는데 또 같은 일이 일어나고 있습니다. 젠장, 젠장. 이제 기억이 나지 않아요. 아무것도. 여기는 어디죠? 내가 왜 여기에 있죠?"

이는 토니의 여섯 번째 '증상 발현'이었다. 가장 두드러진 증상은 기억 상실이었다. 집에서 발작이 일어나는 동안 토니는 아내에게 지금 있는 곳이 어디이고 무엇을 하고 있었는지 물었다. 그리고 이미 10년 전에 독립한 아이들이 어디에 있는지 물었다. 결정적 단서는 뱃속이 울렁거리고 해초 냄새가 난다는 점이었다.

"난데없이 노래를 부르는 어머니 목소리가 들려요. 마치 교회나 수도원에 있는 꿈을 꾸는 것 같아요. 어머니가 노래합니다."

> 잘 자라 우리 아가,
> 자장자장자장
> 천사들이 내려다보네
> 자장자장자장

어머니가 수도원에서 노래하는 소리가 들려요. 그게 깨어날 때 떠오른 마지막 기억이에요."

토니와 달리 열네 살 때 시작된 메리의 악몽 같은 경험은 처절한 발작으로 이어졌다. 메리는 온몸을 떨면서 혀를 깨물고 소변을 봤다.[34,35] 토니와 메리는 둘 다 뇌전증을 앓고 있다. 어째서 하나의 증상이 그토록 서로 다른 기묘한 체험을 유발할까?

뇌전증epilepsy이라는 단어의 어원은 그리스어 에필람바네인 Epilambanein으로 '잡히다'라는 뜻이다. 뇌전증 발작은 갑작스럽고 비자발적으로 의식과 행동에 침입하는 발작적 현상이다. 뇌전증 발작의 가장 큰 특징은 뇌 속 전기 활동이 일제히 동기화된다는 점이다. 평소 건강하게 깨어 있을 때 뇌의 리듬은 복잡하게 얽혀 서로 뒤섞여 있지만, 발작이 시작되면 이러한 섬세한 상호작용이 사라지고 하나의 지배적인 주파수가 뇌 전체를 뒤덮는다. 만약 이 동기화된 활동이 뇌 전체에서 일어나면, 환자는 의식을 잃고 멍하니 한곳을 응시하거나 온몸을 떨게 된다.

하지만 동기화가 뇌의 일부 영역에서만 발생하면, 마치 '이중 의식'과 같은 상태가 일어난다.[36] 이렇게 되면 발작이 뇌 안에서 퍼져나가는 과정을 의식이 있는 상태에서 경험하게 된다. 발작은 피질의 모든 부위에 영향을 미칠 수 있기 때문에, 그 증상은 매우 다양하며 통렬한 경험이 된다.

토니의 이야기는 나와 동료가 30년 넘게 연구한 100명이 넘는 환자를 대표하는 사례다.[37] 뱃속이 메스껍게 울렁거리는 증상은 '상복부 전조'라고 한다. '상복부'는 위를 가리키고 '전조'는 발작을 시작한다는 경고 증상이다. 이 증상이 일어날 때면 동기화된 뇌전증 방전이 이미 뇌 전체에 퍼지고 있는 상태다. 측두엽 뇌전증에 흔한 상복부 전조는 특수한 환각 증상이다. 주변 세상에서 일어나는 일을 감지하는 능력인 '외수용 감각'과 반대로 체내 상태를 감지하는 능력인 '내수용 감각'에 영향을 미친다. 울렁거림 뒤에 따라오는 악취는 주변 피질 영역에서 과활성화가 발생한다는 신호다. 내수용 감각과 후감을 담당하는 구조는 신경학적으로 가까운 변연계에 자리하고 있는데 이 영역은 기억을 정리하고 과거를 떠올리는 능력과도 밀접하게 연결되어 있다. 발작이 이 기능을 침범했기 때문에 토니는 발작 이후 약 20분 동안 기억을 잃었다.

앞서 언급한 메리는 1930년대에 캐나다에서 명성을 떨쳤던 신경외과 의사 와일더 펜필드의 환자였다.[38,39] 펜필드는 메리의 발작이 오른쪽 측두엽에서 유래한다고 진단하고 자신이 개발한 '각성 개두술'이라는 수술로 직접 메리의 뇌 표면을 자극했다. "메리에게 잠시 말을 걸다가 그녀에게는 알리지 않고 뇌를 전극으로 자극했다. 메리는 갑자기 하던 말을 멈추고 '사람들이 들어오는 소리가 들려요'라고 말했다. 이어서 '지금은 음악 소리가 들려요'라고 말했다. 그 노래는 메리의 어머니가 불러주던 노래였다. 이 사례에서 우리는 오랫동안 뇌전증 발작을 일으켰던 메리의 과거 경험에서 비롯된 환각을 전기 신호로 재현하는 데 성공했다."

펜필드는 수술 중에 피질 표면을 광범위하게 탐색했다. 시각 신호가 처음으로 뇌의 피질 표면에 도달하는 일차 시각피질을 자극하면 환자는 '빛, 색깔 있는 물체나 검은 물체, 움직이거나 정지한 물체'를 봤다. 일차 청각피질을 자극하면 '와글거리거나 윙윙거리거나 울리거나 쉭쉭거리는 소리'를 들을 수 있다. 체성 감각, 즉 촉각 피질을 자극하면 따끔거리거나 저린 감각이 발생한다. 펜필드는 자극을 주면 외부 민감성이 줄어든다는 사실을 알게 됐다. 그가 측두엽을 자극할 때만 환자들이 심리적 반응을 보였다. 그는 이런 반응을 기시감(데자뷰)처럼 눈앞의 상황 체험을 각색하는 '해석적 착각'과 이전에 있었지만 잊었던 경험을 재현하는 '경험적 환각'으로 구분했다.

감각 박탈과 마찬가지로 뇌전증은 뇌 속 흥분과 억제의 섬세한 균형을 깨뜨린다. 그 결과 어떤 신경 경로는 과도하게 강화되고, 다른 경로는 약화되면서 강렬하고 때로는 기이한 경험이 일어난다. 하지

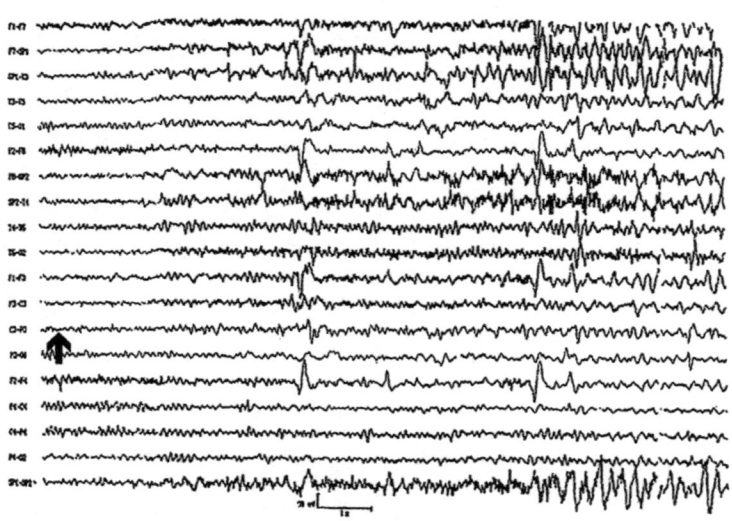

그림 31: 화살표는 환자가 본가를 생각하기 시작한 시점을 가리킨다. 이후 몇 초 동안 '삐죽삐죽한;' 뇌전증 활동이 쌓였고 이는 오른쪽 위 채널에서 가장 명확하게 드러난다.

만 이 과정이 일방통행은 아니다. 상상을 포함한 경험의 흐름이 발작을 촉발할 수도 있다. 와일더 펜필드의 오래된 병원에 36세 남성이 오랫동안 지속되는 발작으로 검진을 받으러 왔다.[40] 이 발작은 그가 고향 집을 떠올릴 때 일어나곤 했다. 뇌파 기록(그림 31)은 그가 발작을 일으켰을 때 왼쪽 측두엽에 축적되는 뇌전증 활동을 보여준다. 그는 "그 집, 그 집이라고 반복했고 발작이 다가오고 있다고 말했고, 이어서 임상적으로 명확한 발작이 시작되는 가운데 허공을 응시했다." 비정상적으로 발달한 왼쪽 측두엽의 환부를 절제한 이후로 뇌전증은 가라앉았다. 이후 그 남자는 아무런 괴로움을 겪지 않고 고향 집을 상상하고 방문할 수 있게 됐다.

뇌전증은 파악하기 힘든 냄새, 향수를 불러일으키는 곡조, 유체이탈로 자기 자신의 몸을 보는 감각 등 다양한 경험을 유발하는데 이는 뇌의 불가해한 면모를 보여준다.

파킨슨병, 루이 소체, 섬망

제임스 파킨슨은 열정이 넘치는 의사였다. 1755년 약사 겸 외과의사의 아들로 태어난 파킨슨은 가업을 물려받아 템스강과 런던타워에서 도보 20분 거리에 있는 혹스턴 광장 1번지에 진료소를 열었다. 그는 다방면에 관심이 많았다. 한때는 지질학적 발견에 흠뻑 빠져 결국에는 '모든 인류 기록과 전통에 앞선 시대에 지구를 휩쓸었던 다양한 혁명'에 관한 세 권짜리 책을 썼다.[41] 파킨슨은 이 세 권짜리 책《과거 세계의 유기물 잔해》의 광고를 1817년에 출간한 〈떨림 마비에 관한 논문〉의 마지막 페이지에 실었다. 이 전설적인 논문은 우리가 지금은 파킨슨병이라고 부르는 떨림 마비를 최초로 기술했다.⁴²

파킨슨은 논문에서 '같은 범주에 속한' 것으로 보이는 여섯 사례를 자세하게 설명한다. 그중에서 그의 환자였던 사례는 한 명뿐이었다. 두 사례는 '길에서 우연히 만난' 사람이었고 한 사례는 '그저 멀리서 봤을 뿐'이었다. 하지만 파킨슨의 예리한 관찰력은 나중에 프랑스 신경학자 장 마르탱 샤르코가 파킨슨의 업적을 기리기 위해 '파킨슨병'이라는 이름을 붙인 증상의 주요 특징을 여럿 포착했다. 파킨슨은 파킨슨병 특유의 발을 끄는 듯한 걸음걸이에 동반하는 '몸통을 앞으로 구부리는 경향'과 '움직이지 않을 때는 물론 기대어 있을 때도 자신의 의지와 상관없이 떨리는 동작'을 설명했다.⁴³ 하지만 그의 설명은 중요한 한 가지 측면에서 틀렸는데, 바로 '감각과 지성'은 '손상되지 않았다'라는 기술이었다.

71세 장-뤽은 8년 전에 처음 찾아온 떨림과 둔화에 잘 대처하고 있었다. 그는 여전히 거의 모든 일을 스스로 할 수 있었다. 하지만 지난 4년간 그는 '악마들'에 시달렸다. 악마를 정확하게 설명하기는 어려웠다. 얼굴은 흐릿하고 크기는 계속 변했다. 악마들은 '마치 안개처럼' 움직였다. 요통에 시달릴 때 장-뤽은 그들이 검으로 무장하고 나타나 그의 척추를 난도질하고 있다고 느꼈다. 때로는 악마가 상상의 산물이라고 믿었지만 어떤 때는 '너무나 진짜 같아서' 말을 걸기도 했다. 이런 현상은 주로 밤에 일어났다. 장-뤽은 악마들이 상당히 불안해 보인다는 사실을 알아차렸다. 그들은 빛이나 갑작스러운 소음, 손을 흔드는 동작에 '겁을 먹거나' '혼비백산'했다. 악마들의 생활은 장-뤽의 생활과 뒤섞였다. '마치 판타지 소설이나 평행 세계에서 살아가는 듯'했다. 악마가 처음 나타난 이후로 뭔가 다른 일도 벌어졌다. 장-뤽의 기억력과 집중력이 떨어졌던 것이다. 안타깝게도 의사들은 그에게 파킨슨병에 자주 동반되는 치매가 발병하고 있다고 진단했다.[44]

파킨슨병 환자 대다수는 병이 진행됨에 따라 기억력과 사고를 정리하는 능력, 그리고 시각 정보를 해석하는 데 필요한 기술에 어려움을 겪게 된다.[45] 후속 연구에서 파킨슨병에 동반되는 치매의 근본 원인에 대한 설명이 점차 밝혀졌다. 파킨슨병 환자의 뇌에서는 알파-시누클레인alpha-synuclein이라는 단백질이 도파민 신경세포 안에 루이 소체Lewy body라는 형태로 쌓인다. 이 단백질이 축적되면 도파민 신경세포가 점차 죽어가면서 파킨슨병의 대표적인 증상인 운동 둔화·근육 경직·떨림이 나타난다. 병이 더 진행되면 알파-시누클레인이 대뇌피질로 확산되고, 이로 인해 치매 증상까지 나타나게 된다. 하지만 루이 소체와 밀접하게 관련된 또 다른 치매 유형인 '루이 소체 치매'에서는 이 순서가 뒤바뀐다. 대뇌피질의 변화와 인지 기능 저하가 제임스 파킨슨이 묘사했던 '떨리는 움직임'이나 '근력 저하'보다 먼저 나타나는 것이다.

파킨슨병과 루이 소체 치매 환자를 자세하게 살펴보면 여러 특이한 시각적 경험을 발견할 수 있다.[46] 예컨대 존재하지 않는다는 사실을 알면서도 친숙한 패턴이나 물체를 인식하는 파레이돌리아 증상이 두드러지게 나타난다. 또한 덤불을 곰으로 착각하는 식의 순간적인 오지각도 흔하다. 눈앞에 보이는 물체의 실제 내용이 아니라 형태가 왜곡되어 보이는 현상, 즉 변형시metamorphopsia도 함께 나타날 수 있다.

'반복시'는 물체에서 시선을 돌린 후에도 그 물체가 주의의 새로운 초점에 겹쳐지면서 시야에 남는 현상이다. '다시증'은 바라보고 있는 물체가 시야 전체에 걸쳐 기묘하게 반복되는 증상이다. 정지한 물체가 움직이는 듯이 보일 수도 있다. 크기, 형태, 거리가 모두 왜곡되기도 한다.

시간이 흐르면서 이런 시각 왜곡을 경험한 환자들 중 상당수가 남들에게는 보이지 않는 사람, 동물, 물체를 보기 시작한다. 즉 환각을 겪는다. 장-뤽의 증언도 이와 일치한다. "네, 그들은 내 상상력의 산물입니다. 하지만 때때로 나는 하던 일을 멈추고 그들과 수다를 떨기도 하고 털을 쓰다듬기도 합니다." 파킨슨병에서 본격적인 환각이 나타나는 증상은 우려스러운 징후다. 이 경우 요양원에 들어가야 할 필요성이 16배 증가한다.[47]

파킨슨병은 흔하다. 65세 이상 인구의 약 100명 중 1~2명이 이 질환을 겪는다. 몇몇 팀이 파킨슨병 환자가 환각을 일으키기 쉬운 이유를 연구하고 있다. 질환 치료에 사용되는 약물이 영향을 미치기도 하는데, 이외에도 중대한 요인 두 가지가 작용하는 듯하다. 런던에서 활동하는 신경학자 리모나 웨일은 몇몇 환자가 온라인에서 자신이 로봇이 아님을 증명하는 용도로 사용하는 캡차CAPTCHA(컴퓨터와 인간을 구분하기 위한 완전 자동화된 공개 튜링 테스트) 문자를 읽는 것이 어렵다고 말했을 때 첫 번째 요인을 깨달았다. 시각 연구에 밝았던 웨일은 이 임상 사례에서 영감을 얻어, 왜곡된 이미지를 고양이나 개 중 하나로 분하도록 하는 고양이와 개 시험(그림 32)을 고안했다.[48] 치매 증상이 없는 파킨슨병 환자는 시험 성적이 나빴다. 점수가 낮으면 인지 능

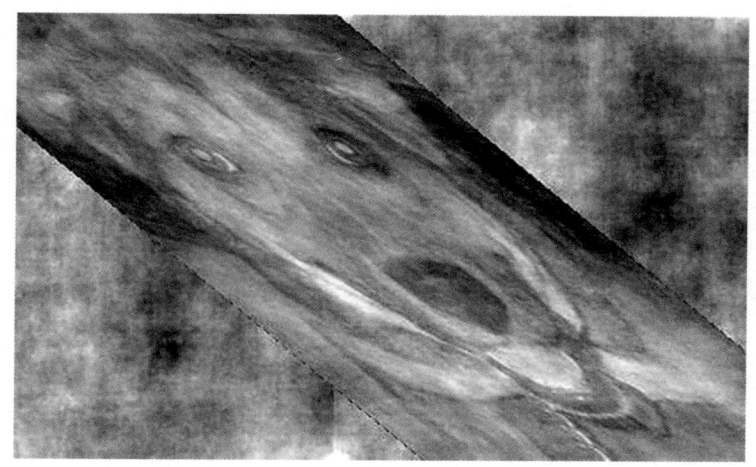

그림 32

력이 저하할 위험이 증가한다는 뜻이었다. 웨일은 계속해서 환자들이 복잡한 장면에서 숨은 물체를 식별하고 도식 심상에서 인간과 비슷한 움직임을 포착하는 등 까다로운 시각 시험에서 어려움을 겪는다는 사실을 밝혀냈다.[49] 파킨슨병 환자의 경우 감각을 통해 들어오는 증거와 뇌에서 그것을 이해하는 과정이 저하하는 듯했다. 시각 세계가 평소보다 더 '잡음'이 많은 장소가 된 것이다.

장-뤽의 오락가락하는 통찰력은 이런 질환에서 환각이 나타나는 두 번째 주요 원인을 이해하는 데 단서를 제공한다. 이런 환자들에게는 컨디션이 좋은 날도 있고, 나쁜 날도 있다.[50] 가장 좋은 날에는 정신이 맑아지고 정상적인 자아 상태를 유지하지만, 최악의 날에는 혼란스러워지고, 말조차 제대로 통하지 않는다. 이러한 주의력의 불안정성은 뇌간의 손상과 관련이 있다.

뇌간에는 수면과 각성, 기분과 동기 등 '전반적 상태'를 조절하는 뉴런 집단이 있다. 이런 '각성 체계'는 보통 필요할 때는 집중하게 하고, 쉴 수 있을 때는 긴장을 풀게 하며, 적절할 때는 몽상에 잠기게 하고, 잘 때는 숙면을 유지하게 함으로써 뇌의 다양한 네트워크를 원활하게 활성화하거나 차단한다.[51] 이 전환 기능이 제때 작동하지 않으면 평소에는 잘 통제되던 뇌의 자발적 활동이 제어되지 않아 경험의 여러 단계가 마치 무방비 상태로 열린 듯 느껴진다. 특히, 외부 세계로부터 들어오는 정보의 질이 떨어지는 상황이라면 이러한 현상이 더 심해진다.[52] 장-뤽이 보았던 악마들이 빛을 두려워하는 것도 어찌 보면 당연하다. 그들은 주변 세계와 내면 세계가 모두 어두컴컴할 때에만 안전하게 돌아다닐 수 있기 때문이다.

루이 소체 치매의 경우 초기 발병 때는 환자의 집중력이 떨어진다.[53] 증상만 놓고 보면 이는 치매의 일반적인 현상이 아니다. 일반적으로 주의력은 치매 초기에는 영향을 받지 않는다. 주의력 장애와 가장 밀접한 관련이 있는 임상 증후군은 치매가 아니라 '섬망'이다. 섬망은 주의를 집중하지 못해 생각과 행동이 흐트러지는 상태다. 섬망은 무척 흔하다. 입원 환자 절반이 입원 중에 한 번쯤은 섬망을 경험한다. 가장 흔한 원인으로는 감염, 중독, 마약 금단 증상, 장기 부전이며 거의 모든 장기에 장기 부전이 발생할 수 있다. 섬망과 환각의 관련성은 잘 알려진 사실이다. 다들 어린 시절 열병을 앓았을 때 이상한 감각을 느꼈던 기억이 있을 것이다. 열병은 종종 가벼운 섬망 증세를 유발한다. 집중치료실에 입원한 환자는 섬망의 모든 원인에 노출되므로 무서

운 환각이 가장 오래 남는 투병 기억인 경우가 흔하다.[54,55]

섬망의 고통 속에서도 뇌는 품질이 저하된 입력을 이해하고자 최선을 다한다. 뇌가 예측하는 세상이 때로는 불안정하더라도 이는 끊임없이 밀려들어오는 감각 속에서 뇌가 의미를 찾고자 계속해서 도전하는 노력을 반영한다.

내 귀에 도청장치

환청이 들리는가? 내면의 목소리가 속삭이는가? 이는 대답하기 어려운 질문이다. 머릿속은 대체로 고요한 곳 같지만 자세히 관찰해보면 가끔씩 방문객이 앉아 있다. 옛 친구의 독특한 목소리가 머릿속에서 울리기도 하고 귀에 익은 웃음소리가 들리기도 한다. 나 자신의 목소리는 어떨까? 나 자신의 목소리를 들은 적이 있는가? 내 경우에는 처음에는 없다고 생각했지만 가끔씩 내가 습관적으로 하는 말을 소리 내지 않고 표현하는 식으로 문장을 구성하거나 생각을 표명하는 나 자신을 발견하곤 한다. 드문 예외가 있기는 하지만 그런 식으로 들려오는 다양한 '내면의 목소리'는 감사하게도 예의가 바르다. 그들은 정중하게 내 머릿속에 머무른다. 그 목소리가 자립해서 머릿속 밖에서 내게 말을 걸어올지도 모른다고 생각하면 아찔하지만 말이다.

나처럼 내면의 목소리를 설명하기가 어렵거나, 애초에 자신에게 내면의 목소리가 있는지 확신이 서지 않는 사람이라면 '기술적 경험 표집법'의 도움을 받을 수 있다. 이 방법은 미국 유타주에서 활동하는 심리학자 러셀 헐버트가 고안했으며, 이 책에서 참고한 내면생활에 관한 많은 관찰의 근거가 되었다.[56,57,58] 헐버트는 평생 내면세계를 탐구했지만, 편안히 앉아 과거 경험을 떠올리며 분석하는 전통적인 방식에는 한계가 있다는 걸 깨달았다. 이런 방법은 시간이 지나면서 기억이 왜곡되기 쉽고, 결국 이미 가진 선입견만 확인하는 데 그치기 때문이다. 운 좋게 자신의 경험을 정확히 판단했다 하더라도 다른 사람도 같은 경험을 했을 것이라고 단정하긴 어렵다.

그래서 헐버트는 버저를 활용해 무작위 시점에 참가자의 경험을 표집하고, 그 직전 순간에 있었던 경험을 가능한 한 '오염되지 않은' 상태로 포착하는 기법을 개발했다.[59] 내적 언어는 표집한 순간의 20퍼센트 내지 30퍼센트에서 발생하는 두드러지는 특성이다. 내적 언어를 아예 경험하지 않거나 항상 경험하는 참가자는 드물다. 내적 언어는 보통 온전한 문장 형태를 띤다. 말하는 사람과 똑같은 억양을 사용하고 같은 감정을 전달할 수 있다는 측면에서 소리 내어 말하는 것과 비슷하다. 또한 자기 자신을 향할 수도 있고 상상 속 상대방을 향하기도 한다. 내적 언어 경험은 보통 '들린다'기보다는 '만들어진다'는 느낌에 가깝다. 헐버트는 내적 언어가 생각을 집중하거나 방향을 잡는 데 도움을 주기도 하지만 보통은 사고의 도구라기보다는 부산물인 경우가 많다고 밝혔다.

우리는 어쩌다가 자기 자신에게 조용히 말을 걸게 됐을까? 러시아 심리학자 레프 비고츠키가 제안한 가장 일반적이고 상식적인 설명은 아이들이 먼저 남들과 말하는 법을 배우고 혼자서 놀 때 언어를 '사적으로' 사용하다가 이를 자신의 생각에 내면화한다는 것이다.[60,61] 내적 언어 연구 결과를 《내 머릿속에 누군가 있다》라는 멋진 책으로 정리한 찰스 퍼니휴는 내적 언어가 격려자, 문제해결자, 응원자, 동반자, 비평자 등 다양한 역할을 한다고 말한다.[62] 퍼니휴는 내적 언어가 대화 형태를 띨 때가 많다는 사실에 특히 깊은 인상을 받았다. 내적 언어는 자기 자신과 열린 대화를 나눌 수 있도록 이끌고, 다른 관점을 취할 수 있도록 함으로써 창의성을 북돋운다. 그는 "고독한 마음은 합창단"이라고 말하면서 우리가 머릿속에서 접근할 수 있는 목소리의 다양성을 강조했다. 하지만 머릿속에 목소리가 존재할 때 위험이 따르기도 한다.

외부에서 들려오는 듯하지만 알고 보면 스스로 만들어낸 목소리를 한 번쯤 들어본 사람은 열 명 중 한 명 정도다. 내적 목소리 때문에 정신과를 찾는 사람을 제외하고도 100명 중 한 명은 이런 일을 자주 겪는다. '건강하지만 목소리를 듣는 사람'은 대개 아동기나 청소년기에 목소리를 듣기 시작한다. 그러나 하나 혹은 소수의 목소리를 들을 뿐 많은 목소리를 듣진 않는다. 목소리에 통제당하거나 무시당한다고 느끼기보다는 이를 받아들이고 어울린다.[63]

하지만 이 경험이 무해하지 않은 경우도 있다. 환청은 여러 정신 질환에서 일어나지만 가장 악명 높은 경우는 조현병이다. 조현병 환자 3분의 2가 주제넘게 나서는 비판적인 목소리에 시달린다. 이런 목소리는 보통 환자를 삼인칭으로 부르면서 비난조로 말하고 때로는 명령을 내리기도 한다. 조현병 환자는 다른 환각에도 취약하지만(3분의 1이 시각적 환각을 경험한다) 아직 밝혀지지 않은 이유로 특히 언어와 밀접한 증상을 경험한다.

조현병 환자가 환청을 들을 때 무슨 일이 일어날까? 적어도 가끔은 혼잣말을 한다. 1980년대에 그린과 프레스턴이라는 두 정신과 의

사는 조현병 병력이 오래된 51세 환자 R. W.가 낸 희미한 속삭임을 증폭해서 녹음했다. 이 환자는 '미스 존스'라는 여성의 목소리가 들린다고 말했다.[64] 미스 존스는 환자에게 직접 말하기도 하고 환자에 대해서 말하기도 하고 자주 환자의 말을 끊었다. R. W.가 "그는 약간 정신이 나갔어요. 그를 내버려 둬, 얘야"라고 속삭였을 때 정신과 의사는 "누가 정신이 나갔어요?"라고 물었다. R. W.는 평소 목소리로 "저요. 미스 존스가 그렇게 말해요"라고 설명했다. 그러더니 "그를 사랑하고 그를 원하는데 당신이 그를 퇴원시켜 주지 않잖아요"라고 속삭였다. 이후 R. W.는 평소 말투로 "바로 이거예요. 이것으로 증명됐죠. 허구 속 인물이 아니에요"라고 말했다.

이처럼 내면의 마음을 다른 사람이 말하는 것처럼 착각하는 드문 사례는 환청이 사실은 내적 언어를 남의 목소리로 오해한 것일 가능성을 보여준다. 실제로 기능적 뇌영상 연구에 따르면 환청이 들릴 때 뇌의 언어 영역이 활성화된다.[65] 그렇다면 내적 언어의 주인을 왜곡해 받아들이는 현상은 왜 일어나는 것일까? 조현병 환자는 일반적으로 자기가 하는 행동을 자신의 행동으로 인지하는 데 어려움을 겪는 듯하다.[66] 보통 우리는 자기 자신에게 말할 때 '스스로 제보'한다. 우리는 자기 자신이 혼잣말을 한다는 사실을 인지하고 내적 반응을 억제한다. 환청을 듣는 사람의 뇌에서는 이런 제보가 없어서 내적 언어가 다른 사람들의 말을 들을 때 발생하는 것과 똑같은 반응을 자극하고 결과적으로 자기 자신의 말을 외부의 목소리로 듣게 된다.

나는 찰스 퍼니휴에게 이 설명이 그럴듯하게 들리는지 물었다. 퍼니휴는 더럼대학교에서 〈목소리 듣기〉라는 독특한 프로젝트를

10년 넘게 이끌었다. 신학자, 문학 연구가, 신경과학자, 정신과 의사 등 폭넓은 분야의 동료와 환청을 듣는 여러 사람의 적극적 참여를 바탕으로 퍼니휴 연구팀은 창작 및 종교적 글쓰기에 나타난 표현부터 환청이 건강한 환청자와 고통받는 환청자의 삶에 미치는 영향까지 경험의 다양한 측면을 연구했다.

퍼니휴의 대답은 신중했다. "내적 목소리에 여러 종류가 있듯이 환청에도 여러 종류가 있습니다. 내적 언어의 주체를 오해한다는 이론은 일부 환청자에게 적용되고 이 설명이 도움이 된다고 여겨서 목소리를 떨치는 데 사용할 수도 있습니다. 하지만 이 이론으로 설명할 수 없는 다른 환청도 있습니다." 그렇다면 다른 환청은 무엇일까? 정신 질환을 앓는 사람들을 괴롭히는 목소리의 근원을 추적하다 보면 과거에 발생한 트라우마로 거슬러 올라가기도 한다.[67] 또는 주변 사건에 과도하게 민감하게 반응해서 아무 의미 없는 소리에 지나친 상상력을 발휘해 해석하게 되는 '과잉각성'에서 비롯되기도 한다. 내적 언어, 트라우마 기억, 과잉 각성에서 비롯된 환각은 각각 그 종류에 따라 설명과 치료법이 필요하다.[68]

한편, 당신도 나처럼 아직까지 환청이 들린 적이 없고, 나처럼 그 사실에 기뻐한다면 그런 평온을 얻고자 어떤 대가를 치렀는지 생각해봐야 한다. 작가 레이 브래드버리는 인터뷰에서 이렇게 말했다. "모든 작가는 목소리를 듣습니다. 아침에 목소리를 들으면서 깨어나고 그 목소리가 특정한 높이에 이르면 벌떡 일어나서 목소리가 달아나기 전에 잡으려고 애씁니다."[69] 나는 그에게 소설 속 등장인물의 목소리가 들리는지 물었다. 그는 목소리가 들리지만 엿듣고 있다고 했다. 그들이 브래드버리에게 직접 말을 거는 일은 거의 없었다. 그는 일터에서 길고 고된 하루를 보낸 끝에 지쳐버린 자신에게 소설 속 주인공 두 명이 포기하지 말라고 말한 적이 딱 한 번 있었다고 고백했다. 그는 위로를 받은 만큼 불안감도 느꼈다.

"그런 일이 자주 일어난다면 정말 겁이 날 겁니다."

전쟁터에 갇힌 사람들

2022년 2월 24일 러시아 대통령 블라디미르 푸틴은 이웃나라 우크라이나를 침공하도록 명령했다. 한 달 만에 우크라이나인 1,000만 명이 집을 떠나야 했다. 러시아 폭탄과 미사일이 병원, 학교, 어린이집, 슈퍼마켓, 아파트 단지, 대피소를 파괴했고 많은 도시와 마을이 쑥대밭이 됐다. 전쟁이 시작된 지 9일째 되던 날, 빅토리아와 남편 페트로는 다른 사람들과 마찬가지로 우크라이나 북부 체르니히우에서 탈출하려고 했다. 페트로가 앞길을 막고 있는 돌을 치우는 동안 총격을 받았다. 빅토리아의 열두 살짜리 딸 베로니카는 무슨 일이 일어나고 있는지 혼란스러워하다가 차에서 내렸다. 뒤따라서 내린 빅토리아는 딸이 넘어지는 모습을 봤다. "딸아이를 봤더니 머리가 없었어요." 페트로는 이미 총에 맞아 미동도 없이 누워 있었다. 차에 불이 붙자 빅토리아는 한 살 난 딸 바르바라를 데리고 은신처를 찾아 달렸다.

다음날 버려진 차 안에 숨은 빅토리아 부녀를 발견한 러시아 군대는 그들을 지하실로 끌고 갔다. 그들은 방 한 칸에 40명과 함께 갇혔다. 사람들이 죽어나가면 시신이 며칠 동안 방치되기도 했다. 빅토리아와 바르바라는 다행히 비교적 안전한 우크라이나 서부에 도착할 수 있었다. 빅토리아는 자신의 사연을 조사하고 확인한 BBC 기자 애나 포스터에게 이렇게 말했다. "사람들과 함께 있을 때는 뭔가 하거나 의사소통을 했습니다. 하지만 혼자가 되면 어찌할 바를 몰랐어요."[70]

이런 비극적이고 극단적인 사건을 겪은 사람들은 보통 적어도 한동안은 극심한 고통에 시달린다. 일부는 그 고통이 지속되어 일상생활 전반에 영향을 미치기도 한다.[71] 이러한 트라우마 경험의 핵심 요소는, 가장 끔찍했던 순간인 핫스폿을 원치 않게 다시 떠올리는 것이다.[72] 핫스폿에는 침입적 심상, 악몽, 생생한 회상이 포함되며, 이때의 경험은 마치 트라우마가 지금 이 자리에서 일어나고 있는 것처럼 느껴질 정도로 강렬하다. 가슴이 철렁 내려앉고, 심장이 두근거리고, 손바닥에 땀이 나고, 가슴이 조이는 듯한 기분이 든다. 당연하게도 사람들은 이런 증상 일으키는 원인을 최대한 피하려고 애쓴다. 이렇게 회피하려는 노력이 답답하게 느껴질 수도 있다. 이 모든 과정에 슬픔과 수치심, 죄책감이 뒤따르고 다른 사람과 이 세상, 자기 자신으로부터 고립된다는 소외감이 더해진다.

공포에 대한 이런 반응은 정신적 요소와 신체적 요소가 밀접하게 뒤얽혀 있으며 이러한 증상은 이미 오래된 문헌에서도 찾아볼 수 있다.[73] 4,000년 전 메소포타미아 우르의 한 시민이 수메르인의 공격을 받은 이후로 잠 못 이룬 나날을 기록했다. "그들은 도시를 폐허로 만들었다. 사람들은 한탄한다. 한 여인은 '우리 마을 어떡하지'라고 울부짖고 '우리 집 어떡하지'라고 울부짖는다. 축제가 열리던 곳에 시체가 산더미처럼 쌓여있다. 매일 밤 잠드는 곳에 평화가 없다."

환지 연구와 마찬가지로 트라우마 반응을 다룬 의학 연구도 전쟁터에서 시작된 경우가 많다.[74,75] 19세기 프랑스 의사들은 '포탄 충격파 증후군'을 발견했다. 제1차 세계 대전 당시 참호에서 느낀 공포는 영국에서 '폭탄 충격', 독일에서 '수류탄 폭발 마비'를 유발했다. 동남아시아에서 돌아온 퇴역 군인은 '베트남 증후군'에 시달렸다. 현재는 이런 현상을 통칭해 '외상 후 스트레스 장애'라고 부른다. 미국 정신의학의 안내서 DSM-5는 외상 후 스트레스 장애를 8가지 주요 기준과 다수의 부차적인 기준으로 정의한다.[76] 이 기준을 충족하는 방식이 636,120가지라는 사실은 외상 후 스트레스 장애는 다면적[77]임을 암시하지만 그 핵심 증상은 침투적 심상이다. 침투적 심상의 세계적 전문가는 에밀리 홈스 교수다.[78]

홈스는 30년 동안 심상이 지닌 정서적 힘을 연구해 왔다. 그녀는 자신이 말보다 심상에 더 민감하게 반응하는 가정에서 자라다 보니 심상에 대해 특별한 감수성이 있다고 말했다. 심리학을 공부하던 중 그녀는 1년간 미술대학에도 다녔고 웁살라에 있는 자택의 한 층을 스튜디오로 꾸며 사용할 만큼 심상과 이미지 작업에 깊이 몰두했다. 1990년대 런던에서 임상 심리학자로 수련받을 때 그녀는 처음으로 정신적 외상을 불러일으키는 심상으로 인해 극심한 고통을 겪는 환자들을 만났다. 당시 그는 조국에서 탈출하며 끔찍한 경험을 한 난민들을 치료했는데, 그 과정에서 말보다 심상이 정서적으로 훨씬 더 강력하다는 사실을 깨달았다. 그러나 박사 학위를 취득하기 위해 케임브리지대학교를 다닐 때, 지도 교수는 그녀에게 이렇게 물었다. "말보다 심상이 더 강력하다는 것을 증명한 실험이 있나요?" 그런 실험은 없었다.

그래서 홈스는 실험을 설계하는 작업에 착수했다. 초기 연구에서 그녀는 심상이 '정서 증폭 장치'로 기능한다는 사실을 증명했다.[79] 장면을 시각화하면 말로 설명을 듣는 것보다 사건을 상기시키고, 감각을 자극하고, 정서를 유발하며, 자아를 끌어당기는 경향이 있다. 거미를 무서워하는 사람이라면 거미를 볼 때는 물론 상상만 해도 소름이 돋는다.

침입적 심상은 외상 후 스트레스 장애의 핵심 증상이지만 다양한 정신 질환에서도 나타난다. 동물 공포증이 있는 사람은 거미나 뱀을 보는 심상 때문에 몸이 얼어붙고 강박 장애가 있는 사람은 더러운 물건을 떠올리는 심상만으로도 불안을 느낀다. 우울증 환자는 음울한 기억을 반복해 떠올리고, 조증 환자는 들뜬 상태에서 찬란한 미래의 심상을 그린다. 약물 중독자는 바늘, 알약, 술잔 같은 유혹적인 심상을 머릿속에서 떨쳐내지 못한다. 이런 심상은 각 질환에 따라 공포, 혐오(공포증·강박), 슬픔(우울증), 흥분(조증), 갈망(중독) 같은 감정을 증폭시킨다. 그렇다면 왜 외상 후 스트레스 장애에서만 이토록 억누를 수 없는 지워지지 않는 심상이 남는 걸까?

이를 밝히기 위해 홈스 연구팀은 과거의 강렬한 기억이 어떻게 되살아나는지를 실험실에서 관찰하기 위한 대담한 연구를 진행했다.[80] 연구팀은 건강한 참가자들에게 교통사고나 폭력 등 외상을 유발할 수 있는 매우 생생하고 충격적인 영상을 보여주고 그들이 영상을 시청하는 동안 뇌 활동을 fMRI로 스캔했다. 이후 며칠간 참가자들이 일상에서 영상의 장면이 의도치 않게 떠오르는 '플래시백' 경험을 기록하도록 했다. 실제 외상 후 스트레스 장애 환자가 겪는 플래시백과 유사한 침입적 기억을 실험실에서 재현한 것이다.

분석 결과, 플래시백으로 떠오른 장면들은 이를 시청하던 당시 참가자의 뇌에서 특히 강렬한 활동을 일으켰던 영상이었다. 이 연구는 플래시백이 단순히 무서운 장면 때문만이 아니라 뇌가 강하게 반응한 순간이 정서적 기억으로 깊이 각인되기 때문에 발생한다는 사실을 보여주었다. 뇌는 가장 강렬하게 흔들린 순간을 놓치지 않는다. 공포든, 혐오든, 슬픔이든 그 감정이 강력할수록, 뇌는 그 장면을 정서로 각인한다.

나를 잃어버리다

마지막으로 주목해야 할 환각의 원천이 하나 더 있다. 스위스 바젤에 있는 한 실험실에서 화학 연구원으로 근무하던 알베르트 호프만은 어느 날 곡물에 기생하는 균류인 맥각균이 만들어내는 화학 물질을 연구해 보라는 지시를 받았다.[81] 그의 상사는 과거에 맥각균에서 편두통 치료제로 현재도 사용되는 '에르고타민'ergotamine을 분리해낸 적이 있었다. 맥각균에서 유래한 모든 화합물의 핵심은 '리세르그산'lysergic acid이라는 분자였다.

호프만은 1938년, 25번째 리세르그산 유도체인 리세르그산 디에틸아미드LSD-25를 합성했다. 하지만 초기 실험에서 이 물질의 특별한 효과가 관찰되지 않자 그는 다른 연구로 넘어갔다. 그러나 몇 년 후, 무언가에 이끌리듯 호프만은 다시 LSD-25를 연구하기로 결심했다.

1943년 4월, 그는 순수한 LSD-25 결정을 만드는 작업을 진행하고 있었는데 갑자기 '가벼운 현기증과 함께 이상하게 초조한 느낌'을 경험했다.[82] 집으로 돌아와 눈을 감고 누운 그는 "끊임없이 이어지는 환상적인 그림과 강렬한 색채, 만화경처럼 펼쳐지는 기묘한 형상들"을 보았다. 두어 시간이 지나자 이런 증상은 사라졌지만, 그는 크게 당황했다. 평소 합성한 화학 물질과의 접촉을 철저히 피했음에도 이런 경험을 한 것은 "만약 LSD-25가 이 놀라운 경험의 원인이라면, 분명히 남다른 효력을 지닌 물질일 것이다." 그는 결국 자신의 가설을 시험하기 위해 직접 LSD-25를 복용해보기로 결심했다.

같은 해 4월 19일, 호프만은 LSD-25 용액을 소량이라고 생각한 정도로 마셨다. 40분이 지난 후에 그는 '현기증, 불안, 시각 왜곡, 웃고 싶은 충동'을 느끼기 시작했다. 그는 실험실 조교와 나란히 자전거를 타고 집으로 꽤 급하게 돌아왔다(이 사건을 기념하기 위해 전 세계 LSD 연구자와 사용자들은 4월 19일을 '자전거의 날'로 지정했다). 일단 집에 도착하자 "익숙한 물체와 가구가 기괴하고 위협적인 형태로 보였다. 마치 내면의 불안에 떠밀리기라도 한 듯이 끊임없이 움직였다."[83] 설상가상으로 호프만은 자아가 당장이라도 소멸할 것 같은 공포에 사로잡혔다. "악마가 내게 침입해 몸과 마음, 영혼을 빼앗은 것이다." 그는 자기가 만든 창조물에 정복당해 죽게 될 것 같다고 생각했다. 호출받고 온 주치의는 당황스럽게도 호프만의 동공이 확대됐다는 사실 외에는 아무런 이상도 발견하지 못했다.

폭풍은 서서히 잦아들었다. 공포는 "큰 행운과 헤아릴 수 없이 감사한 느낌으로 바뀌었다. 나는 감은 눈 뒤로 계속 펼쳐지는 색채와 본 적 없는 형태의 향연을 즐기기 시작했다. 만화경처럼 환상적인 심상이 차례로 바뀌어 가면서 원과 나선을 그리며 열렸다 닫히기를 반복했다. 모든 소리가 저마다 독특한 모양과 색채를 지닌 생생하게 바뀌는 심상을 만들어냈다."⁸⁴ 다음날 호프만은 '행복감과 새로운 생명'을 느끼며 잠에서 깼다. 정원으로 들어서자 "모든 것이 생생한 빛 속에서 반짝이고 빛났다. 세상이 마치 새로이 창조된 듯했다."⁸⁵

정통 환각제는 두 부류로 나뉜다. LSD는 트립타민tryptamine의 일종으로 마법 버섯의 유효 성분 실로시빈psilocybin 및 남아메리카 원주민이 성찬 의식에 사용하는 음료 '아야와스카'의 성분인 디메틸트립타민dimethyltryptamine과 화학적으로 유사하다. 멕시코 페요테처럼 선인장에서 추출하는 메스칼린Mescaline은 두 번째 부류인 페닐에틸아민phenethylamine계에 속한다. 환각 체험을 다룬 가장 유명한 문학 서술은 영국 작가 올더스 헉슬리가 메스칼린을 접한 경험을 기록한 《지각의 문》이다.⁸⁶ 평소에 헉슬리는 시각화에 서툰 사람이었다. 1953년 화창한 5월 아침 캘리포니아에서 그는 메스칼린 0.4그램을 삼켰다.

10년 전 호프만이 그랬던 것처럼 헉슬리 역시 주변 세계가 변화하는 모습에 깜짝 놀랐다. 하지만 그의 경우는 처음부터 좋은 방향의 환각이었다. 장미, 카네이션, 아이리스가 책상 위에 놓인 꽃병에 꽂혀 있었다. 메스칼린을 복용한 지 90분이 지났을 때 꽃은 '내면에서 뿜어져 나오는 빛'으로 빛났고 의미심장하게 떨렸다. "있는 그대로의 존재 그 이상도 그 이하도 아닌, 영원한 생명인 동시에 덧없고, 영원한 멸망이면서도 순수한 존재였다."⁸⁷ 아이리스는 '지각하는 자수정'이 됐다. 주변 세상이 아름다움과 의미로 가득 차면서 헉슬리는 자신의 자아가 희미해지는 것을 느꼈다. 그는 자신을 둘러싼 물체가 되어 '최고의 명상'을 즐겼다. 나중에 정원으로 걸어 나갔을 때 헉슬리는 "나뭇잎을 내려다보다가 가장 섬세한 녹색 빛과 그림자가 해독할 수 없는 신비로

맥박 치는 동굴 같은 복잡함을 발견했다."88

이런 경험에는 공통점이 있다. 지각이 지극히 생생해지면서 아이의 시선과 같은 신선함과 경이로움을 되찾는다. 시각적 상상력이 자유롭게 펼쳐지고 자아는 한발 물러선다. 그러면서 개인의 인식이 주변과 융합하는 듯한 느낌이 든다. '모든 것이 모든 곳에 편재'89하는 듯한 감각, 만물의 일체성이 느껴진다. 시간이 확장된다. 경험 전체가 경이롭고 의미가 넘친다. 완전히 말로 표현하기는 불가능하지만 인생을 관통하는 심오한 통찰이 찾아오는 듯하다. 감사와 포용적 사랑으로 가득 찬 생각과 감정이 어지러이 뒤섞인다. 많은 관찰자가 지적하듯이 환각 경험은 수많은 종교 전통의 신비주의자가 설명하는 경험과 깜짝 놀랄 정도로 비슷하다.90

헉슬리와 호프만은 환각제를 치료용, 의료용으로 사용할 수 있을지 궁금했다. 1950년대와 1960년대 초에 걸쳐 관련 연구가 집중적으로 이뤄졌지만 약물의 안전성에 대한 염려와 환각제가 체제 전복에 미칠 영향을 걱정한 정부의 불안(LSD 선도자 티모시 리어리는 '취하고, 어울리고, 이탈하라'라고 조언했다)으로 연구 자금 지원이 중지됐다. 1966년 미국식품의약국FDA은 미국 전역의 환각제 연구 60건을 퇴출했다.91 하지만 이 약물은 페요테 선인장, 마법 버섯, 아야와스카를 생산하는 덩굴과 관목, 수많은 지하 실험실, 전 세계 수많은 환각제 사용자의 습관 속에 살아남았다.

최근 연구 덕분에 환각제가 뇌에서 어떻게 작용하는지가 점점 더 밝혀지고 있다. 환각제는 특정한 단백질에 달라붙어 효과를 낸다. 이 단백질은 5-HT2A 수용기라고 불리는데, 세로토닌이라는 신경전달물질을 받아들이는 자리다. 세로토닌은 뇌간에서 만들어져 뇌 전체로 퍼지면서 수면, 각성, 기분 같은 전반적인 상태를 조절한다. 우리가 흔히 사용하는 항우울제도 뇌 속 세로토닌의 양을 늘리는 방식으로 작용한다. 특히 5-HT2A 수용기는 뇌의 겉부분(피질)에 많이 퍼져 있으며 사고와 경험 같은 고차원적인 기능과 깊이 관련되어 있다. 환각제가 이 수용기를 자극하면 뇌의 정보 처리 방식이 크게 달라지면서 독특한 경험이 나타난다.[92,93]

일반적으로 환각제를 투여하면 뇌 활동은 전체적으로 감소하지만 뇌의 시각 영역은 예외다. 시각 영역에서 혈류가 증가하고 시각피질과 뇌의 나머지 부분을 연결하는 정도도 증가한다. 이런 변화는 시각적 환각 경험과 밀접하게 연결되어 있다. 뇌 영역 간의 전반적인 연결은 늘어나는 반면, 앞서 살펴본 디폴트 모드·현저성·집행 네트워크와 같은 주요 네트워크는 오히려 뚜렷하지 않게 묶이며 경직된다. 결과적으로 뇌의 위계적 질서가 한순간에 무너진다. 마치 크리스마스 파티에서 직급과 상관없이 모두가 한자리에 앉아 어울리는 것과 비슷하다. 이처럼 명령 체계가 해체되듯, 뇌의 질서가 흐트러지면서 자아감이 사라지고 모든 사물과 연결된 듯한 일체감이 형성된다.

현재 샌프란시스코대학교 소속으로, 런던의 정신과 의사 데이비드 넛과 함께 이 연구를 주도한 로빈 카하트-해리스는 환각제가 5HT2a 수용기의 정상 기능을 장악한다고 보았다. 발달 중인 뇌에서 이런 수용기는 뉴런과 시냅스 형성을 자극하도록 돕는다. 이후에는 학습에 관여한다. 환각제는 일시적인 '과가소성 상태'를 일으켜 억압된 기억 등 뇌 깊숙이 파묻혀 있던 정보를 떠올리게 하는 동시에 뇌가 불

필요한 가정을 떨쳐내고 스스로 재설계할 기회를 부여한다.⁹⁴

이러한 새로운 관점은 정신 장애 치료에 환각제를 어떻게 응용할지 새롭게 연구하는 계기가 됐다.⁹⁵ 상당수 정신적 고통은 "나는 너무 뚱뚱해. 살을 더 빼야 해." "손을 몇 번이고 다시 씻어야 해."와 같이 근거 없고 강박적인 신념에서 비롯된다. 환각제는 뇌가 경직된 질서 상태에서 일시적인 무질서 상태로 변화하도록 촉진해 이런 질환을 치료하는 데 도움이 될 수도 있다. 난치성 정신 장애에 시달리는 사람이 균형감을 얻고 감각, 주변 환경, 주변 사람들과 다시 연결하도록 도와서 결국에는 '마음을 바꾸도록' 도울 가능성이 있다.⁹⁶ 프랜시스 골턴이 깨달은 바와 같이 환시와 환청은 꽤 흔하다. 지금까지 우리는 사별, 사지절단으로 인한 감각 상실, 꿈, 발작과 섬망, 환청, 외상 후 스트레스 장애, 환각제 복용 후 등 환각이 발생하는 다양한 경우를 살펴봤다. 누구나 일상생활에서 한 번쯤은 환시를 경험한다.

환시가 일어나는 데는 두 가지 요인이 크게 작용한다. 첫째는 뇌의 감각 영역이 얼마나 강하게 흥분하느냐다. 앞에서 본 것처럼 감각이 차단될 때 역설적으로 흥분이 높아질 수 있다. 정서 변화나 뇌전증·정신병, 수면, 약물로 인한 신경화학물질의 급격한 증가로도 흥분도가 높아질 수 있다. 둘째는 현실과 상상을 분별하는 능력인데, 이는 정상적인 사고에 필수적이지만 의외로 불안정하다. 이 주제는 다음 장에서 자세히 살펴볼 것이다.⁹⁷

환시는 흔하다. 환시는 우리 뇌가 끊임없이 창의적이고 생산적인 활동을 하고 있으며, 우리 마음에서 의미를 찾는 부단한 노력이 이루어지고 있다는 증거다.

"…망상은 …

정신 이상의 필수 조건이다."

J. 질린과 A. S. 데이비드

8장.
망상과 히스테리 : 뇌의 반칙

"제 뇌는 불타버렸습니다."

어느 날, 정신과 병동에서 걸려온 전화는 너무 기묘해서 마치 블랙 유머처럼 느껴졌다. 처음에는 잘못 들은 줄 알았다.

"우리 병동에 뇌사 상태 환자가 있는데 와서 좀 봐주실래요?"
"정신과 병동에 뇌사 환자가 있다고요?"
"아뇨, 교수님, 자기가 뇌사라고 믿는 환자예요."

이제 요청의 의미를 어느 정도 이해했지만 여전히 완전히 이해가 되지는 않았다.

"자기가 뇌사라고 믿는다면 그 자체로 틀린 말이잖아요."
"맞아요, 그래서 언제 오실 수 있어요?"

그날, 그레이엄이라는 이름의 환자와 처음 대화를 나누고 이어서 몇 차례 더 만나면서 정신과 의사에게는 아주 익숙하지만 신경과 의사인 나에게는 새롭고 놀라운 난제에 직면하게 됐다. 바로 망상의 신비였다.

그레이엄은 일 년 넘게 중증 우울증에 시달리고 있었다. 아내가 떠났고, 일터에서 쓰러졌으며 직장 복귀하기가 두려웠다. 그는 이동식 주택에 살고 있었는데 "끔찍해" 했다. 스스로 생을 마감하기로 결심한 그레이엄은 처음에는 욕조에 헤어드라이어를, 다음에는 전기난로를 빠뜨렸다. 그 결과로 입은 신체적 상해는 손가락에 생긴 가벼운 화상뿐이었지만 그레이엄은 자살 시도 과정에서 뇌가 죽었다고 확신하게 됐다. 나는 그레이엄에게 왜 그렇게 생각하는지 물었다. 그는 이렇게 설명했다.

"냄새도 맛도 느낄 수가 없어요. 먹거나 마실 필요도 없죠. 담배를 피워도 아무런 느낌이 없어요. 말도 하기 싫어요. 할 말이 없어요. 아무런 생각도 들지 않고 잠도 오지 않아요. 뇌가 더는 존재하지 않아요. 욕실에서 태워버렸거든요."

"하지만 그레이엄 씨, 제가 하는 말이 들리고 제가 하는 질문도 이해하잖아요. 답변도 논리적으로 할 수 있고요. 지금도 온전하게 깬 상태로 의자에 반듯하게 앉아 있어요. 뇌가 작동한다는 증거죠."

그레이엄은 나를 보면서 생각에 잠겼다. 나는 내가 제대로 설득하고 있다고 생각했다. 그는 어렴풋이 미소를 지었다.

"그렇게 생각할 수도 있겠네요." 그가 말했다. "하지만 실제로 내 뇌는 죽었어요."

그는 자신의 정신 상태에 묘한 호기심을 나타내는 나를 멋진 유머 감각으로 받아주는 친절한 사람이었다. 우울증 치료에 적극적으로 임했지만 그레이엄의 망상은 몇 년 동안 이어졌다. 우울증은 그의 기이한 믿음이 싹트게 된 토대였다. 그는 무기력하고 불안하고 죄책감에 시달렸다. 잠을 자거나 집중하는 데 어려움을 겪었다. 하지만 그의 경험에서 가장 심각한 변화는 삶에서 욕구와 쾌락이 완전히 사라졌다는 것이었다. 더는 그 무엇도 중요하지 않았다.

그가 "뇌가 죽었다"고 믿은 것은 사실이 아니었다. 그 확신을 떠올리던 바로 그 순간에도 그의 뇌는 분명히 살아 있었다. 그러나 전혀 이해할 수 없는 일만은 아니었다. 그것은 세상 속에서 자신이 존재한다는 기본적인 감각이 갑작스럽게 달라지면서, 그 변화가 왜곡된 믿음으로 드러난 것이었다.

망상은 개인의 사회적, 문화적 배경과 어울리지 않는 고정된 거짓 믿음이다.[1] 다른 측면에서는 합리성이 유지되는 듯이 보이는 데도 환자를 설득해서 믿음을 바꾸기가 거의 불가능하다는 뜻에서 망상은 '고정'되어 있다. 그레이엄과 대화를 나눌 때 가장 의아했던 측면이 이 부분이었다. 다른 모든 통상적 논리는 통하는 듯 보이다가도 "뇌가 죽었다"는 확신은 도저히 뚫을 수가 없었다. 망상은 우리 대부분이 동의하는 현실과 어긋나 있다는 점에서 거짓이다. 그레이엄의 망상은 '코타르 망상'●의 현대판으로 자신이 더는 존재하지 않는다는 믿음, 즉 '부정의 망상'이다.[2] 이는 노골적으로 자기모순을 드러낸다는 측면에서 이례적이다. 존재하지 않는 대상을 마치 존재하는 듯이 지각하게 되는 환각과 더불어 망상은 현실을 제대로 인식하지 못하는 어지러운 마음 상태이다. 망상은 '정신 이상의 필수 조건'으로 여겨진다.

망상delusion이라는 용어는 '부정한 짓을 하다'라는 의미의 라틴어 데루데레delude에서 유래했으며 여기에서 파생된 동사, 현혹하다 delude라는 말은 '마음이나 판단을 속이고, 이용하고, 오도한다'는 뜻이다.[3] 망상은 광범위해서 24개의 폭넓은 범주로 나누는 분류법이 있을 정도다. 하지만 망상에 공통적인 특성이 두 가지 있다. 첫째, 확연하게 기묘하고 둘째, 일반적으로 개인적이다.[4,5] 망상은 보통 자기 자신 혹은 자신과 매우 가까운 사람에 관한 믿음과 관련이 있다. 예를 들어 "나는 신이다." "나는 음모의 희생자다." "나에게 끔찍한 냄새가 난다." "텔레비전이 나를 조종한다." "내 창자가 녹고 있다." "나는 죽었다." "내 배우자는 악마다." "내 배우자가 자기 생각을 내 머리에 주입하고 있다." "내 배우자는 내 눈앞에서 사라지지 않으면서도 끊임없이 바람을 피운다." 같은 생각이다.

망상을 다룬 훌륭한 책[6]을 쓴 정신과 의사 피터 매케너는 망상을 두 가지 주요한 형태, 즉 '관계 망상'과 '명제적 망상'으로 구분했다. 첫째는 중립적인 사건에 특별한 의미를 부여하는 망상이다. "어떤 환자가 카페에서 종업원을 발견했습니다. 종업원은 환자 옆을 아주 빠르고 기묘하게 지나쳐 갔습니다. 한번은 오래 알고 지낸 지인의 행동에서

◐ 1880년 프랑스 신경정신과 의사 쥘 코타르가 처음 보고한 것으로 자신이 죽었다고 믿거나, 존재하지 않는다고 느끼거나, 신체 장기가 없어졌다고 확신하는 망상을 특징으로 희귀한 정신병적 증후군.

낯선 기운을 감지했다. 길거리에 있는 모든 것이 너무 달라서 무슨 일이 일어날 것만 같았습니다. 지나가는 사람들의 말이 모두 저에 관한 이야기처럼 들렸습니다." 이런 증상은 '관계 망상' 혹은 '오해 망상'의 싹이 된다.

망상의 또 다른 큰 범주인 '명제적 망상'은 이렇게 평범한 사건에 특별한 의미를 덧씌우는 경험과는 다르다. 그레이엄의 믿음이 공허감에서 비롯됐듯이 어떤 망상은 다른 증상에서 내용을 끌어낸다. 노벨상을 수상한 수학자 존 내시[••]는 자신이 '신의 왼발'이자 미래의 '남극 황제'라고 믿었다. 이처럼 갑자기 생겨난 것처럼 보이는 믿음이 명제적 망상의 한 형태다. 이런 유형의 망상은 그 범위가 사실상 무한하며, 그 한계를 정하는 것은 오로지 우리의 상상력뿐이다.[7,8]

상상과 현실을 지속적으로 혼동한다면 마음과 뇌에서 믿음을 형성하는 매커니즘에 결함이 있다는 뜻이다. 이 생각을 중심으로 인지신경정신의학Cognitive Neuropsychiatry이라는 새로운 연구 분야가 탄생했다.[9] 평범하고 올바른 믿음이 어떻게 형성되는지를 연구하고 그 과정이 망상으로 이어지는 동안 어떻게 흔들리는지를 살펴본다면 망상이 생겨나는 원리를 이해할 수 있을 것이다. 반대로 망상의 뇌적 근원을 탐구한다면, 진실한 믿음을 지탱하는 신경학적 기반에 대해서도 새로

●● 존 내시는 게임이론으로 노벨경제학상을 수상한 수학자로 조현병을 앓으면서도 탁월한 학문적 업적을 남겼다. 그의 삶은 영화 《뷰티풀 마인드》로도 잘 알려져 있다.

운 통찰을 얻을 수 있을지 모른다.

이런 방식으로 가장 집중적으로 연구된 망상은 카그라스 증후군 Capgras syndrome, 즉 '이중인 착각'이다. 이 기이한 망상에 시달리는 사람은 가족 중 한 명 이상이 낯선 사람과 바꿔치기당했다고 믿는다. 예를 들어 배우자의 외모, 복장, 행동이 바꿔치기가 발생하기 전과 똑같다고 인정하면서도 교묘한 속임수가 작용했다고 주장하면서 같이 살고 있는 사람이 더는 진짜 자기 배우자가 아니라고 믿는다. 이런 현상은 '단일주제 망상', 즉 단일하고 고정된 거짓 믿음으로 나타날 수 있다. 영국의 심리학자이자 얼굴 지각 전문가인 앤디 영이 이 증상에 대한 실마리를 제시했다.[10] 뇌의 얼굴 인지 영역(측두엽의 방추상회)에 손상을 입은 후 익숙한 얼굴을 알아보지 못하는 사람이더라도 익숙한 얼굴을 보면 피부 전도도 변화가 나타난다는 사실은 이미 잘 알려져 있다. 땀 분비 정도를 측정하는 피부 전도도 변화는 신체 각성 정도를 나타내는 지표로 뇌의 의식적인 인지가 없을 때에도 익숙한 얼굴을 알아보는 듯하다. 앤디 영은 카그라스 증후군에서 정반대 현상이 일어나는 것은 아닌지 궁금했다.

만약 배우자를 인지하지만 평소에 여기에 따르는 신체 반응이 나타나지 않는다면 어떻게 될까? 자기 자신이 아니라 배우자에게 문제가 있다고 추론할 수 있다. 겉보기와 달리 아무런 신체 반응을 일으키지 못하는 이 사람이 자신의 배우자일 수는 '없다'고 판단하는 것이다. 몇몇 연구에 따르면 실제로 카그라스 증후군 환자는 익숙한 얼굴에 으레 나타나는 피부 전도 반응을 보이지 않았다.

이런 반응이 카그라스 망상을 일으키는 계기가 될 수도 있지만,

대부분의 사람은 남편이나 아내에게 뭔가 이변을 느낄 때 차분하게 이야기를 나눌 것이다. 적어도 상대방이 가짜와 뒤바뀌었다는 결론을 내리기 전에 두 번, 혹은 몇 번이고 곰곰이 생각할 것이다! 게다가 설령 이런 생각이 진짜 가능성이 있다고 느껴지더라도 달리 의심을 뒷받침할 증거가 없다면 결국 떨쳐내지 않을까? 이런 냉정한 고찰 속에서 제안된 것이 바로 망상의 '2요인 이론'이다.[11]

첫 번째 요인은 경험의 변화다. 예를 들어 사랑하는 사람의 얼굴을 보았는데도 평소처럼 따뜻한 직감이 전혀 일어나지 않는 경우, 이런 낯선 경험이 망상의 불씨가 된다. 하지만 불씨만으로는 큰 불길이 되지 않는다. 망상이 자리를 잡고 커지려면 두 번째 요인이 필요하다. 그것은 바로 믿음을 점검하고 고쳐 잡는 능력의 상실이다. 보통이라면 "내가 왜 이런 느낌을 받지?" 하고 의심해 볼 수 있어야 하지만 이런 기능이 무너지면 비현실적인 생각이 그대로 믿음으로 굳어져 버린다. 지금까지의 연구는 이 두 번째 요인이 사고와 행동을 조절하는 전두엽의 기능 장애와 관련이 있다고 보았다. 요컨대 첫 번째 요인은 망상의 유형마다 달라질 수 있지만, 두 번째 요인은 거의 모든 망상에 공통적으로 작용한다고 여겨진다.

모든 망상 이론은 결국 가장 심각하고 무서운 증상을 동반하는 대표 질환인 조현병 영역에서 그 타당성이 판가름 난다. 망상, 환각, 사고 장애(일관성 없는 생각의 흐름으로 나타난다)는 조현병의 핵심 증상이다. 조현병은 단일 질병이라기보다 증후군 또는 여러 질환을 아우르는 질환군으로 보는 편이 타당하다. 조현병 환자 중 60~70퍼센트는 중립적인 사건이 자신에게 특별한 의미를 갖는다고 믿으며(관계망상),

30퍼센트는 종교적 망상이나 과대망상을 경험한다.¹² 2요인 이론이 이러한 다양하고 다원적인 조현병의 망상을 설명할 수 있을까?

발병 초기 단계에서 경험에 뚜렷한 변화가 나타나는 경우가 종종 있다. 카를 야스퍼스는 이 변화를 '망상 기분'의 시작이라고 표현한 바 있다. "환경이 크게 달라진 것은 아니지만 뭔가 다르다. 지각 그 자체가 바뀌지는 않았지만 모든 것을 미묘하면서도 만연하고 이상할 정도로 불확실한 빛으로 감싸는 변화가 있다."¹³

만약 '망상 기분'이 조현병에서 나타나는 첫 번째 요인, 즉 관계망상의 밑바탕이 되는 경험 변화라면, 두 번째 요인은 무엇일까? 그 가능성은 다양하다. 조현병 환자에게는 흔히 전반적인 인지 능력 저하가 나타나고, 전두엽 기능의 약화와 더불어 뇌 다른 영역과의 연결성에도 변화가 있다는 증거가 보고되고 있다. 하지만 이런 변화와 망상의 직접적인 관계를 밝히려는 시도는 아직 성공하지 못했다.¹⁴ 최근 정신병 발병 시 무슨 일이 벌어지는지 밝히고자 하는 다른 접근법이 주목을 받고 있다. 이 접근법은 이 책의 주제와 아주 가까이 맞닿아 있다.

예측 오류로 시작되는, 조현병

'하나의' 신경화학물질만으로도 환각과 망상이라는 전혀 다른 증상이 동시에 일어날 수 있다. 이렇게 보면, 마치 단 하나의 요인만으로도 이런 복잡한 증상들이 모두 설명될 수 있는 것처럼 보인다. 대용량의 암페타민amphetamine(뇌 안에서 신경전달물질 도파민 분비를 증가시키는 물질)은 정신병을 유발할 수 있다. 정신병을 치료하는 약물 대다수가 뇌에서 도파민 작용을 차단하므로 도파민은 오랫동안 조현병에 중요한 역할을 한다고 여겨졌다.

도파민은 뇌에서 동기 부여와 보상을 담당한다. 이런 역할 때문에 도파민은 망상적 기분에서 중립적인 사건에도 과도한 중요성과 의미를 부여하는 현상인 현저성salience을 만들어내는 주요 원인으로 꼽혀 왔다. 또한 펜시클리딘phencyclidine, 일명 '에인절 더스트angel dust'와 케타민ketamine 같은 길거리 약물도 정신병을 유발할 수 있다. 이 두 약물은 모두 주요 신경전달물질인 글루타메이트glutamate의 작용을 억제한다. 최근에는 글루타메이트와 관련된 또 다른 단일 요인이 밝혀졌다. 자가면역질환에서 면역 체계가 자신의 조직을 적으로 오인해 항체를 만들 듯 어떤 사람들은 글루타메이트가 세포 사이를 오갈 때 이를 받아들이는 단백질(수용체)을 공격하는 항체를 생성한다. 그 결과 '자가면역뇌염'이라는 심각한 질환이 나타난다.[15]

자가면역뇌염은 집중치료실 치료가 필요한 심각한 질병이지만 처음에는 대부분 짧은 기간의 정신병 증상으로 시작한다.[16] 예를 들어, 자신의 아기가 죽었다고 믿고, 배우자가 자신에게 불리한 음모를 꾸미고 있다고 확신해 더블린의 병원에 입원한 젊은 엄마가 있었는데, 그녀의 진단명이 자가면역 뇌염이었다.[17] 만약 '단 한 방'으로 정신병을 일으킬 수 있다면 그 궁극적 표적은 뇌의 어느 지점일까?

정신과 의사들이 이를 설명하고자 제안한 아이디어들은 지각과 상상, 창조를 서로 연결하면서 이 책을 관통하는 주제를 현대적 시각으로 표현한 것이다.[18, 19] 이야기는 이런 식으로 진행된다.

뇌는 어둡고 조용한 두개골 속에 갇혀 있다. 뇌는 외부에서 들어오는 신호를 이해하고 그것을 몸의 요구를 충족하도록 활용하는 역할을 수행한다. 뇌는 세상과 몸속에서 무엇을 만나게 될지를 태어날 때부터 어느 정도 예측한다. 그렇지 않으면 뇌는 태어났을 때 만나는 햇빛, 엄마, 배고픔, 우유처럼 반복되는 자극 패턴을 감지, 학습하며 살아가야 한다. 이런 이해 과정은 능동적이며 효과적인 행동이라는 최종 목표에 따른다. 뇌는 항상 탐색을 하고 그 너머에 무엇이 있는지에 관한 가설을 시험한다. 시간이 흐르면서 뇌는 이 세상과 세상에서 살아가는 신체의 구조와 행동을 파악하는 내부 모델을 개발한다. 이런 모델은 경험의 기초를 형성하는 예측을 생성한다는 의미에서 생성형generative model이다. 기는 법 배우기부터 책 쓰기에 이르기까지 새로운 모험을 시작할 때마다 우리 뇌는 앞으로 일어날 일과 다음에 해야 할 일을 예측하기 위해서 수많은 기대를 쏟아낸다. 예측과 다른 결과가 나오면 기꺼이 예측을 갱신한다. 이렇게 내부 모델을 계속 최적화해 다음에는 더 효율적으로 우리를 이끌어 놀라움을 줄이려 한다.[20,21] 그러나 완전한 '확실성'은 결코 얻을 수 없다. 뇌가 내놓는 예측은 언제나 현재 증거를 토대로 한 최선의 추측일 뿐이며, 그 확신도 정확성도 한정적이다.

여기까지는 익숙한 이야기일 것이다. 그러나 이 개념을 현대의 예측 부호화 뇌 기능 이론Predictive Coding Theory of Brain Function에 적용해 보면, 이 이론이 신경계의 모든 단계에서 작동하며 수학적 언어로도 표현될 수 있음을 알 수 있다.[22] 우선, 뇌에서 정보 전달은 항상 양방향으로 이루어진다는 점을 기억하자. 예를 들어 A 영역이 B

영역에 정보를 보내면, B 영역도 반드시 응답한다. 시각 입력이 일차 시각피질에 도착하는 순간부터, 전두엽의 가장 끝부분에서 고도로 추상적인 연산이 이루어질 때까지 뉴런들은 항상 다음에 무슨 일이 일어날지 예측하고, 그 예측을 외부 세계, 체내, 혹은 뇌의 하위 수준에서 들어오는 실제 정보와 대조해 검증한다(그림 33). 이때의 예측을 '사전

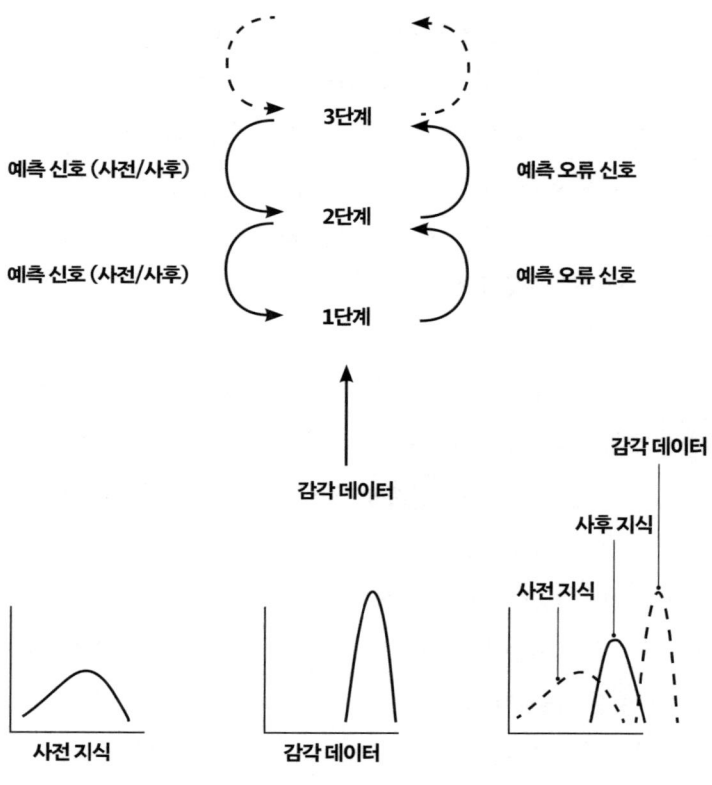

그림 33. 예측 부호화 뇌 기능 이론

지식'이라 부르며, 뇌는 이를 감각 데이터와 비교한다. 만약 사전 지식과 감각 데이터가 일치하면, 조정이 필요 없으므로 모든 것이 순조롭게 진행된다. 그러나 일치하지 않을 경우, 뇌는 예측 오류를 기록한 뒤, 기존의 지식과 새로운 감각 데이터를 비교하고 조정해 새로운 '사후 지식'을 만든다.

이 조정 과정의 세부 사항은 뇌가 사전 지식과 감각 데이터 중 어느 쪽을 더 신뢰하느냐에 따라 달라진다. 예를 들어, 감각 데이터에 대한 신뢰도가 높으면 뜻밖의 사후 지식도 기꺼이 받아들인다. "정말 우리 프레드 삼촌이네. 난 삼촌이 입원해 있는 줄 알았는데!"

반면, 감각 데이터에 대한 신뢰도가 낮으면(예를 들어 해 질 녘 먼 곳에서 사람 얼굴을 볼 때) 사전 지식이 이길 가능성이 높다. "당연히 프레드 삼촌일 리 없지." 실제로 삼촌이 다가와 어깨를 두드리기 전까지는 그를 알아보지 못할 것이다.

신경계의 하위 수준에서의 사전 지식은 예를 들어 시각의 특정 윤곽이 시야의 특정 지점에서 서로 인접해 있을 것이라는 비교적 구체적인 기대다. 반대로 상위 수준의 사전 지식은 "나는 친절한(혹은 통명스러운) 사람이야." "프레드 삼촌은 지금 고관절 치료를 받고 있어."처럼 포괄적이고 추상적인 기대를 포함한다. 이러한 뇌의 예측 모델은 뇌가 얼마나 역동적이고, 능동적으로 탐구하며, 끊임없이 의미를 추구하는지를 잘 보여준다. 또한 우리가 무언가를 지각할 때 예측과 기대, 상상이 항상 작동하고 있다는 것을 시사한다.

예측 부호화 뇌 기능 이론은 지각과 행동을 연결한다. 뇌는 예측 오류를 해소하는 두 가지 방법을 갖고 있다. 하나는 사전 지식을 수정해 감각 관찰과 일치시키는 것, 또 다른 하나는 자신의 행동을 바꿔 현실을 사전 지식과 일치하도록 만드는 것이다.

마지막으로, 예측 부호화 이론은 지각과 믿음의 경계를 모호하게 만든다. 이는 지각이 늘 기대에 의해 좌우되며, 지각과 믿음이 같은 체계 속에서 동시에 형성되기 때문이다. 그렇다면, 이 모든 예측 부호화의 설명이 정신병과는 어떤 관련이 있을까?

정신병을 예측 부호화 이론으로 탐구하는 연구자들은 이 접근을 통해 환자의 경험, 행동 변화, 뇌의 근본적인 동요를 하나로 엮어 정신 질환의 과정을 설명할 수 있기를 기대한다. 과거 인지신경정신의학이 '망상의 2요인 이론'을 제시했다면, 예측 부호화 이론은 오늘날 계산신경의학Computational Neuropsychiatry 의 최전선에 서 있다. 그렇다면 연구자들의 바람은 이루어졌을까? 아직 결론을 내리기에는 이르다.

조현병 초기 단계에서는 사전 지식의 정확성(사전 지식에 대한 신뢰도)이 비정상적으로 낮은 반면 감각 데이터의 정확성이 비정상적으로 높다.[23] 이는 망상 상태인 뇌와 비슷하다. 즉 중립적인 사건에 과도한 의미를 부여하는 한편, "세상은 그럭저럭 무해하다"와 같은 일반적인 믿음은 깎아내린다. 이처럼 사전 지식을 바탕으로 앞으로 무슨 일이 일어날지 예측하는 데 서툴러지면 세상은 불안을 부추기는 곳이 된다. 많은 조현병 환자에게서 이와 비슷한 현상이 일어난다는 다양한 증거가 있다. 관계망상(아무 상관없는 대화가 '나에 관한' 이야기라고 믿는)과 환청은 부정확한 사전 지식과 지나치게 민감한 감각 때문에 생겨날 수 있다.

한편, 정신병에서는 오히려 지나치게 강력한 '사전 지식'이 작용한다는 증거도 있다.[24] 이는 직관적으로 이해할 수 있다. 앞서 살펴본 많은 환시(예를 들어 사랑하는 사람을 잃은 뒤 겪는 환시, 감각이 거의 차단된 고립 상태에서 나타나는 환시, 파킨슨병 환자에게서 나타나는 환시)는 공통적으로 '예측이 실제 감각 입력을 압도한 경우'다.

2017년, 알베르토 파워스 연구팀은 이러한 관점을 뒷받침하는 흥미로운 실험 결과를 〈사이언스〉에 발표했다.[25] 이 연구는 환각이 단순히 감각 신호가 잘못 전달된 결과가 아니라, 뇌가 이미 갖고 있던 기대나 신념이 지나치게 강해져 실제 감각 위에 덮어씌워질 때 발생할 수 있음을 보여주었다. 즉, '마음속에서 이미 알고 있다고 믿는 것'이 너무 강력하면, 눈과 귀로 받아들이는 현실조차 그 틀에 맞춰 재구성되는 것이다.

파워스 연구팀은 이를 확인하고자 환각 경험이 있는 조현병 환자와 그렇지 않은 대조군을 대상으로 음성 인식 과제를 실시했다. 연구 참가자들에게 희미하거나 잡음 섞인 소리를 들려주면서 동시에 특정 단어가 화면에 제시되면, 환각 성향이 강한 사람들은 실제로 그 단어 소리를 듣지 않았더라도 뇌가 스스로 그 단어를 '들었다'고 보고하는 경향을 보였다. 다시 말해, 기대expectation가 실제 감각 입력보다 우위를 점하며 지각을 재구성한 것이다. 이 실험은 환각이 뇌의 단순한 오류가 아니라, 예측과 믿음이 감각을 압도하면서 생겨난다는 사실을 잘 보여준다.

환각은 대부분 혹은 모든 사람에게 실험으로 '조건화'할 수 있다. 섬광이 반짝인 다음에 듣기 힘든 소리가 난다고 가르치면, 섬광에 노출됐을 때 그 소리가 들리지 않아도 들리는 것처럼 느끼게 된다. 이 효과는 환각을 겪는 사람에게 더 강하게 나타난다. 이는 환청에도 똑같이 적용할 수 있다. 흥미롭게도 뇌 속 도파민 농도 상승은 이런 효과를 강화한다.[26] 따라서 사전 경험은 건강한 사람에게서도 환각을 유발할 수 있고 정신병 환자는 다른 사람보다 더 환각을 일으키기 쉽다.

이처럼 '약한 사전 지식'과 '강한 사전 지식' 사이의 모순은 실제보다 더 뚜렷하게 드러날 수도 있다.[27] 정신병의 예측 부호화 이론을 지지하는 연구자들은 이 두 현상이 사실은 같은 '신경 위계 구조'의 서로 다른 수준에서, 혹은 뇌의 여러 처리 경로에 걸쳐 동시에 존재할 수 있다고 설명한다. 다시 말해, 약한 사전 지식과 강한 사전 지식이 서로 배타적인 것이 아니라, 뇌의 다른 층위에서 나란히 작동할 수 있다는 것이다.

물론 모든 정신병 증상을 하나의 단일 이론으로 설명하려는 시도 자체가 무리일 수 있다. 정신병 증상은 시간이 흐르면서 변화하는 경향이 있기 때문이다. 예를 들어, 초기에는 강렬한 환각과 아직 확신이 굳지 않은 망상이 나타나지만, 시간이 지나면 환각은 줄어들고 대신 뿌리 깊은 확신을 동반한 망상이 자리 잡을 수 있다. 이렇게 뇌처럼 복잡하고 역동적인 체계에서 초기의 작은 교란이 발생하면, 그 여파로 원래 원인과는 상당히 거리가 있는 조정과 보상 작용이 오랜 시간에 걸쳐 퍼져나가게 된다.

예측 부호화 이론은 뇌의 기능과 장애를 이해하려는 야심차고 포괄적인 시도다. 경험과 행동, 신경 활동을 하나로 묶어 설명하려는 이론의 목적은 직관적으로도 매력적이며, 깊이 있는 통찰처럼 보인다.

그러나 그 가능성이 실현될지 아니면 또 다른 허황된 꿈으로 끝날지는 이 아이디어를 구체적 모델로 시험하려는 현재의 연구가 어떤 결과를 내놓느냐에 달려 있다.

이번 장의 처음으로 돌아가보자. 자신의 뇌가 죽었다고 믿는 그레이엄은 어떻게 됐을까? 자신의 경험이 어떻게 변화했는지 털어놓은 그레이엄의 설명은 무척 이상하고도 설득력이 있었다. 나는 벨기에 신경학자인 스티븐 로리스에게 전화를 걸었다. 그는 변성 의식 상태를 뇌 영상으로 진단하는 전문가다. 그레이엄에게 흥미를 느낀 로리스는 그와 담당 간호사를 리에주에 있는 영상 센터에 초청했다. 그는 그레이엄의 뇌영상 분석 결과에 깜짝 놀랐다. 디폴트 모드 네트워크 대부분을 포함한 그레이엄의 피질 중 광범위한 영역에서 뇌 활동이 보통 마취 상태에서만 볼 수 있는 수준으로 떨어져 있었다.[28] 단일 사례에서 얻은 결과는 신중하게 다뤄야 하지만, 적어도 그레이엄의 사례에서는 "코타르 망상으로 밝혀진 사고와 경험의 심각한 교란은 지속적인 자아감을 관장하는 뇌 영역의 심각한 교란을 반영"한다고 결론 내릴 수 있다.

그레이엄의 뇌 영상 스캔 결과는 2요인 이론의 두 가지 요인, 즉 경험의 변화와 믿음을 평가하는 기능 장애를 뒷받침할 타당한 근거로 보였다. 하지만 망상이 꼭 영원히 지속되는 것은 아니다. 아주 느렸지만 상황은 나아졌다. 그레이엄은 점차 자기 자신을 건사하고 작은 즐거움을 누릴 수 있게 됐다. 그는 자신의 뇌 상태가 개선됐다는 사실을 받아들였고 더는 나에게 진료를 받을 필요가 없어졌다. 마지막으로 진료실에서 만난 그는 내게 "지금 살아 있는 것만으로도 행운이에요"라고 말했다.

히스테리를 둘러싼 논쟁들

　데이비드 마스덴이 정오에 만나서 최근에 입원한 환자(토비라고 하자)를 보러 가자고 했을 때 나는 조금 긴장했다. 마스덴 교수는 1990년대 당시 일류 신경과 의사였다. 언제나처럼 상냥하고 활기찼던 그는 우리를 이끌고 병원의 굽은 계단을 올라 병동으로 걸어갔다.

　토비는 이해하기 힘든 운동 장애를 호소했다. 가끔씩 왼쪽 팔다리가 쭉 펴지면서 흔들리는 증상이 나타났다. 경련은 끔찍했고 불편했다. 그러나 원인을 전혀 알 수 없었다. 원인 규명이 우리가 할 일이었다. 의료진이 토비의 침대 발치에 서 있는 가운데 나는 그의 병력을 간략하게 설명했다. 마스덴 교수가 토비의 왼쪽 어깨에 손을 얹고 다정하게 쳐다보면서 말했다. "내 경험상 '여기'를 꾹 누르면 이런 움직임을 유발할 가능성이 높습니다." 마스덴이 부드럽게 왼쪽 어깨를 마사지하자 토비의 왼쪽 팔다리가 앞으로 쭉 뻗어 나오더니 심하게 흔들렸다. 마스덴은 손을 반대편으로 옮겼다. "반대로 이쪽 어깨를 꾹 누르면 움직임이 가라앉습니다." 그러자 토비의 팔다리는 떨림이 금세 멎고 편안해졌다. "생각했던 대로네요." 그가 말했다. "닥터 지먼과 환자분 사례를 의논할 겁니다. 나중에 다시 설명하러 오겠습니다."

　데이비드 마스덴은 뛰어난 의사였지만 그 역시도 19세기 말 프랑스 신경학자 장 마르탱 샤르코를 만났더라면 어느 정도 경외감을 느꼈을 것이다. 샤르코는 오늘날 우리가 알고 있는 여러 신경계 질환을 설명하고 이름을 붙였으며, 질환의 임상 증상과 징후를 뇌 구조 변화와 연관지었다. 그는 해부실에서 명백한 근거를 발견하지 못했더라도 확실하게 신경학 문제라고 여긴 질환에도 많은 관심을 기울였다. 지난

2,000년 동안 전임자들이 그랬듯이 샤르코 역시 그런 질환을 통칭해 히스테리hysteria라고 불렀다.²⁹ 그는 히스테리도 뇌전증이나 편두통처럼 뇌 기능의 역동적이고 변동적인 장애에서 비롯된 결과이며, 환자의 타고난 유전적 특성과 관련이 있을 것이라고 보았다.

하지만 말년에는 그답지 않은 의심이 그의 믿음을 흔들어 놓은 듯하다. 샤르코는 조교였던 조르주 기농을 마지막으로 만났을 때 히스테리에 관한 자신의 견해를 '전면적으로 재검토'할 필요가 있다고 말했다. 사망하기 전 해에 샤르코는 제자 중 한 명이 쓴 책의 서문에서, 기존 자신의 생각과는 반대로 "히스테리는 대부분 정신 질환이다"라고 썼다. 이는 평생 히스테리를 뇌의 기능 장애, 곧 신경 질환으로 보아온 그의 입장을 스스로 흔드는 발언이었다. 바로 이 점에서 샤르코의 망설임은 시사하는 바가 크다. 오늘날에도 여전히 널리 볼 수 있는 히스테리는 수천 년 동안 의학계의 가장 풀기 힘든 수수께끼 중 하나다.

자궁(그리스어로 히스테라hystera)이 문자 그대로나 비유적으로 체내를 돌아다니면서 공황, 실명, 경련, 마비에 이르는 다양한 증상을 일으킨다는 생각은 고대로 거슬러 올라간다.³⁰ 이 이론의 심각한 문제점 중 하나는 이 질환의 환자 중 20퍼센트에서 40퍼센트가 자궁을 가진 적이 없는 남성이라는 사실이다!³¹ 중세에는 주술, 빙의, 불경한 성행위가 히스테리의 유력 용의자로 떠올랐으나 17세기에 이르면서 원인을 설명할 때 마음과 뇌에 초점을 맞추기 시작했다. 지금은 의료 현장에서 '히스테리'라는 용어를 거의 쓰지 않는다. 심인성 장애, 정신 신체적 질병, 의학적으로 설명할 수 없는 증상, 질병 행동, 신체형 장애 등 꼽자면 끝이 없을 정도로 이를 가리키는 용어는 증상만큼이나 다양하다. 기능 장애functional disorder라고 부른다.[32, 33] 빈번한 명칭 변경은 근본적인 곤혹스러움을 반영한다고 볼 수 있다. 이렇게 다양한 용어가 가리키는 장애는 무엇일까?

신경과 의사는 언뜻 보기에 경련, 갑작스러운 마비, 감각 상실을 동반하는 뇌전증, 뇌졸중, 다발성경화증 같은 전형적인 신경 질환으로 보이지만, 검사 결과 그런 증거가 없는 환자도 적지 않다. 그러면 자연스럽게 그들이 거짓말을 하고 있는 것은 아닌가하는 의문이 든다. 우리 인간은 모방에 대단히 뛰어나다. 이런 증상이 일종의 연극이나 연기는 아닐까? 이는 뿌리 깊은 의문이지만 이런 질환에 시달리는 환자를 치료하는 경험이 풍부한 임상의들은 오히려 환자 대다수가 자신의 증상을 염려하고 불안해한다고 일관되게 대답한다. 즉 그런 증상이 저절로 일어나는 것일 뿐 환자가 일부러 하는 행동이 아닌 비자발적 증상이라는 뜻이다.[34]

이런 기묘한 장애에 관한 또 다른 사실은 기능 장애를 이해하는 데 중요한 단서가 될 수 있다. 기능 장애는 단독으로 나타나기도 하지만, 한 번 기능 장애를 겪은 사람에게는 시간이 지나 다른 형태의 기능 장애가 이어서 발생하는 경우가 흔하다. 꼭 그런 것은 아니지만 주의 깊게 살펴보면 현재 혹은 과거에 심리 장애(특히 불안이나 우울증)와 트라우마를 겪은 이력이 있는 환자가 기능 장애에 취약하다. 성적 학대는 특히 자주 보고되는 이력이다. 항상 그런 것은 아니지만 대부분의 기능 장애는 어떤 질병이나 부상, 심리적 충격 같은 곤경을 겪은 후에 발생한다. 또한 마스덴 교수가 분명하게 알고 있었듯이 이런 증상이 암시로 유발되거나 완화될 수 있다.

2010년 기준으로 영국에서는 '의학적으로 설명할 수 없는 증상'Medically Unexplained Symptoms, MUS 때문에 매년 180억 파운드라는 막대한 의료 비용이 발생했음에도 불구하고,[35] 이 문제는 오랫동안 방치되어 왔다. 특히 신경학 분야에서 이런 문제를 외면해 온 데는 흥미로운 역사적 배경이 있다.

19세기 의사들은 히스테리를 능숙하게 진단하고 신중하게 치료했다. 당시 프랑스의 신경학자 샤르코는 앞에서 살펴보았듯이 히스테리가 단순히 심리적 약점이나 연극적 과장이 아니라, 뇌의 기능 이상으로 설명될 수도 있다는 과학적 의심과 통찰을 품고 있었다. 이러한 그의 의심은 단순한 개인적 의견을 넘어, 오늘날 신경학이 다시 이 분야를 주목하게 된 점에서 매우 의미가 크다.

20세기에 들어서면서 프로이트 학파는 히스테리를 받아들여지지 않은 욕구가 신체 증상으로 전환된 결과라고 해석했다. 이러한 정신분석적 관점은 히스테리를 정통 의학의 영역 밖으로 밀어내는 결과를 낳았다. 그러나 지난 25년 동안 심리학에 정통한 일부 신경과 의사들이 정신과 의사들과 협력해 연구를 이어 오면서 신경학은 이 분야에서 조금씩 본래의 지위를 되찾기 시작했다. 나는 이런 변화의 흐름을 이끌고 있는 대표적 신경학자 중 한 사람인 에든버러대학교의 존 스톤 교수를 만났다. 그는 기능성 신경 장애와 의학적으로 설명되지 않는 증상 연구를 선도하며 신경학과 정신의학 사이의 오래된 간극을 메우고자 하는 학자다.

스톤은 기능 장애에 관심을 갖게 된 이유 중 하나로 어린 시절에 말을 더듬었던 경험을 꼽았다. 그는 이 증상이 스트레스가 심한 상황에서 악화된다는 사실을 알게 되었다. 여기에 더해, 어린 시절 직접 겪었던 '해리' 경험 즉, 자신이 몸과 분리된 듯한 이질적 경험 역시 그의 말더듬이 증상에 중요한 영향을 주었다. 잠들기 전에 깨어있는 상태로 누워 있으면 그는 '다른 곳', '머릿속에서 수많은 목소리가 소리를 지르는' 무섭지만 흥미진진하고 뭔가 즐거운 곳으로 옮겨 가곤 했다. 자라면서 이런 경험은 점차 줄어들었고 한동안은 직접 그런 경험을 이끌어낼 수 있었지만 이윽고 완전히 사라졌다. 스톤은 이런 경험을 통해 상상력은 무시할 수 없는 힘이며, 그 나름의 목적이 있다는 믿음을 갖게 됐다.

스톤의 어머니는 간호사였다. 그녀는 스톤이 아플 때도 불필요하게 불안해하거나 과도하게 통제하지 않았다. 아들의 증세를 있는 그대로 설명하고 그의 궁금증을 차분히 풀어주는 태도를 보였다. 이러한 경험은 어린 스톤에게 의학과 인간의 몸, 질병에 대한 호기심과 관찰 습관을 키워주었다. 열한 살 때, 그는 거의 죽을 뻔했던 자신의 경험을 생생하게 기록한 글을 써서 생물 선생님을 깜짝 놀라게 했다. 스톤은 여러 인터뷰에서 어릴 적부터 신체와 마음이 어떻게 상호작용하는지에 깊은 관심이 있었다고 회상했다.

그가 기능성 신경 장애에 본격적으로 관심을 가지게 된 계기는 신경과 레지던트 수련 시절과 박사 과정 중 환자들을 직접 만나면서였다. 당시 그는 이렇게 의문을 품었다. "대체 무슨 일이 벌어지고 있는 거지? 왜 아무도 이 환자들에게 관심을 갖지 않는 걸까?"

그는 환자들의 증상이 꾸며낸 것이 아니며, 단순히 심리적 문제로 축소해서도 안 된다는 사실을 깨달았다. 이를 계기로 스톤은 기능성 신경장애의 진단, 치료, 교육을 위한 본격적인 임상 연구에 착수했고, 그의 연구는 오랫동안 소외되고 낙인찍혀 온 이 분야의 인식을 바꾸는 중요한 전환점이 되었다.

공교롭게도 '집중'은 고대의 히스테리 개념을 현대적으로 이해하는 데 핵심 요소다. 많은 사람들이 경험했듯이, 지나친 집중은 오히려 익숙한 동작을 방해할 수 있다. 테니스 서브는 의식하지 않을 때 더 잘 들어가고, 누군가가 지켜보면 평소엔 아무렇지 않게 하던 매듭 묶기도 괜히 서툴러진다.

스톤은 강의에서 한 환자의 영상을 보여준다. 이 환자는 허리 통증으로 인해 걷는 것이 매우 힘들었지만, 그 외에는 신체적으로나 심리적으로 모두 건강했다. 그러나 걷는 모습이 지나치게 부자연스럽고 어색해서, 좀처럼 정상적인 보행 동작이 나오지 않았다.

스톤은 환자에게 뒷걸음질을 해보라고 한 뒤, 다시 스케이트 타듯 미끄러지듯 걸어보라고 시켰다. 그러자 놀랍게도 환자는 평소의 부자연스러운 걸음걸이가 전혀 없이 두 동작 모두를 거뜬히 해냈다. 스톤은 이러한 현상을 '집중이 불러온 장애'의 전형적인 사례라고 설명한다. 왜 이 환자는 자신의 걸음걸이에 대해 끊임없이 생각해야 한다고 느꼈을까?

스톤의 설명에 따르면, 환자는 처음에는 허리 통증 때문에 허리에 집중했고, 그 다음에는 자연스럽게 다리에까지 신경을 쓰게 되었다. 그러면서 걸을 때마다 다리에 문제가 있다고 믿게 되었고 결국 생각할수록 움직임이 더 어려워지는 악순환에 빠졌다. 하지만 스톤이 공감 어린 관심과 물리치료를 제공하고, 환자의 관심을 걷는 것에서 다른 것으로 돌리자, 환자는 훨씬 자연스럽게 걸을 수 있게 되었고 결국 완전히 회복했다.

집중이 중요한 역할을 한다는 생각에서, 환자를 진찰할 때 주의 깊게 살펴야 할 징후 중 하나가 후버 징후Hoover's sign다. 예를 들어 침대에 누운 환자에게 한쪽 다리를 침대 쪽으로 힘껏 누르라고 하면 힘이 들어가지 않을 수 있다. 그런데 의사가 그 다리 아래에 손을 두고 환자에게 반대쪽 다리를 들어 올리라고 하면 조금 전까지 힘을 주지 못하던 다리가 저절로 강하게 아래를 눌리게 된다. 이는 한쪽 다리를 들어 올릴 때 반대쪽 다리에 무의식적으로 힘을 주어 균형을 잡는 신경 경로가 정상적으로 작동하고 있음을 보여준다. 다시 말해, 신체의 기본적인 운동 체계는 온전하지만 의도와 움직임 사이의 연결이 순간적으로 끊어진 상태라는 뜻이다.

이 현상은 기능성 신경 장애에서 흔히 보이는 특징으로 과도한 의식적 집중이 오히려 정상적인 움직임을 방해하는 원리와 맞닿아 있다. 원래 걷기나 매듭 묶기처럼 숙련된 동작은 뇌가 '자동화된 경로'를 사용해 매끄럽게 수행하지만, 환자가 움직임을 지나치게 의식하면 이 경로가 방해받아 힘이 빠지거나 동작이 어색해진다. 반대로 의사의 질문이나 새로운 과제가 환자의 주의를 다른 곳으로 돌리면 과도한 자기 감시가 줄어들어 뇌가 다시 자동화된 경로를 활용하게 되고 증상이 일시적으로 완화된다.

극단적인 경우, 마비 증상을 보이는 환자에게 마취과 의사가 정맥 주사로 진정제를 투여하면 과도한 집중이 풀리면서 움직임이 회복되는 사례도 있다. 실제로 '기능적 혼수 상태'에 빠진 환자에게 진정제를 점차 늘리자 환자는 의사소통이 가능한 상태로 돌아왔지만, 진정제

를 줄이자 다시 의식 불명 상태로 돌아간 경우도 보고된 바 있다.[36]

겸손하고 친절하기로 잘 알려져 있는 존 스톤은 자신의 통찰 대부분이 히스테리를 다룬 잊힌 역사 기록에서 재발견한 것이라고 말했다. 그런 맥락에서 히스테리에 관한 현재적 사고의 중심에 있는 두 번째 주제는 런던의 의사이자 신경학자 존 러셀 레이놀즈가 1869년 《영국 의학 저널》에 발표한 권위 있는 논문에서 찾아볼 수 있다.[37] 흔히 그렇듯, 어떤 현상을 다룬 초기 설명 속에는 후속 연구의 씨앗이 담겨 있다. 레이놀즈는 심각한 질병의 당혹스러운 사례들이 '관념이나 상상'에 기초한다고 주장했지만, 동시에 환자들이 "자신이 느끼는 증상이 전적으로 현실이라고 믿고 있다"는 점을 강조했다.

그가 제시한 가장 인상적인 사례는 '한때 잘 나갔으나' 다리 마비로 입원하게 된 젊은 여성 환자였다. 척추나 근육 질환을 의심할 만한 아무런 특징이 없다는 점에서 레이놀즈는 '공상 마비'를 의심했다. 그 이유는 금방 드러났다. 일 년 전에 유일한 혈육인 아버지가 갑자기 '부자에서 빈곤층으로 전락'한 것이 마비의 원인으로 지목됐다. 집안의 몰락과 함께 아버지는 '오래전에 그만둔' 일을 다시 시작해야 했고 딸은 처음으로 일을 해야 했다. 그 직후에 아버지는 뇌졸중으로 쓰러졌다. 딸은 궁핍한 상황에서 아버지를 돌봤다. "음울한 나날이 몇 주 동안 이어지면서 마비가 머릿속을 떠나지 않았고, 뇌에는 생각과 감정이 가득 들어찼다. 아버지처럼 자신도 마비가 될지도 모른다는 생각이 계속해서 머리를 스치면서 팔다리가 자주 아팠고 공포에 휩싸였다. 그녀는 생각을 떨치려고 애썼지만 여전히 그 생각에 시달렸다. 그녀는 서서히 걷기를 포기했고, 그다음에는 집안에서만 머무르다가 나중에는 방, 결국에는 침대에만 머무르게 됐다. 다리가 '날이 갈수록 무거워'졌고 결국 병원에 실려 와서 내(레이놀즈)가 발견했던 상태에 이르렀다."

레이놀즈는 현재 협조적 다학제 간 재활 프로그램이라고 부르는 치료 계획을 그녀에게 적용했다. 이 프로그램은 심리적 지원(레이놀즈는 환자 회복에 자신감을 드러냈고 간호사들에게도 그렇게 하도록 격려했다), 적극적인 플라세보 활용("정신적 안정감을 북돋울 목적만으로 가벼운 강장제, 다리 근육에 감전통전법[전기 자극법]"), 물리치료(병동 안에서 4시간마다 5분씩 간호사 두 사람 사이를 걸어서 왕복)를 처방했다. 또한 이 젊은 여성에게 육체적 안정감과 만족감을 위해 정기적인 마사지를 제공했다. 이 방법은 효과가 있었다. "2주간의 치료가 끝나자 그녀의 상태는 호전됐다."

이 환자가 처음부터 끝까지 연기를 하고 있었을까? 레이놀즈는 그렇게 보지 않았다. 겉으로는 마치 연기를 하는 것처럼 보였지만, 그는 이 환자가 '현실과 비현실을 구분하지 못하는 상태'에 있다고 판단했다. 그녀의 증상은 분명히 질병의 영역에 속했지만, 그 질병의 본질은 '상상'에 있었다. 레이놀즈는 꾀병 가능성도 충분히 염두하고 있었지만 동정심과 균형잡힌 시각을 바탕으로 이렇게 기록했다. "한쪽에는 명백한 신경 손상의 사례가 있고, 다른 한쪽에는 꾀병과 사기의 사례가 있다. 하지만 그 양극단 사이에는 수많은 병적 관념이 존재한다."

오늘날 많은 이론은 기능 장애의 밑바탕에 본질적으로 상상이나 모방에서 비롯된 과정이 있으며, 이 과정이 의식의 감시망을 벗어나 작동할 수 있다고 본다. 심리학자 리처드 브라운과 신경학자 마커스 로이버는 기능 장애에서 나타나는 이러한 과정을 '왜곡된 표상'이라고 불렀다. 뇌가 할 수 있는 최선의 시도이지만, 결과적으로는 오해를 낳을 수 있는 설명이라는 것이다. 만약 그 왜곡된 표상이 발작이라면 실제로 발작이 일어나는 셈이다. 러셀 레이놀즈의 말을 빌리자면, 이는 "어떤 생각이 마음을 장악해 스스로 실현되도록 이끄는 것"이다.[38]

신경학자 마크 에드워즈는 예측 부호화 이론에 따라 감각에서 들어오는 상충된 증거를 압도할 정도로 과도하게 강력한 '사전 지식'의 관점에서 기능 장애를 파악한다.[39] 만약 내가 실제로는 불안과 과호흡으로 발생한 팔다리의 저림 현상을 뇌졸중의 결과라고 믿는다면 너무나 강력한 사전 지식을 만들어내서 마음이 진정된 후에도 팔다리가 계속 마비 상태로 남을 수 있다.

과도한 관심 집중과 잘못된 믿음 외에도 세 번째 원인이 있다. 이는 신경과 의사 대부분이 직업적으로 다소 불편하게 느끼는 요인이다. 신경과 의사들은 정서가 초래하는 혼란스러운 영향을 피하려고 한다. 그러나 존 스톤이 강조했듯이 기능 장애의 배경에 항상 정서적인 사연이 있는 것은 아니지만 그런 경우가 많다.[40] 떨림, 근육 수축, 경련, 마비 등 움직임의 과잉 혹은 부족 증상을 나타내는 장애에서 정서가 주요한 역할을 한다고 하더라도 놀랄 일은 아니다. 강한 정서는 우리를 안팎으로 '움직인다'. 정서는 우리가 흥분해서 뛰어다니게도 하고 비탄에 잠겨 고개를 숙이게도 하면서 맥박, 호흡, 직감을 오르내리게 한다. 앞에서 살펴봤듯이 움직임 그 자체를 구현하는 음악이야말로 모든 예술 중에 가장 직접적으로 정서를 뒤흔든다.

몇몇 연구팀은 이 연관성을 더 깊이 이해하기 위해 기능 장애 환자의 뇌를 정밀하게 분석했다. 기능 장애가 워낙 다양하고 복잡하기 때문에 결과는 예상대로 완전히 일관되지는 않았다. 그러나 흥미로운 공통점들이 드러났다. 예를 들어, 편도체처럼 정서와 관련된 뇌 영역의 활동이 평소보다 활발해졌고 이런 영역과 움직임을 제어하는 부위 사이의 연결은 평소보다 강해진다. 또한 유체 이탈에서 활성화되는 영역처럼 자신의 행동을 통제한다는 느낌인 '주체' 의식을 관장하는 영역이 평소와 다르게 작동한다.[41]

런던 정신의학연구소의 셀마 아이벡이 주도한 상상 연구에서는 환자 및 건강한 통제 집단 참여자가 과거에 발생한 불행한 사건을 기술한 글을 읽는 동안 뇌 활동을 조사했다.[42] 그 결과, 환자 집단에서는 움직임을 관장하는 뇌 영역에서 활동이 변화함에 따라 기억을 억압하는 징후가 발견됐다. 억압된 정서가 신체 증상으로 바뀔 수 있다는 프로이트의 생각이 완전히 틀린 것은 아닐지도 모르겠다.

현대 이론은 히스테리(현재는 기능 장애)를 뇌라는 복잡한 예측 체계 안에서 일어나는 무의식적 예측으로 재정의했다. 하지만 옛 관점의 본질도 여전히 남아 있다. 핵심은 실제로는 질병이 없는데 뇌가 질병이 있다고 잘못 예측한다는 것이다. 여기에 과도한 주의와 강한 정서가 더해지면서 이런 현상이 악화된다.

기능 장애는 의지의 작동 방식에도 스며들어 행동이 순전히 자발적이거나 순전히 비자발적일 수 있다는 기존의 생각에 의문을 던진다. 실제로는 그 둘 사이에 다양한 단계가 존재한다. 이 점에서 기능 장애는 샤르코가 말년에 고심했던 '마음과 뇌의 이원론'에도 도전한다.

이 주제는 지금도 여전히 혼란스럽다. 어느 학회에서 한 동료가 기능 장애를 다룬 뇌 영상 연구 결과를 발표했을 때, 강연이 끝나자 한 청중이 달려와 이렇게 외쳤다. "이 뇌 연구는 정말 훌륭합니다. 이제 이런 증상들이 단순히 '머릿속에만 있는 것'이 아니라는 게 드러났군요!" 존 스톤 교수의 연구와 같은 조사 덕분에 우리는 이제 막 증상이 어떻게 '마음속'과 '뇌 속'에 동시에 존재할 수 있는지를 이해하기 시작한 것이다. 몸과 마음을 나누던 단순한 구분은 더 이상 통하지 않는다.

토비를 잊을 뻔했다. 기억하겠지만, 그는 자신의 증상에 대한 설명을 듣기 위해 기다리고 있었다. 나는 그날 늦게 토비를 찾아가, 그에게 무슨 일이 있었는지 정중하게 설명하려고 최선을 다했다. 하지만 충분하지 않았던 것 같다. 토비는 내가 그가 문제를 꾸며내고 있으며, 모든 것이 그의 잘못이라고 말하고 있다고 받아들였다. 기분이 상한 환자는 그날 저녁 서둘러 퇴원해 버렸다. 나는 의사로서 실패했다고 느꼈다.

이제는 경험이 쌓여, 이러한 문제가 흔하며 전적으로 실제이고, 또 상당히 잘 치료할 수 있다고 설명할 수 있다. 기능 장애는 분명히 병이지만, 신체적 질병이 원인은 아니다. 치료법도 알려져 있다. 몇 달 뒤, 토비는 샤머니즘의 도움을 받아 증상이 나아졌다는 편지를 보내왔다. 나는 그 사실을 병원에 보고할 용기를 내지 못했다.

땅에 발을 붙인다는 것

19세기 러시아의 위대한 소설가 표도르 도스토옙스키와 레오 톨스토이는 독자들을 놀랍도록 흥미진진한 세계로 초대한다. 하지만 두 소설가가 만들어낸 세계는 서로 참으로 다르다. 톨스토이의 세계는 광활하고 묘사는 정말이지 그럴듯하고 감동적이다. 하지만 그의 글에는 독자가 숨통을 틔울 만한 공간이 있다. 도스토옙스키는 독자의 어깨를 붙잡고 자신이 창조한 세계로 세게 밀어붙이면서 등장인물의 경험을 독자의 목구멍으로 밀어 넣는다. 나는 학창 시절 두 소설가의 작품을 모두 읽었는데 톨스토이의 세계가 내 꿈속에 침입한 적은 한 번도 없다.

하지만 어느 여름 방학 때 지저분한 기숙사에서 밤늦은 시간까지 도스토옙스키의 《죄와 벌》[43]을 읽은 날에는 지독한 죄책감을 느끼며 잠에서 깼다. 그날 밤 꿈에서 나는 한 노부인을 살해했다. 맙소사, 내가 뭘 할 수 있었을까? 이 끔찍한 죄책감은 금방 사라졌지만, 공포감과 내가 과연 결백한가라는 의심은 다음날 내내 이어졌다.

한밤중 꿈속에서 일어난 환상이 낮에도 스며들 수 있다. 다행히 우리는 보통 이런 일을 머릿속에서 비교적 빨리 정리한다. 하지만 극적이지 않더라도 거짓 기억이 오래 지속되는 경우는 드물지 않다. 나의 경우 행동의 의도를 잘못 기억하는 일이 특히 문제다. 어떤 일을 하려는 단계를 머릿속으로 쭉 훑어본 뒤, 실제로 그 일을 했다고 착각할 때가 있다. 가끔은 한 번쯤 가 본 장소를 떠올리다가 자세한 장면이 떠오르지 않는 순간 "사실은 가 본 적이 없었구나" 하고 깨닫기도 한다. 단지 묘사를 듣고 상상했을 뿐이었던 것이다.

거짓 믿음이나 거짓 기억뿐 아니라 거짓 지각도 흔하다. 덤불에서 곰을 보거나 실뭉치를 거미로 착각하거나 창밖 울타리가 드리운 그림자를 강도로 오해하는 식이다.

이 모든 사례는 상상을 현실로 오인하는 경우다. 반대 현상도 존재한다. 예를 들어, '퍼키 효과'는 사람에게 "마음속으로 어떤 물체를 시각화해보라"고 지시했을 때, 실제로는 눈앞에 있는 화면에 그 물체의 희미한 이미지가 비춰지고 있음에도 불구하고 그것을 자신의 상상 속 이미지라고 착각하는 경향을 말한다.[44] '잠복 기억'에 빠지면 우리는 다른 사람의 생각이나 창작물을 진심으로 자기 자신의 생각이나 창작물이라고 믿게 된다. 내 친구이자 작곡가인 해리 월리는 어린 시절, 자신이 자랑스럽게도 그 유명한 '캐논 변주곡'을 작곡했다고 내게 말한 적이 있다.

상상과 현실을 구분하기 어려운 순간은 흔하다. "이게 정말 일어난 일일까, 아니면 내 상상일까?" "내가 정말 본 걸까, 아니면 또다시 마음이 속이고 있는 걸까?" "그 사람이 지나치게 가혹한 걸까, 아니면 내가 지레짐작한 걸까?" 같은 의문은 누구나 품는다. 너무 멋진 일을 겪었을 때 우리가 "진짜 그런 일이 있었어? 꿈이었을 거야!"라고 묻는 것도 같은 맥락이다.

이는 우리가 늘 머릿속에 또 다른 세계를 품고 그 가능성을 상상으로 시뮬레이션하기 때문이다. 뇌는 내부 현실 모델을 이용해 다음에 일어날 일을 예측하는데, 이 과정에서 실제 지각에 쓰이는 뇌 체계가 그대로 동원된다. 그래서 우리는 환시와 망상, 상상 속 고통에 쉽게 휘둘린다. 우리의 경험은 애초에 현실과 상상으로 깔끔히 나뉘어 있지 않다. 언제나 단단히 현실에 발 딛고 서 있기란 쉽지 않다. 그렇다면 결국, 우리는 현실과 상상의 경계 위에서 어떻게 균형을 잡아야 할까?

시각을 예로 들어보자. 나는 노트북과 그 너머에 있는 작은 정원을 보고 있다. 지금 정원에는 햇빛이 비친다. 바깥에는 낮은 담장에 걸린 화분에서 파란, 빨간, 분홍 꽃이 초록 잎을 배경으로 자라고 있다. 해바라기가 막 폈다. 근처 나무의 가지가 바람에 흔들린다. 어디를 바라보든 생생한 작은 부분들이 눈에 들어온다. 다채로운 부분들이 최소한의 노력으로 예상했던 대로 눈에 보인다. 이것이 현실 세계라고 확신해도 좋을 것이다. 그러다가 내 마음은 휴가로, 그다음에는 오르고 싶었던 언덕으로 흘러간다. 오르고 싶었던 언덕을 가려고 했던 경로를 따라 떠올려본다. 그 모습이 살짝 희미하게 의식을 맴돈다. 시각화하려는 노력, 심상의 흐릿함, 내가 '보고 있는' 대상과 실제로는 내가 집 책상에 앉아 있다는 인식 사이의 불일치까지, 이 모든 것이 내가 지금 상상하고 있다는 가능성을 높인다.

바로 이런 차이를 구분하기 위해 뇌는 나름의 경험칙을 적용한다. 아주 구체적이고, 아주 생생하며, 별다른 노력이 필요하지 않고, 맥락과 일치하면 현실이라는 뜻이다. 별로 구체적이지 않고, 생생하지 않으며, 노력을 많이 기울여야 하고, 맥락과 일치하지 않으면 상상이라는 뜻이다. 하지만 반드시 그런 것은 아니다. 백일몽은 노력하지 않아도 생생할 수 있다. 짙은 안개 속에서 목적지를 찾으려면 노력해야 하고 그에 따른 경험도 흐릿할 수 있다. 하지만 뇌는 어떻게든 가능성을 저울질하면서 대체로 올바른 답을 도출한다.

그렇다면 어떻게, 어디에서 이런 답을 도출하는 것일까? 인공지능 연구자들이 최근 인공지능의 학습 효율을 높이고자 개발한 접근법에서 몇 가지 단서를 얻을 수 있다. '생성적 적대 알고리즘'은 두 가지 요소를 결합한다.[45] 첫 번째는 행동을 세상의 어떤 측면을 모델로 삼아 최대한 정확하게 예측하려는 생성 모델이다. 두 번째는 그 모델이 현실 세계를 검증하고 있는지, 아니면 생성 모델이 내놓은 결과물을 조사하고 있는지 판단하고자 최선을 다하는 체계, 즉 '적대자'다. 이 둘은 서로의 스파링 파트너 같은 존재다. 생성 모델은 단호한 사기꾼처럼 모델을 정교하게 다듬어서 적대자가 그 모델을 진짜라고 생각하도록 설득한다. 적대자는 진짜와 가짜를 구분하는 감식안을 계속 연마한다. 이 둘의 경쟁은 인공지능의 학습을 강화한다.

우리 뇌에서도 비슷한 일이 일어날까? 그럴 가능성이 매우 높다.[46,47] 앞 장에서는 뇌의 끊임없는 예측과 생성 능력이 잘못된 방향으로 작동해, 그 거짓이 적대자의 방어를 뚫고 나가는 장애를 설명했다. 이 적대자의 본거지일 가능성이 가장 높은 뇌 영역이 바로 '전전두엽피질'prefrontal cortex이다. 전전두엽피질은 생각에 관한 생각을 의미하는 메타인지를 비롯해 행동과 생각의 집행을 통제하는 데 광범위하게 관여한다. 전전두엽피질은 예를 들어 기억을 정리하거나 다시 떠올릴 때 관여하지만 그렇게 회상한 기억의 진실 여부를 얼마나 확신할 수 있을지 판단할 때도 관여한다. 사람들이 기억을 자주, 거짓으로 떠올리는 기억 장애인 작화증이 발생하는 가장 흔한 원인은 전전두엽피질 손상이다.[48]

전전두엽피질의 가장 앞부분에 위치한 전두극frontal pole은 신경 세포 밀도는 비교적 낮지만 연결 섬유가 풍부한 특이한 영역이다. 해부학자 코르비니안 브로드만은 현미경 관찰을 통해 이 전두극의 특이한 구조를 발견하고 이를 브로드만 영역 10Brodmann area 10으로 분류했다. 영역 10은 인간의 뇌에서 특히 크기로 유명하다.[49] 연구에 따르면 이 영역은 물체가 실제로 본 것인지 상상한 것인지, 행동이 자신의 것인지 타인의 것인지 판단해야 하는 실험에서 특히 활성화됐다.[50]

또한 영역 10의 크기는 건강한 사람이 자기와 타인을 구분하는 과제에서 얻는 점수와 상관관계가 있는 것으로 나타났다.[51] 반면, 정신병 환자들은 일반인보다 이 영역이 더 작고 활동성도 낮았다. 특히 환각 증상을 보이는 환자들에게서 이런 경향이 두드러졌다.[52]

우리의 뇌는 현실 세계를 탐색하고 동시에 상상 세계를 그려낼 수 있는 능력을 갖고 있다. 이러한 상상력은 현실을 이해하는 데 귀중한 통찰을 제공한다. 인류는 수백만 년에 걸쳐 이러한 통찰을 타인과 공유하는 능력을 진화시켜 왔다. 그러나 상상과 현실을 구별하는 능력 또한 반드시 필요하다. 바로 이 구별을 담당하는 것이 고도로 발달한 인간 전두엽의 정점, 즉 전두극이라는 사실은 의미심장하다. 그리고 때로는 이 영역이 제 역할을 다하지 못할 수도 있다는 점 역시 놀라운 일이 아니다.

환각과 망상, 거짓 기억은 모두 뇌가 내부 현실 모델을 바탕으로 예측을 세우는 과정에서 생겨날 수 있는 부산물이다. 전두극은 이 경계를 지켜내는 핵심 역할을 맡지만, 이 영역이 제대로 작동하지 않을 때 우리는 현실과 상상을 혼동하기 쉽다.

상상은 인류가 진화 과정에서 얻은 가장 강력한 도구이지만, 그 힘이 때로는 현실 감각을 위협할 수도 있다. 우리의 뇌는 늘 현실과 상상이라는 두 세계 사이를 오가며, 그 사이에서 균형을 잡는 법을 배워야 한다.

"원한다면 누구나

자기 자신의 뇌를

조각할 수 있다."

산티아고 라몬 이 카할,
《내 삶을 돌아보며》

9장.
뇌를 조각하는 법

나는 강연을 앞두고는 항상 머릿속으로 슬라이드를 넘기면서 리허설을 해본다. 그렇게 해야 연단에 섰을 때 마음이 훨씬 편하다. 마음이 상하면 종종 일기장에 속마음을 털어놓는다. 그러면 마음에 평화가 깃든다. 이처럼 머릿속에서 생각을 정리하는 것만으로도 자신감이 생기고, 마음이 가벼워진다.

우리는 세상의 많은 부분을 마음속에 저장해 두고, 실제 경험이나 행동에 쓰이는 뇌의 체계를 이용해 외부 자극이 없어도 그 가능성을 생생하게 재현할 수 있다. 그렇다면 상상력을 통해 기술을 연습하거나 상처를 치유하는 것도 가능하지 않을까? 실제로 이것이 가능하다는 흥미로운 증거들이 있다. 기술의 도움을 받으면 상상력은 목소리를 잃은 사람에게조차 '내면의 대화'를 가능하게 하는 힘이 된다.

생각만 해도 근육이 생겨난다

서부영화의 결투 장면처럼 일단 권총을 뽑고 나면 방아쇠를 당기는데 세 가지 방법이 있다. 해머 프레스hammer-press는 긴급 상황에서 즉시 발포할 수 있는 방식이고, '가속'은 신속하면서도 정확한 반응이 가능한 방식이다. '통제'는 시간 여유가 있을 때 최대한 정확하게 쏘는 방식이다. 이 방법들을 설명해 준 명사수는 한동안 무기를 전혀 사용하지 않고 마음속으로만 정기적으로 훈련했을 때 사격 실력이 정점에 올랐다고 덧붙였다. 한 바이올리니스트는 머릿속으로 협주곡을 끝까지 연주해 보는 것이 실제 연습만큼이나 중요하다고 말했다. 앞의 두 사례처럼 정신 연습이 정말로 수행 능력을 높여줄까?

당신은 트롬본을 연주하는 상상을 할 수 있는가? 나한테는 무리다. 하지만 트롬본 연주자들은 할 수 있다. 1985년부터 트롬본 연주자들을 대상으로 한 연구 결과에 따르면[1] 새로운 곡의 악보를 눈으로만 세 차례 읽는 정신 연습만으로 연주의 질을 올릴 수 있었다. 하지만 같은 실험에서 실제 연습과 정신 연습을 병행할 경우 가장 큰 이득을 얻을 수 있다는 결론이 거듭해서 나왔다.

뇌 가소성 연구를 선도하는 세계적인 학자 알바로 파스쿠알-레오네의 연구를 살펴보자.[2] 그는 피아노를 막 배우기 시작한 초심자가 다섯 손가락으로 하는 간단한 피아노 연습을 머릿속으로 반복하면 동작의 타이밍과 순서가 확실하게 발전한다는 사실을 발견했다. 그런데 그 효과는 실제 연습과 병행했을 때보다는 적었다. 또한 그는 '경두개 자기 자극술'이라는 기법을 사용해 손가락 움직임을 직접 통제하는 뇌 영역인 일차운동피질의 흥분성을 기록했다. 놀랍게도 실제 연습과 정신 연습 모두(5일 동안 매일 2시간씩) 연주하는 손을 통제하는 피질영역의 흥분성을 증가시켰고 그 효과는 동일했다(그림 34).

당신은 정신 연습으로 손재주는 키울 수 있을지 몰라도, 힘까지 단련할 수 있다고는 생각하지 않을지도 모른다. 하지만 둘 다 가능하다. 30년 전, 아이오와대학교의 연구원 광유에와 켈리 콜은 흥미로운 사실을 밝혀냈다. 그들은 참가자들에게 새끼손가락을 장애물에 대고 15초 동안 최대한 세게 누르는 상상을 매일 15회씩, 4주 동안 하게 했다. 그 결과, 같은 동작을 실제로 연습한 집단보다는 약간 덜했지만 정신 연습만으로도 근력이 상당히 증가한다는 사실이 밝혀졌다. 흥미롭게도, 두 집단 모두 반대쪽 손의 새끼손가락에서도 근력 증가가 미미하게나마 나타났다.[3] 이는 근력 향상이 단순히 근육의 변화 때문만이 아니라, '운동 체계의 프로그래밍 혹은 계획 단계'에서 변화가 일어난다는 것을 보여준다. 다만 이렇게 정신 연습으로 근력이 증가하더라

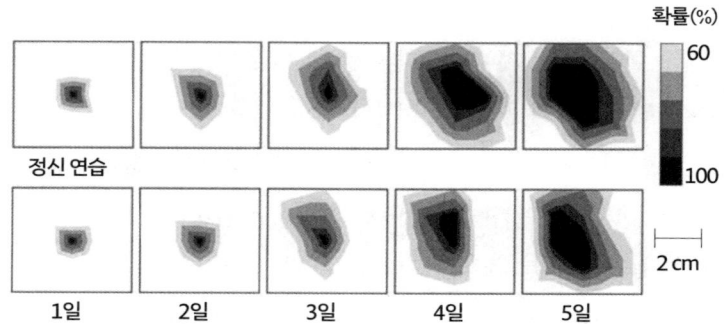

그림 34. 자기 자극으로 움직임을 유발할 수 있는 피질 영역은 실제 연습과 정신 연습으로 비슷하게 증가한다.

도, 근육량이 늘어나는 것은 아니다. 근육량을 키우려면 상상만으로는 부족하며 신체 훈련을 병행해야 한다.

정신 연습은 스포츠 심리학에서 집중적으로 연구하는 분야다. 골프 퍼트부터 높이뛰기, 농구의 슛 연습에서 배구의 리시브에 이르기까지 정신 연습은 기술을 향상시키는데 크지는 않지만 일정한 도움이 됐다.[4,5] 정신 연습은 대체로 신체 능력보다 지적 능력이 많이 요구되는 과제에 더 유용하지만, 양쪽 모두에 도움이 됐다. 그 효과는 2주에서 3주가량 지속되며 조금씩 했을 때 가장 효과가 좋았고, 초보자보다는 스포츠 기술을 좀 더 온전하게 체득했을 경험이 풍부한 선수에게 특히 유용하다.

정신 연습은 뇌에서 어떻게 작동할까? 뇌의 '운동계'는 매우 정교하게 지도화되어 있다(그림35). 이 운동계에는 일차운동피질primary motor cortex 자체가 포함된다. 일차운동피질은 근육과 직접 연결된 뇌간과 척수의 '하위 운동 뉴런'에 직접 명령을 내린다. 전두엽에서 일차운동피질 바로 앞쪽에 위치한 '전운동 및 보조 운동 영역'은 일차운동피질을 통제한다. 이러한 '고위' 운동 영역은 오른팔이나 그 주변 근육을 직접 활성화하는 것이 아니라 마치 야구선수가 투구를 설계하듯 좀 더 추상적인 수준의 동작에 관여한다.[6,7]

또한 정서에 따른 움직임과 관련된 영역인 중간대상화midcingulate cortex는 전두엽의 안쪽에 위치한다. 뇌의 운동 관련 영역들은 모두 뇌 깊숙한 곳의 기저핵과 소뇌와도 연결되어 있다.

우리가 움직임을 '상상'할 때, 이러한 네트워크 전체에서 활동이 증가하며 실제 움직일 때와 같은 희미한 시각적 반향이 일어난다. 이는 '마음의 눈'으로 시각적 이미지를 떠올릴 때, 마음과 뇌 모두에 희미한 시각적 반향이 생기는 것과 같은 원리로 작동한다. 움직임을 '관찰'할 때도 비슷한 네트워크가 활성화된다. 즉, 우리는 실제로 활동할 때뿐만 아니라, 활동을 상상하거나 관찰할 때도 동일한 뇌 영역을 조금 다른 방식으로 활용한다.

정신 연습을 하는 음악가나 운동선수는 마음속에서 '느끼고', '움직이며', 악기의 소리를 '듣고', 운동장을 '보는' 경험을 한다. 정신 연습은 이처럼 다양한 감각 정보를 동원하고 이에 상응하는 모든 뇌 영역이 관여한다. 이는 행동을 '상상'하는 것이 어떻게 실제 수행 능력을 향상하는 데 도움이 되는지를 잘 설명해 준다.

외과 의사로 경력을 쌓으려면, 운동선수의 회복탄력성과 연주자

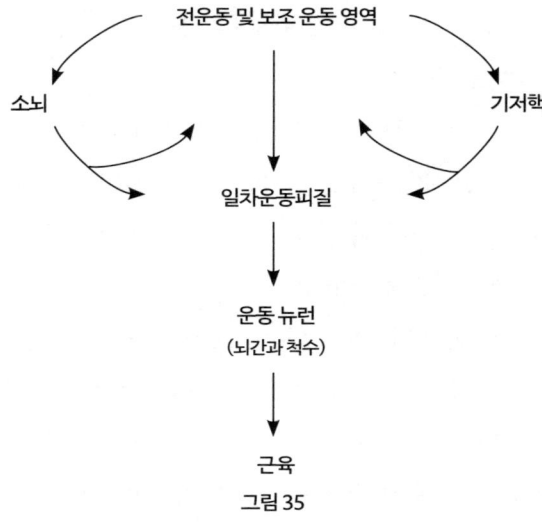

그림 35

의 섬세한 손길이 필요하다. 그렇다면 정신 연습은 외과 의사에게도 도움이 될까? 최근 일과 삶의 균형이 중요해지면서 외과 수련의가 받을 수 있는 수련 시간이 예전보다 줄어들고 있다. '한 번 보고, 한 번 하고, 한 번 가르치는' 전통적인 수련 방식에 따른 위험을 환자들이 관대하게 받아들이는 경우도 점점 줄어들고 있다. 반면 수술 방법이 점점 더 정교해지면서 외과 수련생이 마주하는 기술적 과제의 수준은 더욱 높아졌다. 이런 이유들로 '마음속 시뮬레이션 센터'라 할 수 있는 정신 연습은 외과 의사에게 매력적인 대안이 될 수 있다.

10년 전, 임페리얼 칼리지 런던의 한 연구팀은 외과 의사의 기술에 미치는 정신 연습의 효과를 검증하는 연구를 진행했다. 연구팀은 먼저 외과 의사가 작은 절개 부위에 기구를 삽입해 시행하는 카메라 유도 수술(이 경우에는 복강경을 이용한 담낭절제술)을 수행하는 데 필요한 단계들을 시각화하는 능력을 높이기 위한 대본을 개발했다.[8] 이 대본은 경험이 풍부한 외과 의사 세 명에게 자신이 수술하는 모습을 상상하도록 요청해 만들어졌다.

이후 연구팀은 초보 외과 의사 10명과 숙련 외과 의사 10명을 대상으로 이 대본을 사용해 수술을 머릿속으로 시뮬레이션하도록 했다. 대본을 훈련용 비디오와 함께 활용했을 때 두 집단 모두에서 특히 초보 의사 그룹에서 심상 능력이 향상되었다.

연구의 두 번째 단계에서 연구팀은 같은 대본을 사용해 초보 외과 의사 9명에게 5일 동안 매일 30분씩 수술 준비 훈련을 하게 한 뒤, 시뮬레이션 수술을 하게 했다.[9] 그 결과, 이들의 기술적 성과는 동일 기간 동안 온라인으로 30분씩 수술과 무관한 학술 과제를 진행한 다른 초보 외과 의사 9명의 성과보다 현저히 뛰어났다.

또 다른 흥미로운 연구에서는 엘리트 외과 의사 33명의 업무 관련 심리적 배경을 조사한 결과, 대부분의 의사가 수술을 준비할 때 심상화를 한다고 보고했다.[10] 한 일반 외과 의사는 이렇게 말했다. "제 모토는 시각화입니다. 저는 항상 수술을 어떻게 할지 머릿속에 시각적으로 그려봅니다. 조직을 삼차원으로 보는 것과 같죠." 또 다른 외과 의사는 시각화를 통해 수술을 복기한다고 했다. "때때로 마음속으로 전체 수술을 돌이켜봅니다. 수술 장면을 동영상처럼 재생하면서 '내가 정말 해야 할 방식대로 했을까?'라고 스스로에게 물어보죠. 그렇게 돌아보는 동안 거의 실제처럼 느낄 수 있습니다." 이러한 통찰력 있는 설명들은 자신감과 기술적 탁월성을 모두 높이는 데 있어 정신적 준비가 얼마나 중요한지를 잘 보여준다.[11]

비슷한 사례는 또 있다.[12,13] 나탄 샤란스키는 우크라이나 동부 도네츠크 출신의 체스 신동이었다. 우크라이나가 아직 소련의 일부였던 1978년, 샤란스키는 스파이 혐의를 뒤집어쓰고 13년의 강제 노역을 선고받았다. 그는 조명도 난방도 없고 간신히 누울 수 있을 정도로 좁은 독방에 갇혀 오랜 시간을 보내야 했다. 10대 시절 샤란스키는 블라인드폴드 체스blindfold chess◐를 배워 머릿속으로 동시에 여러 게임을 진행할 수 있었다. 그는 이를 '화려하지만 쓸모없는 기술'이라고 생

◐   체스판과 말을 보지 않고 머릿속으로 두는 체스.

각했다. "하지만 감옥에 들어가니 이 기술이 왜 필요한지 확실히 알 수 있었습니다." 그는 자기 자신과 끝없이 체스를 두었다. "수천 번 게임 해서 전부 이겼습니다." 석방된 후 그는 이스라엘로 이주해 내각 장관이 되었다. 당시 세계 체스 챔피언인 가리 카스파로프가 이스라엘을 방문해 내각 각료들과 게임을 한 적이 있는데, 카스파로프는 샤란스키를 제외한 모든 상대에게 승리했다.

뇌 해킹

고통보다 더 강력한 것이 있을까? 발가락을 부딪치고 껑충껑충 뛰면서 욕설을 내뱉을 때, 당신은 저항할 수 없는 반사적 충동에 따라 움직였을 것이다. 하지만 링 위의 권투선수, 전장의 군인[14], 경기장의 선수들은 싸움이 끝날 때까지 훨씬 더 심각한 부상을 무시하곤 한다. 반대로 신체 부상이 전혀 없는데도 괴로운 고통을 겪을 수 있다. 사랑하는 사람이 고통스러워하는 모습을 보는 것 자체가 괴로울 수 있고, 대다수는 이를 상상하기만 해도 고통스러워 한다.[15] 의사라면 누구나 어디가 아프냐고 물었을 때 "다 아파요!"라고 대답하는 환자에게 익숙하다. 이것은 보통 신체가 아니라 뇌와 마음이 느끼는 완벽하게 실질적인 통증을 가리키는 신호다.

통증은 단순하지 않다. 통증 경험은 통증을 일으키는 요인들과 일대일 관계가 아니다. 같은 자극이라도 상황과 개인에 따라 통증이 더 심하게 느껴지거나 거의 느껴지지 않을 수도 있다. 즉, 통증을 유발하는 요인과 우리가 실제로 느끼는 통증 사이에는 복잡하고 직선적이지 않은 관계가 있다. 이를 이해하고자 나는 지난 20년 동안 이를 연구해온 사람과 이야기를 나눴다. 아이린 트레이시는 옥스퍼드대학교 머튼 칼리지의 제51대 학장으로, 최근 옥스퍼드대학교의 부총장이 됐다. 쾌활하면서도 권위 있는 그는 가난했지만 사랑이 넘치는 부모 아래에서 6남매 중 막내로 자랐다. 지역 공립학교에 다니던 트레이시는 독서를 즐겼고 특히 과학에 큰 흥미를 느꼈다. 이후 그는 옥스퍼드에서 생화학을 전공했다. 박사 과정에서는 근위축증을 앓는 아동을 대상으로 한 연구로 학위를 취득했다. 이 연구에서 그는 현대 MRI 뇌 영상법으로 발전하게 된 MRI 분광법을 활용했다.

예전에 트레이시는 운동을 하다가 무릎을 다친 적이 있었다고 한다. 임상 실험의 일환으로 수술 후 24시간 동안 진통제를 전혀 맞지 않았던 그는 그때의 통증이 정말 뼛속까지 느껴졌다고 회상한다. 그 경험은 '감당하기 버거웠다'고 했다. 박사 후 과정을 위해 미국에 머무는 동안 트레이시는 통증 연구자들과 이야기를 나눌 기회가 있었다. 그녀는 그때 뇌 영상 기법을 활용해 뇌 속에서 통증의 흔적을 해독하는 연구가 자신의 평생 과제가 될 것임을 직감했다.

트레이시는 이후 믿음이 통증 지각에 미치는 영향을 조사하는 일련의 실험을 진행했다.[16] 자원한 참가자들은 뇌 스캐너 안에서 정맥 주사를 맞으며 중간 정도의 통증 자극을 받았다. 실험 설계는 다음과 같았다. 처음 두 시기에는 식염수를 투여했고, 세 번째 시기에는 강력한 진통제를, 네 번째 시기에는 다시 식염수를 투여한다고 참가자들에게 알렸다. 그러나 실제로는 두 번째 시기부터 동일한 용량의 진통제를 계속 투여했다.

이 설계를 통해 연구팀은 ▲진통제를 투여하기 전(첫 번째 시기), ▲참가자가 모르는 상태에서 진통제를 투여했을 때(두 번째 시기), ▲참가자가 진통제를 맞는다고 '생각하고' 있을 때(세 번째 시기), ▲진통제를 투여하고 있지만 투여를 중단했다고 들었을 때(네 번째 시기)를 비교했다. 결과는 놀라웠다(그림 36). 진통제 자체만으로도 통증과 함께 불안과 불쾌감이 약 10% 감소했다. 그러나 '진통제를 맞게 될 것이라는 말을 듣고' 투여했을 때는 그 효과가 두 배 이상으로 증가했다. 반면, '약물 투여를 중단한다는 말을 들었을 때'는 주관적인 진통 효과가 거의 사라졌다. 이는 기대감만으로도 이 강력한 약물의 '진짜' 작용에 맞먹거나 그 이상으로 효과를 낼 수 있다는 뜻이다.

뇌 스캔 결과도 이를 뒷받침했다. 기대는 통증에 대한 뇌의 반응을 현저하게 변화시켰다. 도대체 어떻게 이런 일이 가능할까?

트레이시는 나의 이해를 돕고자 통증 매트릭스pain matrix라는

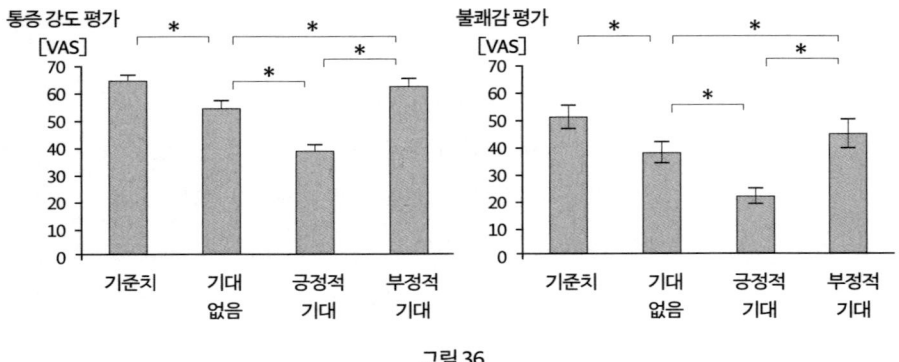

그림 36

개념을 설명했다. 통증 매트릭스는 선구적인 통증 과학자 로널드 멜작이 1980년대에 제안한 용어로 통증과 가장 밀접한 관련이 있는 뇌 영역을 두루 일컫는 말이다.[17] 현재는 통증 네트워크라고도 부른다. 멜작은 통증 중추가 단 하나라는 발상을 타파하고자 매트릭스라는 용어를 선택했다.

보통 통증이 발생하면[18] 몸속 어딘가의 손상이 척수와 뇌간을 따라 뇌의 감각피질sensory cortex까지 이어지는 신경에 신호를 전달한다. 인접한 운동피질과 마찬가지로 감각피질에는 몸의 지도가 있다. 감각피질의 활동은 발에 박힌 가시나 뺨을 찔린 상처 같은 통증의 근원을 '파악'하는 데 중요하다. 통증의 '아픔', 즉 우리를 몰아붙이는 그 힘은 뇌섬엽, 대상피질, 복측기저핵, 뇌간 등 다양한 영역의 개입으로 발생한다. 전전두엽피질을 비롯한 세 번째 영역은 인지 평가와 통제에 관여한다. "내 품에 안긴 아기가 방금 나를 물었지만 아이를 떨어뜨릴 생각은 없어!" 네 번째는 탈출할 때 사용하고 싶을 법한 운동계 영역이다.

뇌의 통상적인 작동 원리에 따르자면 통증 매트릭스는 즉각적 통증 경험을 느낄 때만 활성화하는 것은 아니다. 통증 매트릭스 중 상당 부분은 다른 사람, 특히 사랑하는 사람이 고통스러워하는 모습을 볼 때도 활성화한다. '통증 공감'은 아픔과 관련된 뇌 영역을 활성화하는데, 평소에 다른 사람에게 쉽게 공감하는 사람들에게 강하게 나타난다.[19] 통증을 상상할 때도 마찬가지이며, 자기 자신의 통증을 상상할 때부터 사랑하는 사람의 통증, 타인의 통증을 상상하는 순으로 그 강도는 단계적으로 변화한다.[20] 아주 최근에 겪은 통증을 떠올리면 통증

경험 그 자체에 관여하는 뇌 영역과 거의 동일한 영역이 활성화한다.[21]

트레이시의 설명에 따르면 이 현상을 밝히는 연구는 현재 진행 중이다. 뇌의 활성화를 지도화하는 최첨단 기법으로 물리적 통증과 공감에 따른 고통 간의 신경학적 특징이 어떻게 다른지 연구하고 있다.[22, 23] 하지만 통증을 관찰, 상상, 회상하는 행위는 지금 여기에서 느끼는 고통과 겹치는 뇌 활성화와 관련이 있다. 이는 통증 매트릭스가 매우 다양한 요소의 영향을 받는다는 것을 의미한다.(그림 37) 이 요소들 중에는 '다음에 무슨 일이 일어날지에 대한 기대'도 포함된다. 실험에서 밝혀졌듯이, 이러한 기대는 강력한 효과를 발휘한다. 그 효과는 플라세보 효과와 유사하다.

트레이시의 실험에서는 불활성 성분, 즉 플라세보를 투여하지 않고 활성 약물만을 사용했음에도, 환자의 기대가 약물의 효능에 큰 영향을 미쳤다. 실제로 아무 효과도 없는 설탕 알약 같은 플라세보를 통증 치료에 투여했을 때도 상당한 통증 완화 효과가 나타난다. 한 실험에서는 플라세보의 효과가 모르핀 5밀리그램을 투여한 것과 맞먹는 수준이었다.

트레이시의 통증 실험에서처럼 플라세보가 유발하는 통증 완화 효과 역시 뇌의 통증 매트릭스 활성화에 직접 영향을 미친다. 이 과정에서 뇌는 자체적으로 모르핀 유사 신경전달물질인 엔도르핀을 분비한다.[24] 엔도르핀은 척수에서의 통증 전달을 억제하고, 동시에 통증 매트릭스의 활성화를 감소시킨다. 또한 엔도르핀은 도파민과 함께 이인무를 추듯 상호작용한다. 엔도르핀은 우리가 음악을 들을 때 등줄기를 타고 흐르는 전율을 느끼게 하며, 플라세보 효과에 의한 통증 완화

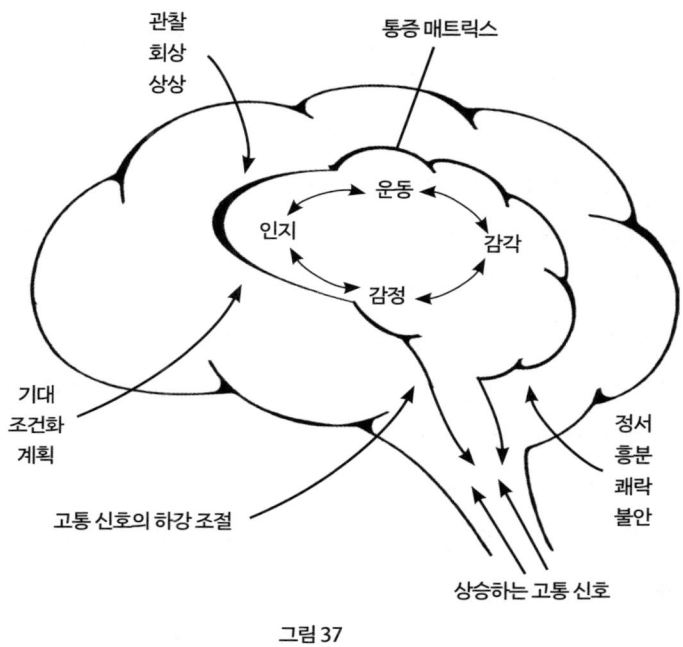

그림 37

에도 중요한 역할을 한다.[25]

긍정적 기대가 플라세보가 작동하는 유일한 경로는 아니다. 예를 들어, 맥주를 한 모금을 마시자마자 마음이 풀어지는 현상은 조건화 conditioning의 한 사례다. 조건화란 중립적인 자극(맥주의 맛)이 강력한 자극(알코올)과 반복적으로 연합되면서, 결국 중립적 자극만으로도 강력한 자극과 유사한 효과를 이끌어내는 것을 말한다. 조건화는 트레이시의 실험에서도 나타났다. 첫 번째 실험에서 진통제를 잠시 경험한 참가자들은 이틀 뒤 같은 상황에서 진통제를 투여받을 것이라고 믿는 것만으로도 약한 조건화 반응을 보였다.

플라세보 효과에서 가장 많이 연구되는 두 가지 기제, 즉 긍정적 기대와 조건화의 영향은 통증에만 국한되지 않는다.[26] 파킨슨병에서도 비슷한 효과가 나타난다. 진통제를 맞는다는 기대가 엔도르핀 분비를 촉진해 통증을 완화하듯, 파킨슨병 환자가 도파민 유사 치료를 받을 것이라 기대하면 실제로 도파민 분비가 촉진되어 운동 장애와 떨림이 완화될 수 있다. 우울증과 불안도 플라세보 치료에 반응한다. 학습과 기대에 관여하는 뇌 영역이 활성화되는 질환일수록 플라세보 반응이 나타나기 쉽다.

그렇다면 왜 통증은 이처럼 기대와 플라세보의 영향을 강하게 받을까? 그 이유는 통증이 단순한 감각이 아니라 행동을 유발하고 방향을 결정짓는 중요한 동기 부여의 원천이기 때문이다.[27,28] 통증은 도피나 회복 같은 행동을 유도하지만, 다른 동기들과도 경쟁한다. 예를 들어, 송곳니를 드러낸 호랑이와 싸우는 상황이라면 다리에 난 상처의 통증은 무시하는 편이 낫다. 혹은 매력적인 짝짓기 상대를 발견했다면, 발가락을 찧은 고통쯤은 잊고 싶어질 것이다. 통증은 행동을 조절하는 여러 요인 중 하나일 뿐이며, 다른 요인들과 함께 유연하게 기능한다.

우리는 여러 요소의 영향을 받는다. '이 약을 먹으면 기분이 나아질 것이다'라는 학습된 믿음, '방금 약물을 주입하기 시작했다'는 정보, 임박한 위협이나 달콤한 보상처럼 통증 외에 고려해야 할 요소들, 그리고 통증의 느낌을 강하게 좌우하는 기분 등이 모두 통증 경험에 작용한다. 결국, 당신이 받는 치료법은 그 효과를 믿는 것만으로도 생물학적으로 유의미한 효과를 발휘할 수 있다. 반대로, 진통제 투여를 중단한다는 말처럼 해로움이 발생하리라는 믿음은, 설령 거짓이라도 플라세보와 정반대인 노세보 효과nocebo effect를 일으킬 수 있다. ('노세보'는 라틴어로 "나는 해를 끼칠 것이다"라는 뜻이다.)

약물 실험에서 플라세보("나는 즐겁게 할 것이다"[29])는 흔히 '거짓' 혹은 '가짜 약제'라고 설명된다. 하지만 이는 믿음의 힘을 과소평가한 표현이다.[30] 플라세보 반응에는 아무런 '거짓'도 없다. 상상력은 강력한 약물이다. 트레이시의 말을 들어보자. "플라세보는 앞으로도 존재할 것입니다. 그렇다면 적극적으로 활용하는 편이 바람직하겠지요."[31]

PTSD에는 테트리스를

상상은 강력한 저주이기도 하다. 앞에서 스웨덴에서 활동하는 창의적인 심상 심리학자 에밀리 홈스를 소개했다. 홈스 연구팀은 이란에서 온 난민인 레자를 치료한 적이 있다.[32] 레자는 치료가 절실히 필요한 상황이었다. 군인이 레자의 남편을 집에서 끌어냈을 때 그녀는 스물아홉 살이었다. 군인들은 나중에 돌아와서 레자와 여덟 살짜리 아들도 잡아갔다. 레자와 아들은 같이 감금됐는데 풀려나기 전까지 아들이 보는 앞에서 반복해서 구타와 강간을 당했다. 그들은 간신히 도망쳐서 영국으로 올 수 있었다.

영국은 안전했지만 레자는 전혀 그렇게 느끼지 못했다. 맛, 냄새, 유니폼을 입은 사람에 이르기까지 일상 속 사소한 요소가 감금당했던 나날의 끔찍한 기억을 불러일으켰고, 그럴 때마다 최악의 상황으로 되돌아갔다. 잠자는 것이 거의 불가능했다. 잠이 들어도 악몽을 꾸고 깨어났다. 낮에는 늘 위험을 경계하면서 불안에 떨었다. 아들과 함께 있을 때는 좋았지만 집에 혼자 있을 때면 바깥에서 발소리만 들려도 두려웠다.

레자는 외상 후 스트레스 장애라는 진단을 받았다. 치료 중에 눈을 감고 자신에게 일어난 일을 최대한 생생하게 묘사해 보라는, 마치 기억이 펼쳐지고 있는 듯이 기억을 되살리라는 지시를 받았다. 치료사였던 세라는 안전한 환경에서 끔찍한 기억을 떠올리면서 기억 속 심상에서 독기가 빠져나가기를 기대했다. 하지만 기억은 순순히 말을 듣지 않았다. 기억은 레자를 덮쳐 그녀를 과거로 돌려보냈다.

치료사는 방향을 틀어서 레자에게 눈을 뜨고 사건을 마치 다른 사람에게 일어났던 일처럼 묘사해 보라고 지시했다. 레자는 반복해서 그렇게 했고 서서히 어느 정도 거리감과 통제감을 얻었다. 그녀는 내면에서 그 이야기를 꺼내 다시 들려줬고, 이를 확장해 결국에는 자신과 아들이 살아남았다는 희망적 서사와 엮을 수 있게 됐다. 레자는 최악의 상황도 극복할 수 있다는 사실을 깨달았다. 아무리 끔찍하더라도 그 최악이 레자의 마지막은 아니다. 레자는 조금씩 끔찍한 기억의 손아귀에서 벗어났고, 삶의 주도권을 되찾았다. 악몽이 사라졌다. 더는 길거리에서 들리는 소리에 움츠러들지 않았다.

세라가 사용한 기법(지속 노출 치료와 심상 재각본)은 외상 후 스트레스 장애의 확립된 치료법이다.[33] 이 두 기법은 아무것도 하지 않는 것보다는 훨씬 효과가 좋고 플라세보 치료보다 조금 더 효과가 있다. 요즘이라면 외상 후 스트레스 환자에게 치료사가 EMDR이라는 머리

글자로 널리 알려진 '안구운동 민감소실 재처리 요법'이라는 치료법을 제안할 가능성이 높다. 이 방법은 외상성 기억을 떠올리면서 보통 안구운동을 수반하는 두 번째 과제를 함께 실시한다. 두 가지 절차를 함께 실행함으로써 고통스러운 심상에 따르는 정서적 부하와 생생함을 줄일 수 있다. 이 접근 방식은 외상성 기억에 정면으로 맞서게 한다. 지난 10년 동안 홈스는 좀 더 섬세하고 효과적인 대안을 찾아다녔다. 그녀는 기억 과학에서 찾은 흥미로운 결과를 바탕으로 뇌 깊숙이 작용하는 접근법을 개발하고 있다.

우리는 기억을 스냅사진처럼 생각하는 경향이 있다. 하지만 기억은 우리 안에 살아 있는 존재이며, 오랜 시간에 걸쳐 일어나는 복잡한 생화학적 사건의 연쇄적인 결과물이다. 기억은 뇌의 여러 부위에서 서로 다른 여러 버전으로 생성된다. 각각의 기억은 확립과 성숙 과정을 거쳐 저장되고 나중에 기억을 떠올릴 때 되살아난다. 최신 기억은 사라지기 쉽다. 두부 외상, 발작, 새로운 단백질 합성을 차단하는 약물 주입은 모두 최근의 기억을 지울 수 있다. 의식을 잃었을 때 충격을 받기 직전에 일어난 사건에 대한 기억이 날아가 공백이 생기는 경우도 종종 있다. 에밀리 홈스는 이런 최신 기억의 취약성을 활용하면 외상성 기억이 침입력을 획득하지 못하도록 막을 수 있을지 궁금했다.

그래서 에밀리 연구팀은 외상 기억 영상 기법을 사용해 이후 임상 시험에서도 검증된 한 아이디어를 시험해 보기로 했다.[34] 그 아이디어는 간단하면서도 독창적이었다. 시각 피질을 다른 활동으로 바쁘게 만들어 외상성 기억이 응고되는 것을 방해할 수 있지 않을까 하는 것이었다. 테트리스는 1984년에 출시된 인기 컴퓨터 게임이다. 플레이

어느 색색의 타일을 움직여 가로선을 채워 선을 지워야 한다. 더 많은 선을 채우고 지울수록 점수가 올라가며, 타일이 쌓여 꼭대기에 닿으면 게임이 끝난다. 홈스 연구팀의 임상 연구에서는, 외상 후 스트레스 장애로 이어질 수 있는 사고를 막기 위한 흥미로운 실험이 진행됐다.

연구팀은 방금 사고를 당해 병원으로 이송된 환자에게 사고 중 가장 끔찍했던 순간을 떠올려 말하게 한 뒤, 약 20분 동안 테트리스를 하도록 했다. 이 실험 집단을 사고에 대해 묻지 않고 응급실에서 사고 당시 상황을 기록하게 한 통제 집단과 비교했다.

결과는 놀라웠다. 테트리스를 한 집단에서는 사고 후 일주일 동안 침습적 심상이 떠오르는 빈도가 절반 이하로 줄어들었다. 한 30대 후반 남성은 이렇게 회상했다. "충돌 직전에 나무가 보였고, 직후에는 에어백이 터졌습니다." 그는 연구가 끝날 무렵 이런 소감을 남겼다. "병원에 있는 동안 사고 생각을 거의 하지 않았습니다. 당시에는 테트리스 게임을 하는 것이 조금 이상하게 느껴졌지만 돌이켜보니 도움이 된 것 같습니다. 고맙습니다."

몇 년 후 당신이 사고를 당해 응급실에 가게 된다면 외상 후 스트레스 증후군이 생길 위험을 줄이고자 컴퓨터 게임을 권유받을 수도 있다. 에밀리 홈스 팀에게 이 결과는 시작에 불과했다. 가장 심각한 외상 후 스트레스 증후군 사례는 대부분 발생한 지 이미 오래된 경우다. 홈스가 레자를 만났을 무렵은 기억 형성을 방해하기에는 이미 너무 늦은 시기로 보였다. 그런데 정말 늦은 것일까? 최근 기억 과학은 이미 형성된 기억도 뇌에서 다시 인출될 때 '재응고화'라는 과정을 거쳐 수정될 수 있음을 보여준다. 홈스 연구팀은 이 점에 착안해 다음 단계를 설계했다.

홈스 팀은 입원 치료가 필요할 정도로 장기간 동안 중증 외상 후 스트레스 증후군에 시달리는 환자들을 대상으로 연구를 실시했다.[35] 환자들은 생생한 침습적 기억을 일기로 기록했다. 몇 주일에 걸쳐 매주 환자들은 현재 기억 중에 가장 괴로운 기억을 골라 3인칭 시점으로 침습적 순간인 핫스폿이 머릿속에 떠오르도록 아주 구체적으로 서술하고 이어서 25분 동안 테트리스 게임을 했다. 기억을 추가로 떠올리면 침입 위험이 높아질 것 같지만 실제로는 테트리스를 한 이후로 몇 주일 동안 그런 위험이 낮아졌다. 테트리스 치료를 받은 기억은 '표적이 되지 않은' 기억보다 위험이 유의미하게 크게 낮아졌다.

부정적인 심상만이 정서적 문제를 일으키는 것은 아니다. 성공, 화려한 생활, 만족스러운 성생활과 같은 긍정적인 심상도 조증으로 이어질 수 있는 고양감의 소용돌이를 부추길 수 있다. 양극성 장애 환자가 이런 위험한 심상이 떠오른 것을 인식하고, 그 너머에 있는 원치 않는 결과까지 생각하도록 돕는다면 이러한 소용돌이를 차단할 수 있다.[36]

오랫동안 갈망했던 초콜릿의 모습, 담배 냄새, 술의 맛처럼 유혹적이지만 바람직하지 않은 심상은 욕망을 더욱 부추기곤 한다.[37] 이럴 때 무지개의 반짝임, 유칼립투스의 상쾌한 향처럼 경합하는 심상을 떠올리면 이러한 침입적 욕구를 줄일 수 있다. 심상, 기억, 정서는 우리 마음속에서 서로 보조를 맞추며 행진한다. 심상은 기억을 소환하고, 정서를 조정한다. 정서는 심상을 유발하고, 기억을 여과한다. 기억은 심상을 불러일으키고, 정서를 깨운다. 이 셋은 서로를 돕기도 하고 방해하기도 한다.

레자는 치료 덕분에 침입적 심상이 불러오는 정서적 고통에서 벗어날 수 있었다. 홈스의 연구는 기억이 뇌에서 형성되고 재형성될 때 이를 억제하거나 조절하는 방법을 보여준다. 덕분에 외상을 겪은 사람들이 다시 한번 미래를 친구처럼 맞이할 수 있도록 도울 수 있다.

사회화된 상상

지금 당신은 정말 기묘한 처지에 놓였다. 옴짝달싹할 수 없다. 눈이 떠지지 않고 머리가 너무 무거워 들 수 없으며 팔은 침대에 고정돼 있다. 그때 기억이 떠올랐다. 당신은 수술실에 있다. 수술이 진행 중이다. 의식은 있지만 근육을 움직일 수 없다. 이 끔찍한 상황이 수술 1,000건 중 한 건 꼴로 발생한다.

이는 극단적 형태의 '잠금 증후군'이다. 잠금 증후군이란 알렉상드르 뒤마의 소설 《몬테크리스토 백작》에 등장하는 누아르티에 같은 인물의 상태를 묘사하는 데 처음으로 사용된 용어다.[38] 누아르티에는 뇌졸중으로 인한 마비로 눈과 눈꺼풀 외에는 아무것도 움직일 수 없다. 사랑스러운 손녀 발랑틴이 할아버지가 무엇을 원하는지 해석하는 법을 배웠다. "눈을 감아서 승인을, 눈을 몇 차례 깜빡여서 거부를 표현했다. 바라는 바가 있거나 표현하고 싶을 때는 눈을 위로 치떴다." 이런 기본 암호로 불충분할 때 발랑틴은 알파벳 문자를 불러주고 할아버지의 반응을 관찰하면서 그가 마음속으로 떠올리는 단어를 추측했다. 장 도미니크 보비는 자신이 겪은 뇌졸중 증세를 왼쪽 눈꺼풀의 움직임만 사용해 한 글자씩 구술해서 《잠수종과 나비》라는 책으로 썼다.[39] 누아르티에와 보비는 적어도 눈은 움직일 수 있었다. 수술 중에 의식이 들었지만 전혀 움직일 수 없는 사람의 상태를 가리켜 '초잠금 상태'라고 부르기도 한다. 이 경우 의식은 완전히 또렷하지만 생각하는 바를 표현할 수 있는 수단이 전혀 없는 상태를 뜻한다.

20여 년 전, 케임브리지대학교의 신경과학자 에이드리언 오웬은 뇌 영상법이 의사소통 능력을 잃은 사람들에게 새로운 소통 경로가 될 수 있다고 생각했다. 나는 런던에서 열린 학회에서 그를 만난 적이 있다. 당시 오웬은 커피잔을 손에 든 채, 겉으로는 아무런 행동이 없어도 뇌 활동의 특정 패턴을 통해 의식의 존재를 어떻게 확인할 수 있을지 깊이 고민하고 있었다. 당시 그는 자신의 아이디어에 대해서 아직 확신이 없다고 했었다. 나중에 오웬이 도출한 대답은 상상력에 크게 의존한 것으로, 뛰어난 아이디어가 대개 그렇듯 지극히 단순하면서도 무한한 가능성을 지닌 발상이었다.

보통 나는 환자가 의식이 있는지, 그리고 무엇을 의식하고 있는지를 그가 내게 하는 말을 통해 파악할 수 있다. 환자가 말을 할 때는 내가 던진 질문이나 지시에 응답하고 있는 셈이다. 자신의 상황을 나에게 전달해주는 것이다. 그러나 초잠금 상태 같은 경우는 의식과 발화 행동이 완전히 분리될 수 있음을 보여준다. 의식은 또렷하지만 아무 말도 할 수 없는 경우가 있는 것이다. 이를 '인지 운동 해리'라고 부른다. 오웬은 환자에게 신체 행동 대신 '뇌 행동'을 하도록 지시하면, 뇌 영상법을 통해 환자가 정신적으로 지시에 응할 수 있는지를 확인할 수 있을 것이라고 생각했다. 만약 그렇게 할 수 있다면 겉보기에는 자각이 없는 것처럼 보여도 환자에게는 분명 의식이 있다고 추론할 수 있다. 마음과 뇌라는 사적 영역에서 그의 요청을 이해하고 그에 맞게 반응할 수 있으리라 예상한 것이다. 그래서 오웬은 환자들에게 특정 상황을 상상하라고 요청했다.

오웬 연구팀은 신경과학자 스티븐 로리스와 함께, 단순한 상상만으로도 뇌 영상법에서 뚜렷하게 구분되는 패턴이 나타난다는 사실을 이미 입증한 바 있다. 첫 번째 과제는 테니스를 치는 상상이었다. 건강한 참가자가 테니스를 치는 장면을 떠올리면 일차운동피질과 그 인접 부위인 보조운동영역supplementary motor area이 일관되게 활성화됐다. 두 번째 과제는 자기 집안을 방마다 걸어 다니는 상상이었다. 이 경우에는 길 찾기와 관련된 뇌 영역인 해마곁장소영역 parahippocampal place area, 후두두정피질occipitoparietal cortex, 전운동영역premotor cortex에서 지속적인 활동이 관찰되었다. 오웬과 로리스가 이런 과제를 선택한 이유는 단순하면서도, 관련된 뇌 반응이 강력하고 명확하게 드러나기 때문이었다.

2006년 《사이언스》에 실린 짧지만 획기적인 논문에서 두 학자는 5개월 전 발생한 사고로 쭉 의식 불명 상태였던 23세 여성이 상상 과제를 수행하면서 이에 상응하는 뇌 활동을 나타냈다고 밝혔다.[40] 그들은 환자가 지시를 이해하고 요청받은 뇌 활동을 수행할 수 있다면 겉으로 보기에 아무리 의식 불명 상태로 보인다고 해도 분명히 의식이 있을 것이라고 추론했다. 몇 달 후 환자는 행동으로 의식의 징후를 보이기 시작했지만 연구진이 수행한 조치는 전혀 기억하지 못했다.

실험 당시 환자는 '식물인간'으로 진단받은 상태였다. 이는 뇌에 손상을 당한 이후에 발생하는 깨어 있으나 의식이 없는 이상한 상태다. 실제로 겉으로 보기에는 그 환자는 식물인간 상태였다. 하지만 오웬과 로리스 연구팀은 식물인간으로 여겨지는 환자 약 다섯 명 중 한 명은 사실 의식이 있으며 처음 연구에서 사용한 것과 같은 뇌 활동을 수행할 수 있다고 밝혔다.[41]

머지않아 오웬 연구팀의 기법은 의식 유무를 진단할 뿐만 아니라 의사소통 경로를 확립하는 데도 쓰였다. '테니스 치는 상상'은 '예', '집 안을 돌아다니는 상상'은 '아니요'를 의미했다.[42] 한 연구에서는 의식이 없는 환자가 답을 모르는 사실적 질문("아버지의 이름이 알렉산더입니까?")뿐만 아니라 임상적으로 유용한 질문("지금 통증을 느낍니까?", "자세를 바꾸고 싶습니까?")에도 대답할 수 있었다.[43] 이 접근법으로 생각과 바람을 표현할 방법이 달리 없는 마음과 대화를 나눌 수 있게 됐다.

오웬이 처음 사용한 방법은 번거롭고 복잡했다. fMRI를 촬영하려면 비싸고 거대한 기계가 필요했기 때문이다. 하지만 〈사이언스〉에 첫 논문을 발표한 이후, 오웬 연구팀은 뇌파를 기록하는 뇌전도[44]나 근적외선 분광법[45] 같은 훨씬 더 보편적인 기법으로도 의사 표현을 할 수 없는 사람들의 상상을 해독할 수 있다는 사실을 밝혀냈다.

이 선구적인 연구는 이 책에서 다루는 세 번째와 네 번째 통찰을 반영하고 있다. 즉, 우리가 보거나 듣거나 움직이는 상상을 할 때 실제로 그 일을 할 때와 동일한 뇌 영역을 사용한다는 것이다. 거듭 살펴봤듯이, 뇌의 관점에서 보면 움직임이나 풍경, 통증을 '상상'하는 것은 실제로 그것을 '경험'하는 것과 매우 유사하다. 그러나 오웬의 연구가 성공할 수 있었던 결정적 이유는, 그가 강조한 마지막 핵심 아이디어 덕분이었다. 그것은 바로 인간의 상상이 지극히 사회화되어 있다는 것이다. 그의 말에 따르면, 인간의 상상은 개인의 내부에서만 일어나는 것이 아니라, 언어, 문화, 사회적 맥락과 깊이 연결되어 있다.

오웬이 의식이 단절된 뇌에서조차 의식을 감지할 수 있었던 것은, 바로 이러한 상상의 사회적 성격 덕분이었다. 그는 환자에게 테니스를 치는 모습이나 집안을 탐색하는 장면처럼, 사회적 경험과 언어를 통해 학습된 구체적이고 공유된 활동을 떠올리도록 지시했다. 이처럼 언어를 통해 환자가 무엇을 상상할지를 통제할 수 있었기 때문에 그의 연구는 성공할 수 있었다.

결국 오웬의 발견은 인간의 상상이 본질적으로 사회적이며 타인과의 상호작용 속에서 그 내용을 형성하고 전달한다는 사실을 보여준다. 그리고 이러한 사회화된 상상 덕분에 의사 표현이 불가능한 사람들도 자신의 마음속 세계를 타인과 공유할 수 있는 길이 열렸다. 에이드리언 오웬과 스티븐 로리스의 발견은 이전에는 상상도 할 수 없었던 방식으로 인간이 자신의 마음속 세계를 타인과 공유할 수 있다는 가능성을 열어주었다.

오랫동안 인간의 마음이 느끼는 고통에 흥미를 가져온 의사로서, 글을 쓰는 동안 7장과 8장은 정리하기가 쉽지 않았다. 상상력의 고뇌는 거의 무한하게 느껴졌기 때문이다. 반면 이번 장에서 상상력의 실용적이고 치료적인 용도를 정리하는 작업은 훨씬 수월하게 느껴졌다. 이러한 소소하지만 긍정적인 용도는 현실적이면서도 의미가 크다.

정신 연습을 통해 실제 수행 능력을 연마할 수 있다. 치료를 받으면 나아질 것이라는 기대는 실제로 치료 효과를 증대시킨다. 우리는 상상력을 통해 우리를 괴롭히는 심상을 재구성할 수 있다. 또, 목소리를 낼 수 없는 사람에게 상상력으로 만들어낸 '뇌 활동'을 통해 목소리를 되찾아줄 수도 있다.

"나는 전장의 방패였고

불타는 숲이었네."

《탈리예신의 책》:
    〈나무들의 전투〉

10장.
불타는 뇌 : 아리스토텔레스는 틀렸다

지금부터 우리는 극단적 상상의 세계를 둘러보려고 한다. 황홀하고 풍요롭고 강렬하게 빠져드는 상상을 살펴볼 것이다. 너무나 생생한 심상을 떠올리는 사람들을 만나보고 반대로 아예 심상을 떠올리지 못하는 사람들도 만나볼 것이다.

불타는 숲

인간의 상상력에는 한계가 없는 듯하다. 우리는 자유자재로 형태를 바꾸고 유체 이탈을 경험하며, 다른 사람의 삶, 초감각적인 존재, 시공간의 저 끝까지도 기꺼이 탐색하려는 예리하고 호기심 많은 존재다. 때때로 우리는 자신의 상상 속에서 철저한 관찰의 대상이 되기도 한다. 탈리에신은 6세기 웨일스의 음유 시인으로 이런 주술적 재능을

등골이 오싹해지는 듯한 황홀한 시구로 극한으로 표현했다.[1]

> 태어나기 전에
> 나는 여러 형태를 거쳤지
> 날렵하고 황홀한 검이었고…
> 반짝이는 별이었다가
> 성직자 손에 들린 책이었다가
> 빛나는 등불이 되었지…
> 나는 길이자, 독수리였고
> 바다를 떠도는 쪽배였다…
> 나는 전장의 방패였고…
> 불타는 숲이었네.

이처럼 '된다' 것은 바깥을 향한 여정처럼 보이지만 실은 내면을 향한 여정이다. 우리는 상상을 통해 이미 알고 있는 것, 검과 별, 길과 거품 같은 추상적이고 감각적인 방대한 지식의 저장고, 세상을 싹 지우는 모방의 힘을 다시 발견한다.

때때로 이런 상상이 우리를 억압할 수도 있다. 어떤 환자는 온몸이 마비되어 바싹 조여드는 듯한 무서운 꿈을 반복해서 꾼다고 말했다. 꿈속에서 그는 자신이 '상자'라고 믿었다. 닐 게이먼이 쓴 소설 《신들의 전쟁》의 주인공인 섀도는 십자가에 못 박힌 듯한 공포를 견딘다. "망상 속에서 섀도는 나무가 되었다… 그는 팔이 100개였고 그 팔들을 손가락 10만 개로 갈라졌다.… 그는 나무였고 잿빛 하늘이었으며 떠다니는 구름이었다… 그는 나무 속 깊은 곳에 숨은 벌레였다."[2]

우리는 무엇이든, 누구든 될 수 있다. 이것이야말로 인간이 가진 사회적 초능력이다. 물론 언제든 자유롭게 꺼내 쓸 수 있는 능력은 아니지만, 발휘될 때는 풍부한 통찰과 치유의 힘을 준다.[3] 사물을 이해할 때는 좀 더 차분하지만, 사물과 밀접하게 연결된 또 다른 형태의 상상력을 활용한다. 19세기 물리학자 존 틴들은 "감각적인 현상을 설명할 때 우리는 습관적으로 초감각적인 심상을 형성한다"라고 썼다.[4] 틴들과 동시대 인물이자 시인 바이런 경의 버림받은 딸 에이다 러브레이스는 아버지가 쓴 시에 의심을 품으면서도 '시적 과학'에는 열광했다. "상상력은 무엇보다도 발견하는 능력이다. 이는 우리를 둘러싼 보이지 않는 세계, 과학 세계를 침투한다. 미지의 세계의 문턱을 걷는 법을 배운 사람은 상상력의 아름다운 하얀 날개로 우리가 살아가는 아직 밟지 않은 세계로 날아오를 수 있다."[5]

우리는 모든 사람과 모든 사물을 이해하고자 상상력을 발휘할 뿐만 아니라 남다른 미래를 그려보고 만들어 나갈 때도 상상력을 사용한다. 판타지 소설은 종종 깜짝 놀랄 정도로 정확한 미래 예측을 담고 있다. 《80일간의 세계일주》는 더 이상 1872년에 쥘 베른이 상상한 도전이 아니다.[6] 조지 오웰의 《1984》에 등장하는 끊임없는 감시는 이제 우리 일상에서 지독할 정도로 친숙해졌다.[7] 내가 반세기 전 스탠리 큐브릭의 영화 〈2001: 스페이스 오디세이〉를 봤을 때만 해도 불가능한 꿈이었던 화상 채팅, 말하는 컴퓨터, 궤도 우주 정거장은 이제 현실이 됐다. 엄청난 상상력의 소유자 마거릿 애트우드가 소름 끼치는 《미친 아담》 3부작[8]으로 그려낸 유전자 변형 바이러스와 똑똑한 돼지가 빚어내는 종말이 우리 미래가 아니기를 바랄 뿐이다.

'샘솟는 창의력의 흐름'⁹은 어린 시절에 가장 왕성하다. 앞에서 만난 마라는 이제 네 살이 됐다. 손마디를 바닥에 대고 네 발로 걷는 흉내를 내고 괴상한 소리를 내면서 "나는 고릴라야"라고 주장한다. 마라에게는 모든 것이 다른 어떤 것이고, 상상력의 톱니바퀴를 정신없이 돌리는 밑거름이다. 생각에 잠긴 마라는 이렇게 중얼거린다. "물은 물을 즐길까, 바람은 바람을 즐길까?"

7세 이하 어린이 절반 이상이 한 번쯤은 상상 속 친구를 사귄 적이 있다.¹⁰,¹¹ 한 여자아이는 "유치원에서 제일 친했던 친구의 상상 버전인 '가짜 레이철'을 만들어 3년 동안 그 친구와 자주 놀았다." 여섯 살짜리 여자아이는 "눈에 보이지 않는 초록색 개 얼리샤와 생각이나 기분을 공유했다." 이런 눈에 보이지 않는 놀이 친구를 보면서 부모는 외롭다는 신호로 여겨 걱정할 수도 있지만, 마조리 테일러의 연구는 정반대 결과를 시사했다. 상상 속 친구가 있는 어린이는 그렇지 않은 어린이보다 다른 사람의 마음을 더 일찍 이해한다. 상상력이 부족한 또래 아이보다 더 사교적이고 창의적이며 잘 속지 않는다. 테일러는 인터뷰를 하다가 아이가 하던 일을 멈추고 자기 눈을 바라보면서 "있잖아요, 그냥 상상 놀이예요"라고 말하곤 한다고 했다.¹²

본격적으로 평행 상상 세계를 만드는 사람은 많지 않다.¹³,¹⁴ 20명 중 1명 정도가 이런 세계를 만들 수 있다. 미국에서 '탁월한 독창성과 창의적 추구에 대한 헌신 및 뚜렷한 자기 주도 능력'을 가진 사람에게 수여하는 맥아더 펠로우 수상자 중 4분의 1이 아동기와 청소년기에 '평행 세계 놀이'에 푹 빠졌다고 말했다는 것을 고려할 때 이는 미래의 성공을 점치는 지표가 될 수 있다.

샬럿, 에밀리, 앤 브론테가 창조한 '그레이트 글라스 타운', '곤달', '앵그리아' 같은 가상의 나라는 역사상 가장 유명한 사례라 할 수 있다. 세 자매는 모두 요절하기 전에 걸출한 소설가로 성장했지만, 어린 시절에는 남동생 브랜웰과 함께 가상의 지도, 군사 보고서, 미니어처 잡지, 인물과 장소의 그림은 물론 이 세계와 그 거주자들에 관한 수많은 이야기를 창조했다. 시인 W. H. 오든과 학자이자 소설가인 C. S. 루이스 역시 어린 시절에 자신들만의 가상 세계를 창조한 인물들이다.

이런 세계를 구축하는 데 필요한 창의성과 제약의 조합은 예술과 과학 분야 모두에서 훗날 창의성을 발휘할 유망한 기반이다. 또한 이를 기록하는 과정에서 필요한 노력과 성실성 역시 중요한 요인이다. C. S. 루이스는 특유의 솔직함으로 이렇게 썼다. "몽상할 때 나는 바보가 되려는 훈련을 한다. 애니멀 랜드❾ 지도와 연대기를 기록하면서 나는 소설가가 될 훈련을 하고 있었다."[15] 어린이는 글을 쓰거나 그림을 그리거나 뭔가를 만들면서 이런 평행 세계에 구체적인 존재를 부여하는 가운데 '사고 과정과 상상의 산물이 어떻게 서로 엮여 들어가는지' 발견한다.[16] 무엇보다도 이 과정에서 창작자로서 강렬한 자아감을 획득한다.

이런 감각은 감동적이다. 하지만 사실 우리는 모두 자신이 살아가

---

❶ C. S. 루이스가 어린 시절 형과 함께 만든 가상 세계

는 사적 세계를 끊임없이 만들어 나가는 창작자이자 화자다. 우리는 자기 자신과 세계를 상상하면서 동시에 실현해 나간다. 시와 소설, 과학, 그리고 어린 시절 놀이에서 보듯, 우리는 집단적으로 극적인 상상력을 발휘할 수 있다. 이는 그리 놀라운 일도 아니다. 다만 활기가 넘치는 우리의 뇌가 직면한 가장 큰 위험은 단조로운 현실에 갇히는 것이 아니라 루이스가 말했듯 가상 세계에 지나치게 몰두할 때 일어난다.

'부적응성 백일몽'이라는 용어는 생생하고 시간을 많이 소비하며 고독한 백일몽에 중독되는 사람이 겪는 곤경을 가리키는 새로운 질환이다.[17,18] 한 34세 여성은 이렇게 한탄했다. "저는 거의 온종일 집에서 몽상하면서 보내요. 마치 인생을 놓친 유령 같아요." 19세 학생은 과제, 공부, 청소를 게을리하고 "일어나서 잠시도 몽상을 멈추고 싶지 않아서" 먹지도 않고 화장실도 가지 않았다. 이렇게 백일몽을 꾸는 사람들의 경험은 대단히 생생하다. 한 20대 학생은 이렇게 설명했다. "색채, 냄새, 맛이 있는 현실 같아요. 바깥 소리는 들리지만 차단할 수 있어요." 부적응성 백일몽에 시달리는 사람은 감정의 롤러코스터를 경험한다. 백일몽은 대개 사랑이나 사회적 지위, 성공처럼 이해하기 쉬운 소원을 성취하는 꿈이지만, 그런 목표를 실제로 달성하는 데 방해가 된다. 이 증후군을 처음으로 설명한 엘리 소머에게 찾아오는 사람들 대부분은 도움을 청했다.

마음의 눈이 없는 사람들

상상력이 풍부한 사람들도 상상하는 방식은 저마다 다르다.

2003년 4월, 나는 난생처음으로 마음의 눈, 즉 시각화 능력을 잃은 사람을 만났다. 이 주제를 다룬 첫 번째 논문[19]에서 환자 MX로 표기한 짐 캠벨은 60대 중반의 쾌활한 측량사로 친구와 가족, 좋아하는 장소와 과거 휴가 등 시각적 상상을 즐기는 사람이었다.

예전에 그는 소설책을 펼쳐 들면 풍요로운 시각 세계에 빠져들었다. 열쇠를 잃어버렸을 때면 마지막으로 열쇠를 둔 장소의 심상을 마음속으로 떠올리려고 했다. 하지만 심장 시술을 받은 이후 갑작스럽게 심상을 완전히 잃게 됐다. 한 세기 전에 장 마르탱 샤르코가 기록한 환자처럼 캠벨은 "마음속 시력을 완전히 상실"했다.[20] 그는 성실하고 가정적인 사람이었다. 마음속 시력 상실로 아주 심각하게 동요하지는 않았지만 주치의에게 상담하러 갈 정도로는 마음이 쓰였다. 일상생활에서의 시력은 완전히 정상이었지만 그는 내게 "볼 수 있었을 때가 그리워요!"라고 표현했다.

우리는 캠벨의 사례를 자세하게 연구했다. 그의 경우, 마음속 시력 상실은 매우 선택적이었다. 지능은 떨어지지 않았고 시각 기억도 온전히 유지됐다. "풀색은 소나무색보다 더 짙은가 아니면 더 옅은가?"처럼 시각 심상을 평가하는 테스트에서 높은 점수를 받았다. 이는 캠벨이 답을 '그냥 알고' 있었기 때문에 심상을 참조할 필요가 없다는 뜻이다. 참조할 대상이 없으니 문제가 되지 않았던 것이다.

캠벨은 수치로는 측정하기 어렵다고 여겼던 경험 속의 실제 변화를 보여주는 듯했다. 그래서 우리는 그 사실을 확인하기 위해 뇌 영상법을 사용하기로 했다. 그에게 유명인의 얼굴을 보여주었을 때는 예상한 대로 시각피질이 활성화했지만, 얼굴을 제시하지 않고 시각화를 요청했을 때는 마음의 눈과 관련된 후두부 영역이 거의 활성화하지 않았다. 우리는 특이하게 변한 경험에 상응하는 '신경 상관관계'를 찾아낸 것이다.

　미국 과학 저술가 칼 짐머가 캠벨의 사례를 과학 보고서로 작성해 잡지 《디스커버》 기사로 다뤘다.[21] 그러자 놀라운 일이 일어났다. 이후 몇 년 동안 나와 내 동료들은 칼 짐머의 기사를 읽은 사람들에게 꾸준하게 메일을 받았다. 그들은 캠벨에게 동질감을 느꼈지만 결정적인 차이점이 한 가지 있었다. 이 사람들은 애초에 시각화를 할 수 있었던 적이 없었다. 학교에서 시각화가 필요한 수업을 하다가 자신의 상태를 확인한 사람도 있고, 친구들과 추억을 떠올리다가 알게 된 사람도 있었다. 짐머의 기사를 읽은 후에 처음으로 자기 자신을 진단한 사람도 있었다. 그들이 느낀 깨달음은 대개 무엇인가가 결여되어 있다는 인식이 아니었다. 그들은 애초 결함이 있다는 것조차 알지 못했다.

　평생 마음의 눈이 결여된 이 현상을 가리킬 이름이 필요했다. 아리스토텔레스는 마음의 눈을 가리킬 때 판타시아phantasia라는 단어를 사용했다. 우리는 여기에 부재를 뜻하는 접두사 'a'를 덧붙였다. 아판타시아aphantasia라는 용어는 블룸스베리의 한 카페에서 차를 마시다가 탄생했다.[22] 나중에 심상의 생생함을 나타내는 스펙트럼에서 아판타시아의 정반대 극단에 선 사람들이 경험하는 경험을 가리키는 용어로 하이퍼판타시아hyperphantasia라는 용어를 만들었다. 하이퍼판타시아는 심상이 너무 생생해서 '실제로 보는 것'에 필적하는 현상이다. 말에는 강력한 힘이 있다. 이런 용어를 만들어내자 공백이 메워졌다. 사람들은 자신이 경험한 이런 특이한 특성을 표현할 방법을 원했다. 이후 몇 년 동안 21건이었던 연락이 1만 6,000건으로 늘어났다.

나는 사람들이 보낸 따뜻한 반응에 깜짝 놀랐다. 어떤 이는 "그 말을 처음 들었을 때 모두가 느끼는 놀라운 깨달음의 순간"에 대해서 썼다. 마침내 수수께끼가 풀린 것 같은 후련함을 느꼈다고 말한 사람들도 있었다. "이제야 이 세상의 많은 부분이 이해가 갑니다." 당연하게도 회의적인 의견도 섞여 있었다. "사람들이 정말로 볼 수 있는 정신 심상을 구성할 수 있을까요?"

다행스럽게도 이 연구 분야와 관련해서 극단적 심상을 언급하는 사람들의 보고는 좀 더 광범위한 행동, 사고, 생리학 패턴에 들어맞았다.[23,24,25] 예를 들어, 아판타시아를 가진 사람들은 과학계나 IT 업계에 종사할 가능성이 높은 반면, 하이퍼판타시아를 가진 사람들은 전통적으로 창작 산업 쪽으로 기우는 경향이 있었다.

아판타시아 상태인 사람은 얼굴 인식에 어려움을 겪거나, 과거의 개인적 사건을 일반인보다 희미하게 기억하거나, 자폐 스펙트럼 장애를 동반하는 경우가 있다. 또한, 무서운 묘사를 읽었을 때 땀을 흘리는 것처럼[26] 심상에 따른 신체 반응이 거의 없거나, 뇌 활동[27]이 부족하거나 달라지는 경우도 보고됐다. 아판타시아는 가족 내력이 확인되므로, 다른 많은 특성과 마찬가지로 유전적 요인의 영향을 받을 가능성이 크다.

이밖에도 두 가지 측면이 점차 분명하게 드러났다. 아판타시아인 사람 대부분은 대체로 감각 심상이 미약하거나 아예 없다. 마음의 귀, 코, 혀, 손끝이 마음의 눈과 함께 작동하지 않는다. 더 놀라운 점은 아판타시아 상태인 사람 중 약 절반이 시각 심상이 무엇인지 안다고 말한다. 그들이 꾸는 꿈 속에는 여전히 시각 심상이 나타나기 때문이다.

아판타시아에는 예상치 못한 이점이 따르기도 한다. 그들은 친구나 친척들보다 쉽게 앞으로 나아가고, 남들보다 실연이나 사별을 빨리 극복한다. 때때로 그런 점에 죄책감을 느끼면서 자신이 너무 냉정하지는 않은지 고민하기도 한다.

하이퍼판타시아를 겪는 사람들은 정반대 특징을 나타낸다. 개인적 사건을 또렷하게 기억하고 다른 감각에서도 생생한 심상을 떠올린다. 갈망이나 외상 후 스트레스 장애처럼 심상이 촉진하는 심리적 어려움에 시달리기 쉽다. 일부는 자신이 상상했던 사건과 관련된 침입적이고 불안한 심상을 경험하기도 한다.

전체 인구 중 약 4퍼센트를 차지하는 아판타시아인 사람과 5퍼센트에서 10퍼센트를 차지하는 하이퍼판타시아인 사람의 내면세계가 어떻게 다른지, 그동안 주목받지 못한 이유는 무엇일까? 적어도 아판타시아 증상은 약 100년 전, 그리고 신경심리학 연구가 활발히 이루어지던 10년 동안 한때 학계의 관심을 받았으나, 이상하게도 곧 잊혀지고 말았다. 우리 연구팀의 발견은 재발견이었던 셈이다. 프랜시스 골턴은 1880년 '아침 식사 자리 설문지'를 돌렸던 친구와 동료 중 일부의 시각화 능력이 '제로'였다고 기록했다.[28] 1883년 장 마르탱 샤르코는 히스테리의 본질을 파헤치면서 '신호와 물체를 보는 마음속 시각의 갑작스러운 단발성 억제'라는 유명 사례를 설명했다.[29] 1882년 파리에서 활동한 의사 쥘 코타르는 죽음이나 비존재에 관한 기묘한 망상을 설명했는데 현재 이 망상은 코타르 망상이라고 불린다.[30] 그의 환자 중에 '마음속 시각의 상실'을 경험한 사람이 있었다. 코타르는 이런 현상이 '비존재 망상'의 배경이 된 것은 아닌지 궁금했다.[31] 이후 100년 동안 신경 장애나 심리 장애로 마음속 시력을 잃게 된 사람에 대한 사례 보고가 종종 의학 문헌에 실렸지만[32,33] 평생에 걸친 아판타시아 현상은 거의 잊혀졌다.

아판타시아는 창의성을 방해하지 않는다. 심상을 떠올리지 못하는 사람들이 남들과 조금 다르게 경험하는 세상을 설명한 묘사에는 시적 울림이 있다. 한 사람은 이렇게 간결하게 설명했다. "누군가가 나에게 모니터나 스피커를 켜주지 않았어요." 어떤 사람은 나무를 상상하는 일이 "새카만 캔버스를 새카만 물감으로 칠하는 작업" 같다고 말했다. 작가 제마 디어는 "달이 뜨지 않은 밤의 말과 감정의 풍경"이라고 썼다.[34] "저는 심상 없이 사랑하는 법을 배우고 있어요"라고 사무치게 말했다.

아판타시아와 하이퍼판타시아는 심상의 양극단을 보여주며 이들이 경험하는 내면 세계를 전혀 다르게 만든다. 이는 그들의 일상생활에 실질적이면서도 미묘한 차이를 빚어낸다. 극단의 심상이 하루하루에 어떻게 작용하는지 이해할 수 있도록 연구 과정에서 만났던 주목할 만한 두 사람을 소개하고자 한다.

듀드니

나는 클레어 듀드니가 꾼 꿈 중 하나를 내 서재 벽에 걸어뒀다. 맨땅과 멀리 보이는 언덕 풍경에 폭풍우가 몰아치는 하늘을 뚫고 나온 진홍빛 햇살이 내리쬔다. 전경의 왼쪽에서는 한 여성이 멀리서 구름을 배경으로 서 있는 천사를 보고 있다. 오른쪽에는 남자 천사가 햇빛에 날개를 반짝이며 무릎을 꿇고 다른 여성에게 인사하고 있다. 어쩌면 같은 여성의 나중 모습일 수도 있다. 여성은 천사의 손을 잡고 한쪽 다리를 뒤로 살짝 빼고 무릎을 구부리며 우아하게 인사한다. 장면에는 멋진 정적이 흐른다. 신비로운 의미로 가득 차 있어서 다른 세계에서 수태고지◑가 일어난 순간 같다.

듀드니는 6개월 동안 밤중이나 다음날 아침에 깰 때마다 손전등을 비춰가며 꿈 내용을 기록하고 그렸다.[35] 그 노력의 보답으로 〈하늘을 나는 남자〉를 비롯한 여러 그림이 탄생했다. 내가 듀드니를 처음 만났던 곳은 그가 화가 스무 명과 함께 기획한 작품전으로, 꿈이 빚어내고 표현한 창의성을 기리는 자리였다.[36] 얼마 전 듀드니는 시각 심상을 떠올리지 못하는 화가 친구 마이클 챈스와 이야기를 나누다가 자신의 심상은 유달리 풍부하고 생생하다는 사실을 깨달았다. 듀드니는 하이퍼판타시아였고 시각적 생생함의 스펙트럼에서 정반대 극단에 있는 마이클 챈스와 함께 우리 연구에 참가하게 됐다.

듀드니는 어릴 때부터 늘 자신은 화가라고 느꼈지만 동시에 학구적인 사람이었다. 그는 물리학과 지리학 학위를 받고 기후 변화와 세계화 연구에 매진했다. 하지만 듀드니 내면의 화가는 들썩였고 가만 있지 않았다. 아판타시아인 사람이 대부분의 사람보다 수월하게 현재를 살아간다면 생생한 심상을 떠올리는 사람은 정반대다. 듀드니는 초

◑ 대천사 가브리엘이 성모 마리아에게 예수 잉태를 알린 사건.

조한 표정으로 현재에 집중하기가 늘 힘들다고 말했다. 생각은 너무나 생생하게 상상할 수 있는 과거와 미래의 정말 사소한 가능성까지 치달았다. "언제 어디에 있더라도 다음에 있을 곳을 떠올려요." 듀드니의 상상은 다른 사람에게로도 쉽게 뻗어나가서 때로는 과도할 정도로 남의 아픔을 느꼈다. 부상을 묘사한 글을 읽다가 기절한 적도 있다.

그러던 어느 날 듀드니의 삶의 방향을 근본적으로 바꾼 일이 일어났다. 남극에서 일하는 물리학자인 듀드니의 아버지가 딸을 남극에 데려가겠다는 평생의 약속을 지키기로 한 것이다. 듀드니는 남극의 풍경에 푹 빠졌다. 너무나도 기묘하고 아름다워서 온 정신을 빼앗겼다. 별천지 같은 남극의 광경, 그 섬세한 웅장함은 평소 듀드니의 마음으로 물밀듯이 밀려들어오던 연상을 차단했다. 그는 정말로 새로운 광경을 보고 있다고 느꼈다. 난생처음으로 '지금 여기'에 집중할 수 있었다. 듀드니에게 다른 선택지는 없었다. 그는 이렇게 보고 존재하며 그토록 강렬하게 세계를 경험하는 느낌을 전달할 방법을 찾아야 했다. 화가가 되어야 했다.

하지만 어떻게 전달해야 할까? 듀드니는 사람들이 아름답다고 느끼고 쉽게 접근할 수 있는 작품을 만들기 시작했다. 하지만 남극에서 겪은 경험은 전혀 그렇지 않았다! 잠시 느꼈던 초조함은 '비범한 세계와 함께 했던 행복하고 흥분되는 경험'을 포착하려는 노력을 이야기하면서 따뜻한 활력으로 바뀌었다. 듀드니는 가로 5미터, 세로 10미터 크기의 캔버스에 그림을 그렸다. 산들바람에도 살짝 흔들리는 이 대형 그림은 '한눈에 전부 다 담을 수 없을' 정도였다. 듀드니가 남극의 웅장함과 씨름해야 했듯이 감상하는 사람도 그림을 올려다보면서 작품 속으로 들어가고자 노력해야 했다. 듀드니는 자신이 느낀 기적 같은 감각을 남들과 나누고 싶었다.

듀드니가 최근에 그린 작품은 거의 추상화다. 그녀는 물체를 아주 쉽게 떠올릴 수 있지만, 단조로운 인지 과정이 감정 공유라는 본질적인 과제를 방해할까 봐 늘 염려한다. 듀드니는 직조에 관심을 갖게 됐고 공개 장소에서 작품 창작을 즐긴다. 그녀는 이 두 가지 모두가 '설명하거나 정당화할 수 없는' 결정을 내리고 색채로 생각하고 느끼며, 경험의 무의식적 원천을 끌어내어 내면에서 우러난 작업을 가능하게 한다고 믿는다. 듀드니는 작품으로 살아있다는 느낌, 열린 인식, 우리 모두가 공유하는 생생한 의식의 질을 표현하고자 한다.

캐트멀

"지먼 박사님께,

저는 픽사와 디즈니 애니메이션 사장 에드윈 캐트멀입니다. 박사님이 관심이 가지실 법한 사례 두 가지를 소개하려고 합니다. 하나는 저에 관한 사례고, 나머지 하나는 사상 최고의 애니메이터 중 한 명에 관한 사례입니다…"

나는 2015년 10월에 이런 내용의 이메일을 받았다. 이 메시지의 중요성을 깨닫기까지는 시간이 좀 걸렸다. 캐트멀은 항상 정곡을 찌르는 사람이니 그가 전해온 메시지를 계속 소개한다.

"몇 년 전 저는 꿈을 꿀 때조차 심상을 보는 일이 거의 없다는 걸 깨달았습니다. 예외는 거의 없었어요. 어렸을 때는 그림을 많이 그렸고 대학에서는 물리학을 전공했지만 심상을 본 적은 없었습니다. 방정식 풀이는 그럭저럭 하는 편이었지만 머릿속으로 정신 모델을 떠올리는 일에는 무척 능숙했어요. 덕분에 컴퓨터 그래픽 분야에서 획기적인 작업을 할 수 있었습니다. 영화에서 컴퓨터로 생성하는 심상에 사용하는 캐릭터를 만드는 데 필요한 기초 수학은 대부분 대학원에서 했던 연구에서 가져다 썼고, 이 작업으로 오스카상을 두 차례 받기도 했습니다. 머릿속에 심상 모델이 있었고 종이에 끄적거리면서 수학 계산을 했습니다. 최근에 몇몇 화가들과 이야기를 나누기 전까지는 이 점에 대해서 생각해 본 적이 없었습니다. 당연히도 남의 머릿속에서 무슨 일이 일어나고 있는지는 알 턱이 없었고 머릿속에서 무슨 일이 일어나고 있는지 물어볼 생각조차 해 본 적이 없었습니다.

하지만 뭔가 다르다는 느낌이 들어서 그들에게 물었습니다. 제가 물어봤던 몇 사람은 그림을 그리기 전에 심상을 볼 수 있다고 말하더군요. 그러다가 일 년 전에 역사상 최고의 애니메이터 중 한 명인 글렌 킨과 저녁식사 자리를 가졌습니다. 저는 그 현상을 킨에게 설명하면서 그냥 뇌가 다르기 때문이라고 설명했습니다. 그러자 킨 역시 심상을 볼 수 없고, 지금까지 한 번도 본 적이 없다고 하기에 깜짝 놀랐습니다. 그는 그림을 그리기 전에 그 심상을 볼 수 없다는 건 상상조차 할 수 없다고 말한 한 거장과 말다툼을 벌인 적도 있다고 하더군요. 킨은 머릿속에 뭔가 있기는 하고 그것을 이끌어 내려면 종이에 끄적거려야 하는데, 그게 뭔지 정확히는 몰라도 심상은 아니라고 말합니다. 저도 머릿속에 뭔가 있기는 한데 심상이 보이지는 않아요."

캐트멀은 수학 교사의 아들이다. 그는 유타주의 유대감이 긴밀한 모르몬 공동체에서 자랐다.[37] 그는 열한 살 때 자기 인생에서 찾아온 결정적인 순간에 "머릿속에 뭔가가 제자리를 찾는" 기분을 느꼈다고 회상한다.[38] 캐트멀은 월트 디즈니가 내레이션을 맡은 일요일 저녁 프로그램에서 애니메이터의 연필이 빈 종이 위를 돌아다니는 장면을 봤다. '종이에 그린 선'이 갑자기 '생생한 존재'로 바뀌는 순간, 캐트멀은 "텔레비전 화면을 뚫고 들어가 이 세계의 일부가 되고 싶었다." 그는 그림도 잘 그렸지만 진짜 재능은 물리학 쪽이었다. 컴퓨터 시대에 성장해 만화에 푹 빠진 캐트멀은 컴퓨터 애니메이션의 선구자가 될 운명이었던 것 같다.

캐트멀은 나에게 연락하기 몇 년 전에 자신이 심상을 볼 수 없다는 사실을 발견했다. 직속 상사 스티브 잡스, 픽사의 최고재무책임자 로렌스 레비와 마찬가지로 캐트멀도 명상을 한다. 세 사람은 각각 서로 다른 명상 전통을 따랐다. 레비는 캐트멀에게 티베트 명상 학교에서 사용하는 시각화 기법을 소개했다. 하지만 캐트멀은 1단계에서 좌절했다. 구 모양을 마음속에 떠올리지 못했던 것이다. 그는 "그게 중요한 일은 아닌데… 몇 가지 의문이 들기는 하네!"라고 느꼈다. 호기심이 샘솟은 캐트멀은 픽사에서 같이 일하는 사람들과 이야기를 나누기 시작했고, 결국 〈인어공주〉 애니메이션을 이끌었던 애니메이터 글렌 킨과 이야기를 나누게 됐다. 첫 번째 이메일에서 설명했듯이 캐트멀은 킨 역시 심상을 떠올리지 못한다는 사실을 알고 깜짝 놀랐다. 킨이 낙

서로 시작해 애니메이션으로 바뀌는 일러스트를 작업하는 모습을 담은 동영상을 보면 지켜보는 구경꾼은 물론 킨도 기뻐하고 놀라는 듯이 보인다. 킨과 마찬가지로 캐트멀은 창작 작업을 할 때 자기 안에서 느끼기는 하지만 미리 떠올려볼 수 없는 생각을 구체화하고자 종이나 화이트보드로 작업을 해야 했다.

캐트멀은 아판타시아의 전형이다. 시각 심상이 결여된 데다가 과거 개인적 사건에 대한 기억도 희미하다. 감각 심상도 대체로 미약하다. 꿈은 시각적으로 꾸지만 좀처럼 꾸지 않는다. 빠른 속도로 발전하는 업계를 이끄는 리더로서 역할을 다하는 데 유리한 변화를 대단히 잘 받아들이는 관대한 성품이 아판타시아 덕분인지도 모른다. '남들이 보지 못하는 것을 보는' 캐트멀의 증명된 능력이 아판타시아와 관련이 있는지는 알기 어렵다. 심상의 생생함은 우리 성격과 사고라는 거대한 퍼즐을 이루는 작은 조각 하나일 뿐이다. 캐트멀은 다면적인 인물이다. 수줍음을 타지만 유머 감각이 풍부하고 사람들과 잘 어울리며 무척 겸손하고 선견지명이 있고 개방적이다. 확실히 말할 수 있는 것은 심상 결여가 재능을 발휘하는 데 방해가 되지 않는다는 사실이다.

듀드니와 캐트멀의 이야기는 이런 일이 복잡하다는 사실을 보여준다. 듀드니는 직접 눈으로 보는 것만큼이나 선명하게 심상을 떠올릴 수 있었지만, 작품 속에서는 구체적인 사물을 다루지 않기로 했다. 대신 그는 색채와 추상, 자유로운 즉흥 작업을 통해 감정의 즉흥성과 살아 있다는 감각을 표현하고자 했고 심상은 그의 집중을 흩뜨리는 요소에 불과했다. 캐트멀은 마음의 눈으로 아무것도 보지 못하지만 애니메이션 묘사의 발전을 선도하면서 수많은 애니메이터를 이끌어 전 세계 사람에게 즐거움을 선사했다. 캐트멀과 듀드니는 어떤 기준으로 봐도 대단히 상상력이 풍부한 사람이지만, 감각 심상은 상상력의 일부일 뿐이다.

아리스토텔레스는 "영혼은 심상 없이는 결코 생각하지 않는다."라고 했지만[39] 그는 틀렸다. 아인슈타인 같은 사람에게는 심상이 깃든 생각이 저절로 찾아오기도 하지만, 생각이 언어 그 자체나 수학자의 방정식처럼 다른 매체의 탈을 쓸 수도 있다. 시각화는 현재 존재하지 않는 사물을 표현하는 한 방식이지만 유일한 방식은 아니다. 시각화와 상상을 혼동해서도 안 된다. 에드윈 캐트멀, 글렌 킨을 비롯한 많은 사람이 감각 심상을 많이 사용하지 않더라도 충분한 상상력과 창조력을 발휘하고, 우리 세계를 재고하고 재구성할 수 있다고 증명했다. 심상이 부재할 때 좀 더 추상적이고 체계적이고 과학적인 사고방식으로 이끌릴 수 있다면 심상이 풍부하면 좀 더 감각적이고, 서사적이고 공감적인 사고방식으로 기울기 쉽다. 하지만 두 방법 모두 창의적이고 온전히 인간적이다.

맺음말

우리는 왜 상상하는가

우리는 상상 속에서 살아간다. 상상력이라는 마법의 힘으로 무장한 우리는 지금 이 순간을 뛰어넘어 눈에 보이지 않는 것을 엿보고 귀에 들리지 않는 소리에 귀를 기울이며 만질 수 없는 것을 어루만진다. 과거를 회상하고 미래를 예상하며 예술과 과학의 놀라운 가상 세계로 들어간다. 쉽게 눈에 띄지 않는 상상력의 힘이야말로 우리 모두가 살아가는 광활한 문화를 만든다. 지금까지 우리가 걸어온 지적 여정의 진수를 정말이지 간단한 질문으로 추출해 보자.

인간은 왜 상상하는가?

이 질문은 다섯 가지 설명을 이끌어낸다. 지금부터 차례대로 살펴보자.

상상의 목적

심상은 크게 세 가지로 분류할 수 있다. 당신이 책을 읽고 있는 방처럼 지금 여기의 심상, 옆방처럼 지금 여기에 없는 사물의 심상, 당신이 지금 그리려고 생각하는 방처럼 있을지도 모르는 사물을 재구성한 심상이 있다. 가장 폭넓은 의미에서 상상이란 이 셋을 모두 포함한다. 이 셋에는 언뜻 보이는 것보다 공통점이 많다.

지금 여기의 심상, 즉 지각적 심상은 말 그대로나 비유적으로나 세상을 헤쳐 나가는 데 도움을 준다. 나는 집 안을 걸어 다닐 때 내가 찾고 있는 사물과 피하려는 장애물을 발견한다. 아이들의 표정을 보면 내가 환영받는지 아닌지 알 수 있다. 접근하거나 회피하는 선택을 할 수 있다. 우리 감각은 정도의 차이는 있겠지만 주변 세상을 읽을 수 있도록 이끈다.

지금 여기에 없는 사물의 심상은 우리가 그런 사물과 떨어져 있으면서 회상하거나 추억하거나 몽상하거나 꿈을 꿀 때 그런 사물과 계속 이어질 수 있도록 해 준다. 우리가 이런 심상을 언제라도 소환할 수 있다는 말은 우리가 세계의 사물 및 그런 사물과 우리의 상호작용을 나타내는 모델을 가지고 있다는 뜻이다. 이 책을 이끌어가는 아이디어 중 하나는 마음이 어딘가 다른 곳에 있을 때만큼이나 지금 여기에서도 이런 모델을 이용한다는 것이다. 지각은 상상할 때 드러나는 지식에 의존한다. 꿈을 꾸거나 재생하는 과정으로 의식적으로나 무의식적으로 지금 여기에 없는 사물의 특징을 반복하는 과정은 우리 모델을 강화하고 개선한다. 이 과정은 지각하고 상상하는 데 도움이 된다.

일단 세상의 사물을 바라보는 모델을 만들면 이를 고칠 여지는 얼마든지 있다. 윌리엄 제임스가 재현적 상상이라고 불렀던 상상은 얼마든지 생산적 상상으로 옮겨갈 수 있다. 이는 "벽이 진홍색인 방은 어떻게 보일까?" "기차가 늦으면 어떻게 하지?"와 같이 미리 계획을 세울 때 일어난다. 미래 시나리오를 머릿속으로 돌려보는 능력은 분명 도움이 된다. 철학자 칼 포퍼가 썼듯이 이 능력은 "우리 가설이 우리 대신에 죽도록" 할 수 있다.[1] 생산적 상상은 언어 그 자체부터 민주주의와 대형 강입자 충돌기에 이르기까지 머릿속과 세계의 사물을 재구성해 새롭고 유용한 결과를 가져오는 창의성에서 가장 활기차게 작동한다.

상상의 보상

세 형태 모두에서 상상은 생존과 번식을 촉진한다는 근본적인 생물학적 의미에서 우리 삶을 풍요롭게 한다. 다른 동물들과 마찬가지로 우리 인간 역시 심상 모델의 도움을 받아 주변 환경을 끊임없이 탐색하고, 그런 주변 환경이 존재하지 않을 때도 심상 모델을 사용해 상상한다.

우리 같은 '문화적 생물체'에게 생산적 상상은 죽고 사는 문제이기도 하다. 1846년 킹 윌리엄 섬에서 굶주림과 추위에 굴복한 존 프랭클린의 불운한 탐험대가 그들이 목숨을 잃은 땅에서 살아가는 이누이트 사람들의 상상력을 빌릴 수 있었더라면 겨울을 이겨냈을지도 모른다. 4년 전 코로나19에 아무런 조치도 하지 않으면 어떤 일이 벌어질지 과감하게 상상한 지도자들 덕분에 수만 명의 목숨을 구할 수 있었다.

이런 생존상의 이익은 좀 더 직접적인 개인적 보상에도 반영된다. E. O. 윌슨은 "미개척지에 발을 들이는 것보다 더 기분 좋은 감각도, 더 강력한 중독은 없다"라고 썼다.[2] 호기심을 채우는 충족감, 발견할 때 등줄기를 타고 흐르는 전율, 아름다움을 보면서 느끼는 경외감, 허구 세계로 마음이 확장되는 듯한 주의 전환, 몰입할 때 느끼는 자기 초월은 모두 창의적인 작업과 그 즐거움에 강력한 동기를 부여한다.

상상의 수단

신경과학은 우리 인간이 활발한 상상 기제를 가지고 있고, 나아가 상상 기제 '그 자체'임을 밝혀 왔다. 자율적이면서도 역동적이고 에너지를 많이 소비하며 모델을 만들고 예측을 형성하는 우리 뇌는 항상 우리 자신과 우리 세계를 존재하도록 하면서 세계를 지각할 뿐만 아니라 그 세계가 없을 때에도 상상하고 변화한 모습을 상상하는 능력을 갖고 있다. 지각은 아무런 노력 없이 할 수 있는 과정처럼 보이지만 어렵게 획득한 창의적인 방식으로 현실을 '제시'한다. 상상할 때는 오프라인에서 현실을 표현하고 재구성하는 지각에 관여하는 지식과 모델을 사용한다. 우리 인간은 지구상에서 유일하게 이런 표현을 일상 언어부터 수학이나 컴퓨터 코드 같은 전문적인 표기법, 각 예술 방식에 이르기까지 상징을 사용해 나타내는 능력을 키웠다. 상징을 활용하는 인간의 상상은 개인적 성취인 동시에 사회적 성취이기도 하다. 우리는 상상한 바를 공유한다. 공유는 상상하는 데 도움이 된다.

우리 뇌는 관찰, 기억, 상상, 행동할 때 모두 주변 세계와 놀라울 정도로 비슷하게 공명하는 살아있는 도구다. 기억과 상상은 뇌에서 희미하기는 하지만 감지할 수 있는 감각의 '환상'을 불러일으킨다. 상상이 다양한 형태로 존재하는 만큼 이를 가능하게 뒷받침하는 신경 과정 역시 다양하다. 꿈속에서 일어나는 비자발적 상상은 뇌간에서부터 '상향식'으로 일어난다. 소설에 몰두하고 있을 때 많은 사람이 떠올리는 연합 심상은 감각, 동작, 정서, 기억을 관장하는 뇌의 다른 영역과 언어 네트워크의 섬세한 연결 덕분에 가능하다. 심리학자 실험에 참가했을 때 떠올리라는 지시를 받을 수도 있는 사과의 심상은 심리학자의 계획에 따라 인지 통제 능력을 발휘해 심상을 만들어내겠다는 결정에 따른 결과물이다. 업무에 푹 빠져 창의성을 발휘하는 사람은 상호작용하는 여러 뇌 네트워크 사이에 보기 드문 절묘한 균형을 유지한다.

상상은 인간이 타고난 권리다. 특히 총명하고 경험에 열려 있는 사람일수록 상상력이 풍부하고 창의성도 돋보인다. 하지만 창의성을 발휘하려면 상상력만으로는 충분하지 않다. 순간적인 요구에서 벗어나 자신을 한 발 떨어져 바라볼 수 있어야 한다. 예술·과학·공예처럼 오랜 훈련을 통해 다져진 기술도 필요하다. 여기에 '이미 아는 것을 잊을 줄 아는' 호기심, 대비와 전환을 활용하는 감각, 직관과 꿈, 작은 단서에도 주의를 기울여 보이지 않는 연결을 간파하는 힘, 그리고 기회를 행운으로 바꾸는 능력이 더해져야 한다.

창의적 상상력에 반드시 심상이 필요한 것은 아니다. 에드윈 캐트멀, 미국의 생화학자인 크레이그 벤터, 영국의 신경의학자이자 작가인 올리버 색스, 그리고 블레이크 로스는 감각 심상이 대부분 또는 전혀 없는 아판타시아 상태의 사람이지만 풍부한 창의성을 발휘했다.

그렇다고 해서 창의적 사고에서 심상의 중요성을 강조한 주장이

틀렸다는 뜻은 아니다. 다만 심상은 필수 요소가 아니며, 사물이 눈앞에 없더라도 이를 표현할 수 있는 다양한 방식이 존재한다.

상상의 역사

상상은 태곳적부터 있었다. 먹이에 접근하거나 위협에서 도망치는 단세포 생물도 지식을 표현하고 예측한다. 즉 자기가 살아가는 세계를 기본적인 심상으로 구성한다. 진화 과정을 거쳐 세포가 증식하고 신경계가 발달해 점점 더 복잡한 유기체가 생겨나면서 조절과 통합이라는 과제를 내재화했다. 환경을 감각하고 반응하도록 진화한 분자도 마찬가지였다. 이제 이런 분자는 뇌 안에서 이웃 세포가 보내는 신호를 감각하고 반응하게 됐다. 뇌는 체내와 바깥세상의 사물과 사건을 모델로 표현해 생물체의 지식 기반을 확장하고 미래 예측을 정교하게 다듬었다. 지금 여기에서 사용하는 이런 모델은 행동을 이끈다. 오프라인 상태에서 이런 모델은 멋진 상상의 공간을 펼친다. 반려동물이 지난번에 공원으로 산책 갔을 때 느낀 흥분을 꿈속에서 재연하며 실룩거릴 때나 우리가 다음번 휴가를 생각하며 몽상에 잠길 때 이런 상상의 공간을 차지한다.

꿈꾸는 반려동물과 달리 우리에게는 상상으로 채운 공간을 다른 사람과 공유하는 능력이 있다. 심상이나 흉내, 음악, 글, 숫자를 비롯해 다른 사람에게 생각과 경험을 불러일으키고자 이용하는 모든 매체를 동원해 공유할 수 있다. 이는 지난 200만 년에서 400만 년에 걸쳐 이족보행하고 사회성이 발달한 영장류의 한 계통이 엄청난 협력성을 발휘하고 동료들의 마음을 읽는 데 익숙해진 덕분에 상징을 이용해 의미를 다 같이 공유하는 수단인 언어가 생겨난 덕분이다. 우리 사람족 조상들 사이에서 단순한 형태로 시작된 언어는 그 장점이 막대했고, 우리 조상은 이 새로운 능력을 키우는 유전적 변화와 문화 발견을 선호했다. 뇌가 성장하고 언어가 발달하고 문화가 복잡해졌다. 이 각각이 서로 영향을 주고받으면서 더 큰 뇌, 더 유창한 언어, 더 정교한 문화로 진화하는 압력을 형성했다. 사람족 사회는 더욱 통합되고 구성원은 전문화되었으며 의사소통 수단은 참신해졌다. 이는 중대한 진화의 전환점을 나타내는 특징이다. 그 결과가 상상을 통제하고 공유하는 놀라운 능력이다.

상상의 발달

오랜 상상의 역사는 모든 인간의 생활에 새겨져 있다. 태어났을 무렵 마라의 뇌는 860억 개에 달하는 뉴런을 전부 갖추고 이웃 뉴런과 바삐 정보를 교환하면서 운동, 감각, 인식의 영역과 네트워크를 스스로 조직화한다. 안전한 자궁을 떠나기 전에 마라는 생명의 기나긴 진화의 역사에 따라 보고 듣고 만지고 움직이며, 굶주림과 목마름을 견디고, 안락함과 영양분을 반기고, 사랑의 선물을 요청할 준비를 마쳤다. 마라의 유전자에는 수많은 잠복 심상이 섬세하게 새겨져 있다. 태어나는 순간과 그 이전부터 마라의 뇌에서 시시각각 생겨나는 수많은 새로운 연결에 영향을 미치는 경험의 흐름에 따라 이런 심상이 깨어나고 재구축된다.

마라는 세상을 어떻게 감각할지, 사물이 어떻게 보이는지, 어떻게 움직여야 하는지, 무엇에 접근해야 하는지, 무엇을 피해야 하는지, 세상이 어떻게 구성되는지, '자기 자신'은 어떤 존재인지 배워야 한다. 마라는 성장과 경험을 통해 인생을 이끌어 줄 수많은 모델을 만들어 간다. 그러나 정작 그 모델을 어떻게 만들었는지는 기억하지 못한다. 이런 모델은 마라가 지각하고 행동하고 상상하도록 도와준다. 이렇게 세상과 자기 자신에 대한 지식을 습득하느라 바쁜 가운데 마라는 우리 사람족이 좀 더 최근에 익힌 다른 과제에도 열심히 참가한다. 바로 자기 자신의 마음과 다른 사람의 마음을 서로 연결하는 것이다.

생후 3개월이라는 어린 나이에 마라는 이미 우리 인류만이 가진 방식으로 엄마와 소통했다. 이런 원시 대화를 나눌 때는 가장 친밀하게 주의를 공유한다. 엄마는 정말 특별한 존재이지만 머지않아 마라는 아빠, 할머니, 마음에 드는 방문객들과 주의를 공유하고, 미소와 정다운 목소리로 그들을 기쁘게 맞이한다. 마라는 앉기도 전에 이미 사교성을 발휘한다. 일단 앉을 수 있게 되자 마라는 물건을 건네받았다가 다시 건네주는 일을 즐긴다. 이렇게 해서 마라와 상대방, 이 세상의 어떤 물건 사이의 '삼각관계'가 형성된다. 생후 9개월에 마라는 인간이 의사소통할 때 전형적으로 사용하는 몸짓인 손가락으로 가리키는 행동을 시작한다. 그로부터 한두 달 안에 공동 주의라는 강력한 기술을 충분히 익힌 마라는 처음으로 말을 하기 시작한다. 마라는 언어 사용자가 되어 마음속에 든 내용을 다른 사람은 물론 자기 자신과도 나눌 수 있게 됐다.

이윽고 "세상 모든 것이 다른 어떤 것"이 된다. 마라는 놀이('불을 끄는 척')와 놀리기('엄마는 바닷가재, 할머니는 찻주전자')를 하면서 아동기를 시작한다. 머지않아 마라는 다른 사람들은 저마다의 믿음과 욕망에 따라 사물을 각자 다양하게 볼 수 있다는 사실을 발견한다. 이로써 새로운 공감의 꽃을 피우는 동시에 기만이라는 파괴적이면서도 흥미진진한 가능성이 생겨난다. 다섯 살이 될 무렵 마라는 상상의 기초를 모두 습득했다. 그는 이미 허구, 과거, 미래 같은 다른 세계를 능숙하게 드나드는 여행자이고, 가상 세계를 능란하게 오가는 창조자이자 소비자다. 상상력을 펼칠 일생이 기다리고 있다.

이 책은 네 가지 아이디어에서 영감을 얻어 쓰게 됐다. 나는 그 생각에 흥미를 느꼈고 중요하다고 여겼지만 어떻게 보면 무척 단순하다.

첫 번째는 우리가 인생의 상당 부분을 상상 속의 생각과 심상으로 들어찬 머릿속에서 살아간다.

두 번째는 일단 우리가 일상에서 순간순간 경험하는 일이 머릿속에서 일어나는 사건, 즉 우리 뇌에서 발생하는 에너지를 많이 소비하고 모델에 기반을 둔 예측 과정의 결과임을 깨닫고 나면 이런 내성적 경향이 그리 놀라운 일이 아니다.

세 번째는 지각과 상상에 우리가 생각하는 이상으로 많은 공통점이 있다. 지각할 때 우리는 세상을 바라보는 모델에 의존하고, 상상할 때는 오프라인으로 그 모델만 활용한다.

네 번째는 많은 동물이 꿈을 꿀 때처럼 감각 심상을 경험하는 경우가 있지만, 인간의 상상에는 뭔가 특별한 점이 있다는 것이다. 우리는 자신이 상상하는 바를 통제하고 공유하도록 진화했다. 우리의 상상은 지극히 개인적인 듯 보이지만 실은 대단히 사회적이다.

상상은 복잡하고 다면적인 용어이자 개념이다. 고대 어원인 '에임'에서 유래하는 '짝짓기'이나 '결합' 같은 개념은 상상의 다양한 용법을 아우른다. 상상이라는 말은 창조 행위를 떠오르게 하고 열의와 언제나 미래를 향하는 시선을 함축한다. 이런 특징에서 세상과 자아를 모델링하고 다채로운 경험을 만들어내서 우리를 활기차게 미지의 세계로 이끄는 뇌의 임무를 떠올리게 된다.

시인은 상상을 가장 열렬하게 옹호하는 사람이라고 할 수 있다. 특히 새뮤얼 테일러 콜리지는 '일차적 상상'을 "무한한 신의 영원한 창조 행위를 유한한 인간이 반복하는 것"이라고 정의했다.[3] 윌리엄 블레이크는 "만물은 인간의 상상 속에 존재한다."라고 썼다.[4] 두 시인 모두 상상 너머 세계의 존재를 부정하려 들지 않았지만, 마음과 뇌가 대대적으로 함께 창조하는 기능을 내다보는 선견지명을 갖고 있었다. 우리에게는 복잡성을 감각하는 기관이 없다. 만약 이런 기관이 있었더라면 머릿속에서 복작복작하게 뒤얽혀 일어나는 조직화된 활동을 관찰하는 데 선글라스가 필요했을 것이다. 나는 우리에게 그런 기관이 있었으면 좋겠다. 그러면 서로를 좀 더 존중하면서 대할 수 있을 것 같다.

이 책을 쓰던 도중에 이런 생각을 하면서 런던 시내를 조깅하고 있다가 블룸즈베리 테라스 끄트머리에 대담하게 새긴 낙서를 발견했다.[5] 마치 내 생각을 그대로 대변하는 듯했다.

"그대가 외롭거나 고통스러울 때 반짝이는 그대 존재의 빛을 보여줄 수 있다면 좋을 텐데."

부록

뇌 영역 개요

본문에서 뇌 영역을 몇 가지 언급했다. 여기에서는 그 위치를 간단히 설명하고자 한다.

그림 1은 뇌의 왼쪽 반구의 바깥 표면, 즉 '피질'('껍질'이라는 뜻)을 보여준다. 그림에서 뇌의 '엽' 네 개가 어디에 위치하는지 나타냈다. 중심고랑은 전두엽과 두정엽을 구분한다. 운동피질은 중심고랑 바로 앞에 위치하고 촉각과 신체 감각을 관장하는 체성감각피질은 중심고랑 바로 뒤에 위치한다. 측두엽과 전두엽은 깊이 팬 실비우스열로 나뉜다. 그 깊은 곳에 뇌섬엽이 있다. 뇌의 뒤쪽에 있는 후두엽 대부분은 시각을 관장한다. '작은 뇌'인 소뇌는 대뇌반구 아래의 뇌간 뒤에 숨어 있다. 소뇌는 운동 조정에 중요한 역할을 하며, 최근에 나온 증거에 따르면 사고와 정서를 조정하는 역할도 하는 것으로 보인다. 아래로는 척수, 위로는 대뇌반구를 연결하는 뇌간은 생명과 의식에 필수적이며,

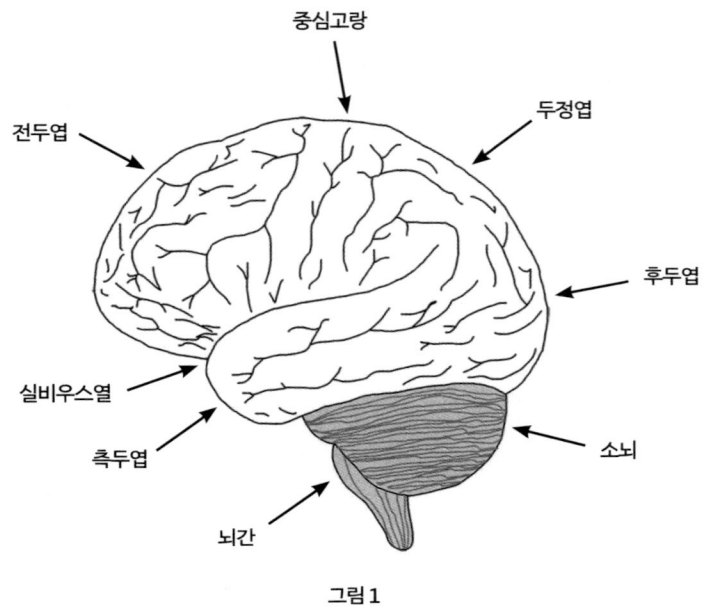

그림 1

뇌간 하부에서는 심장과 호흡을 통제하고 뇌간 상부에서 나오는 신호는 깨어 있는 뇌의 각성 상태를 유지한다.

그림 2는 뇌의 오른쪽 반구 내부 표면을 배경으로 소뇌와 뇌간의 왼쪽 단면을 보여준다. 기저핵은 운동, 사고, 정서 통제에 관여하는 구조물이다. 예를 들어 파킨슨병의 경우 기저핵의 기능이 저하된다. 기저핵 아래로 살짝 숨어 있는 시상은 커다란 달걀 모양으로 뇌간 위에 위치한다. 시상은 신호를 뇌 전체에 전달하고 통합하는 데 중요한 역할을 한다. 시상에 심한 손상이 발생하면 뇌 기능 전반이 마비되고, 최

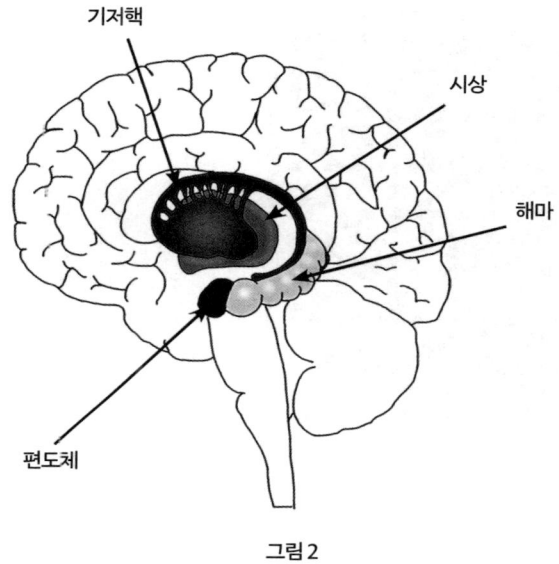

그림 2

악의 경우 식물인간 상태에 빠진다. 측두엽 내면에 위치한 해마는 위치와 사건에 대한 의식적인 장기 기억을 새로 획득하는 데 꼭 필요하다. 편도체는 정서, 특히 두려움과 정서에 이끌린 학습에 관여한다.

자료 출처는 PDF 파일로 확인할 수 있습니다.

상상하는 뇌

초판 1쇄 인쇄 2025년 9월 14일
초판 1쇄 발행 2025년 10월 1일

지은이 애덤 지먼
옮긴이 이은경
펴낸이 유정연

이사 김귀분
책임편집 신성식 **기획편집** 조현주 유리슬아 황서연 정유진 **디자인** 안수진 기경란
마케팅 반지영 박중혁 하유정 **제작** 임정호 **경영지원** 박소영

펴낸곳 흐름출판(주) **출판등록** 제313-2003-199호(2003년 5월 28일)
주소 서울시 마포구 월드컵북로5길 48-9(서교동)
전화 (02)325-4944 **팩스** (02)325-4945 **이메일** book@hbooks.co.kr
홈페이지 http://www.hbooks.co.kr **블로그** blog.naver.com/nextwave7
출력·인쇄·제본 (주)상지사 **용지** 월드페이퍼(주) **후가공** (주)이지앤비(특허 제10-1081185호)

ISBN 978-89-6596-755-2 03470

- 이 책은 저작권법에 따라 보호를 받는 저작물이므로 무단 전재와 복제를 금지하며,
  이 책 내용의 전부 또는 일부를 사용하려면 반드시 저작권자와 흐름출판의 서면 동의를
  받아야 합니다.
- 흐름출판은 독자 여러분의 투고를 기다리고 있습니다. 원고가 있으신 분은
  book@hbooks.co.kr로 간단한 개요와 취지, 연락처 등을 보내주세요. 머뭇거리지 말고
  문을 두드리세요.
- 파손된 책은 구입하신 서점에서 교환해드리며 책값은 뒤표지에 있습니다.